物联网环境下的管理理论与方法研究丛书

物联网大数据与产品全生命周期质量管理

蒋 炜 李四杰 黄文坡
李艳婷 罗 俊 薛巍立 著

科 学 出 版 社

北 京

内 容 简 介

物联网作为互联网的延伸，开启了"万物互联"的时代，引发管理方式的深刻变革。其中，质量管理是一个关乎企业生存，永恒又需不断创新的管理主题。本书主要介绍在物联网场景下，质量管理面对的机遇和挑战。不同于以往静态的质量管理方式，全书突出产品和服务的全生命周期的用户体验，根据实际需求来调整管理方式，实现动态的质量管理，为企业决策提供更加前沿性的支持。

本书理论与案例相结合，适合于管理类、金融类、统计类等师生与科研工作者使用，也可作为从事物联网相关管理与决策人员以及爱好者的普及读物。

图书在版编目（CIP）数据

物联网大数据与产品全生命周期质量管理 / 蒋炜等著. —北京：科学出版社，2021.7

（物联网环境下的管理理论与方法研究丛书）

ISBN 978-7-03-067028-1

Ⅰ.①物…　Ⅱ.①蒋…　Ⅲ.①数据处理-应用-物联网-研究 ②产品生命周期-质量管理-研究　Ⅳ.①TP393.4 ②TP18 ③F273.2

中国版本图书馆 CIP 数据核字（2020）第 234838 号

责任编辑：魏如萍 / 责任校对：宁辉彩
责任印制：张　伟 / 封面设计：无极书装

科 学 出 版 社 出版
北京东黄城根北街 16 号
邮政编码：100717
http://www.sciencep.com
北京捷迅佳彩印刷有限公司 印刷
科学出版社发行　各地新华书店经销

*

2021 年 7 月第 一 版　开本：720×1000　1/16
2022 年 3 月第二次印刷　印张：18 1/4
字数：365 000

定价：188.00 元
（如有印装质量问题，我社负责调换）

物联网环境下的管理理论与方法研究丛书
编委会成员名单

国家自然科学基金重点项目群
"物联网环境下的管理理论与方法"

专家指导组

盛昭瀚　　　教　授　　南京大学
徐伟宣　　　研究员　　中国科学院科技政策与管理科学研究所
陈晓红　　　院　士　　湖南工商大学
华中生　　　教　授　　浙江大学
赵晓波　　　教　授　　清华大学

组　长：盛昭瀚　　教　授

项目专家组

胡　斌　　　教　授　　华中科技大学
吴俊杰　　　教　授　　北京航空航天大学
胡祥培　　　教　授　　大连理工大学
蒋　炜　　　教　授　　上海交通大学
马永开　　　教　授　　电子科技大学

组　长：胡祥培　　教　授

前　　言

物联网的"万物互联"模式打通了物理世界和数字世界，数字资产的价值和意义日益突出。在管理领域，除了需要关注物理产品的成长过程，还需要关注数字资产的管理。管理主体的转变导致原本质量的主体与范围也有所改变：通过物联网所感知到的产品使用状态信息，企业能够实时监控业务或产品的运行情况，同时也产生了海量的数据。通过数据分析的方法和建模，预测和预警未来业务运行情况或产品的市场前景。这样的过程使得质量管理不仅涉及产品本身，还涉及其关联的数据等数字资产。管理主体和范围的改变，需要企业在管理要素和管理方法上有相应的变革。如数据采集、处理和利用的方式由传统离散、离线的方式向实时、连续和动态方式转变；管理方法和手段由基于专家经验、历史数据和概率分布向数据驱动、事件驱动和情景驱动转变。物联网和质量管理之间的关系相互影响、相互交融。

近年来，物联网技术快速发展，物联网的设备数量激增，但企业如何从物联网生态中满足客户需求，获得实质性的收益仍然值得探索。质量管理作为企业管理的重要组成部分，在物联网情境下除了面临传感器、网络、大数据融合和建模等技术上的挑战，更需从产品和服务的全生命周期考虑，要求所有合作方之间进行协作和配合。

本书从生命周期的角度梳理物联网情境下质量涉及的方方面面。介绍前沿理论，分享实际案例，深入浅出地启发读者对物联网情境下质量管理的思考。同时，本书也是一本技术指导书。从实用角度出发，详细地介绍现有研究如何帮助企业基于物联网技术开展产品全生命周期管理。希望读者能通过本书丰富的案例来思考相应理论的应用场景，将相关理论、方法和技术运用到适合的企业运营管理场景中，并做出合适的决策。全书共分9章。第1章序言，介绍质量的概念和物联网中质量管理面临的变革。之后分为三篇，分别是产品全生命周期质量管理基础与技术篇（第2章、第3章）、产品全生命周期质量管理策略篇（第4章至第6章）和产品全生命周期质量管理协同及商业模式创新篇（第7章、第8章）。本书主要内容包括：第一，从技术和理论出发，说明物联网质量管理的底层架构。技术基础的实现决定了整个物联网能否真正实现互联。第二，根据产品设计、生产制造和运维三个角度提出管理策略。管理策略则是决定全生命周期质量管理成功落地实践的关键。第三，洞察物联网带来的服务创新，改变公司创造价值的方式。第9章从技术维度、管理维度、社会维度三大视角总结全书内容。

　　本书由蒋炜、李四杰、黄文坡、李艳婷、罗俊、薛巍立撰写。具体分工如下：第1章由蒋炜、黄文坡撰写；第2章由李四杰撰写；第3章由罗俊、李艳婷撰写；第4章由李四杰、黄文坡撰写；第5章由李四杰、黄文坡、李艳婷撰写；第6章由李艳婷、黄文坡撰写；第7章由蒋炜撰写；第8章由李四杰、薛巍立撰写；第9章由蒋炜撰写。全书由蒋炜和李四杰统稿。书中大部分案例是作者多年教学和科研工作的积累。

　　本书得到了国家自然科学基金重点项目"基于物联网的产品状态智能监控与质量管理"（71531010）的资助，在此特别感谢。本书的编写得益于许多人的帮助，在此对他们表达由衷的感谢：感谢赖明辉老师为第8章的撰写付出了辛勤劳动。感谢课题组的博士生王鸿鹭、李彦蓉、蔡诗谨、王志远、彭世喆、柳星雯为本书整理和编写做了大量工作。

　　最后，由于时间和水平有限，书中难免存在不足和疏漏，恳请同行专家和广大读者批评指正。

目　　录

产品全生命周期质量管理基础与技术篇

产品全生命周期质量管理策略篇

产品全生命周期质量管理协同及商业模式创新篇

第1章 绪 论

质量问题自人类社会有了生产活动起就是关注的重点，因为不论物品多么简单、生产方式多么原始，都存在能否满足用户特定用途的问题。质量管理是指确定质量方针、目标和职责，并通过质量体系中的质量策划、控制、保证和改进来实现的全部活动。事实上，产品质量不仅与产品本身生产过程有关，还与其涉及的其他相关过程、环节和因素有关，只有将所有相关过程、环节和因素纳入质量管理体系，并保持系统、协调的运作，才能保证产品的质量。

1.1 产品质量管理的发展历程

1.1.1 工业时代前的产品质量管理

中华民族自古以来就有对于产品的高质量追求。如商代的四羊方尊，出土时虽沉埋千年但依旧巧夺天工，历久弥新。而开展质量管理的思想和做法也是源远流长，由来已久。如《礼记》中记载的"五谷不分，果实未熟，不粥于市"，对周朝时期上市交易的食品质量进行了规定。而先秦丞相吕不韦在其著作《吕氏春秋》中有"物勒工名，以考其诚，工有不当，必行其罪，以究其情"的记载，要求在兵器上刻上工匠的名字，采取"实名负责制"，一旦出现质量问题，就可以通过兵器上的名字追溯到责任人。"物勒工名"制度是中国社会早期质量管理模式的具体反映，对于提升手工业产品质量具有重要意义。随着社会的分工及市集的出现，人类社会开始出现了商品交换，产品制造者直接面对客户，产品质量由感官确定。紧接着商业的出现，商品交换通过商人进行，产品质量的担保从口头形式演变为质量担保书。为了使相距遥远的厂商和经销商间能够进行有效沟通，质量规范或产品规格随之诞生，并产生了简易的质量检验方法和测量手段。手工业时期的原始质量管理主要靠手工操作者本人依靠自己的手艺和经验把关，这一阶段又称为操作者质量管理。

1.1.2　科学质量管理阶段

20 世纪初，蒸汽机的发明使得劳动生产力迅速提高，手工作坊式的管理已不能满足机器生产和复杂生产过程要求。伴随着手工业者和小作坊的解体，大批量生产模式带来了新的技术问题，包括部件互换性、标准化、工装和测量的精度等，这些问题的提出和解决推动着质量管理向着科学化方向发展，并诞生出一批质量管理大师，如休哈特、戴明、克劳斯比、费根鲍姆、石川馨等。他们的管理思想和管理理念，为现代质量管理理论体系的构建奠定了重要基础，对质量管理实践产生了重要影响。质量管理理论也随着他们的管理思想和理念变迁，经历了从"质量检验"到"统计质量过程控制"，再到"全面质量管理"等几个重要发展阶段（Montgomery，2007）。

1. 质量检验阶段

美国科学家泰勒总结生产管理的经验，提出以计划、标准、统一管理三条原则来管理生产，主张计划与执行部门、检验与生产部门分开，成立专职检验部门对产品进行检验。使质量管理由过去的"操作者质量管理"转变为"检验员的质量管理"，由此质量管理正式进入"质量检验管理阶段"。但这种以检验为中心的质量管理，实质上是"事后把关"，管理的作用十分狭隘，只是剔除生产过程中造成的瑕疵品或废品。这一时期以科学管理之父泰勒为代表。

2. 统计质量过程控制阶段

1924 年，美国数理统计学家休哈特提出了质量控制和预防缺陷的概念。他运用数理统计的方法提出了生产过程中控制产品质量的 6σ 法，绘制出世界上第一张质量控制图并建立了一套统计方法，成为运用数理统计方法解决质量问题的先驱。虽然统计过程质量控制相较于质量检验阶段的管理方法要科学和经济得多，但仍然存在问题，质量控制的目标是为了达到产品标准，并未考虑是否满足用户的需要。

3. 全面质量管理阶段

20 世纪 50 年代，美国通用电气（General Electric，GE）公司的质量管理部长费根鲍姆等提出了全面质量管理（total quality management，TQM）的概念（Feigenbaum，1956）。全面质量管理是以产品质量为核心，建立起一套科学严密的质量管理体系，以提供满足用户需求的产品的全部活动。从 60 年代开始，全面质量管理的发展和应用，大大提高了产品的可靠性，在大型的系统工程项目管理中尤为突出。除了费根鲍姆，这个时期的代表人物还有戴明、朱兰、克劳斯比等。

戴明强调持续质量改善，认为对质量的追求是没有止境的，基于自己的质量管理实践经验总结了戴明 14 条，用于对质量管理现场人员的实践指导（Walton，1988）。朱兰的《质量控制手册》是质量管理领域的经典著作，在书中朱兰提出了经典的质量三部曲"，包括质量计划、质量改进、质量控制（Juran et al.，1974）。朱兰的质量管理思想，对当时的美国乃至日本的质量实践产生了重要影响。而克劳斯比在其质量管理著作《质量是免费的》中提出要建立一套以零缺陷为目标的管理体系（Crosby，1979），对质量管理领域产生深远影响。这些质量管理大师的思想和贡献促进了全面质量管理理论的不断发展与完善。

1.2 全生命周期质量管理

全面质量管理的介入时间点相较于统计过程控制阶段进一步前移，但其依然存在如下问题：全面质量管理依然强调以产品质量为核心，忽视了服务质量的重要性。那么，我们有必要对产品质量和服务质量的概念进行统一，对质量的内涵和外延进行进一步的思考与定义。

1.2.1 质量的内涵

在对质量给出定义之前，我们需要了解什么是产品。现有的产品定义多是从营销角度提出的，产品是作为商品向市场提供的，引起注意、获取、使用或者消费，以满足欲望或需要的任何东西。人们最初将产品理解为具有某种物质形状，能提供某种用途的物质实体，它仅仅指产品的实际效用。在第三次科技革命的推动下，生产日益科学化、自动化、高速化、连续化，随之而来的是市场上产品种类和数量的急剧增加，品种更新迭代日新月异，市场已经从卖方市场转变为买方市场。在日益激烈的市场竞争中，一些企业逐渐认识到：一方面，在科学技术飞速发展以及企业生产管理水平越来越高的条件下，不同企业提供的同类产品在品质上越来越接近；另一方面，随着社会经济的发展和人民收入水平的提高，客户对产品的非功能性利益越来越重视，在很多情况下甚至超过了对功能性利益的关注。于是一些企业逐渐摆脱了传统产品概念的束缚，调整竞争思路，不仅通过产品本身，还通过在款式、品牌、包装、售后服务等各个方面创造差异来赢得竞争优势。

那么对于产品质量而言，产品质量指产品适应社会生产和生活消费而具备的特性，是产品使用价值的具体体现。任何产品都是为了满足用户有形和无形的需求而产生的，因此产品质量都应当用产品质量特性或特征描述，这里的特性包括规定需要和潜在需要两方面。由于产品是过程的结果，广义范畴的产品质量还应当包含过程质量和体系质量。这也衍生出三种质量概念：①符合性质量，即符合现行标准的程度；②适用性质量，即适合客户需求的程度；③广义质量，即一组固有属性满足要求的程度。

不同于有形的产品实体，产品服务是服务营销学的基础，指以实物产品为基础的行业，为支持实物产品的销售而向消费者提供的附加服务。20 世纪 60 年代后，一些学者开始关注服务管理与营销问题，其中最具代表性的人物是约翰逊，他首次提出商品和服务是有区别的，从而引发了一场服务对商品的论战。近年来，一些学者对此进行了理论上的总结，认为传统意义上的产品概念是不完整的，并提出了产品整体概念。

现代营销学之父菲利普·科特勒认为，产品不仅包括有形的物质实体，也包括无形的服务。如果用产品整体概念来解释，产品服务就是指整体产品中的附加产品、延伸产品部分，也称产品支持服务。其目的是保证消费者所购产品效用的充分发挥。随着科学技术的进步，产品技术越来越复杂，消费者对企业的依赖性越来越大。他们购买产品时，不仅购买产品本身，还希望在购买产品后，得到可靠而周到的服务。企业的质量保证、服务承诺、服务态度和服务效率，已成为消费者判定产品质量，决定购买与否的一个重要条件。对于生产各种设备和耐用消费品的企业，做好产品服务显得尤为重要，可以提高企业的竞争能力，赢得客户重复购买的机会。

产品服务过程包括售前服务、售中服务和售后服务，产品服务存在以下四个特点。

（1）形态的无形性。产品服务在购买以前是看不见也摸不着的，它只能被消费而不能被占有。因此，企业必须善于宣传其所提供服务的价值，以感染、吸引客户，还可通过化无形为有形，使无形的服务通过有形的证据表现出来。例如，航空公司优质的服务可通过以下几方面表现出来：一是环境，舒适整洁的客舱环境，便捷周到的登机服务；二是人员，全体工作人员着装整齐，面带微笑；三是设备，现代化的硬件设施带来优秀的客户体验。

（2）不可存储性。服务的价值只存在于服务进行之中，不能储存以供今后销售和使用。所以，企业在提供服务的过程中，必须始终与客户保持紧密的联系，按照客户的要求提供服务项目，并及时了解客户对服务的意见和建议，按需提供，及时消费。

（3）产销的实时性。由于服务的不可存储性，服务的生产和消费往往是实时进行、不可分离的。如果服务是由人提供的，那么提供服务者也成为服务的组成部分。有时提供服务还需要被服务者在场，如指导客户使用、维护产品等。

（4）质量的波动性。服务质量是由人来控制的，而人的素质又是千差万别的。所以，服务质量取决于由谁来提供服务，在何时何地提供服务及谁享受服务，服务质量会因人、因时、因地而存在差异。

1982 年格罗鲁斯第一次提出了客户感知服务质量的概念，客户感知服务质量被定义为客户对服务期望与实际服务绩效之间的比较：实际服务绩效大于服务期望，则客户感知服务质量是良好的，反之亦然。同时，他还界定了客户感知服务质量基本构成要素：即客户感知服务质量由技术质量即服务的结果以及功能质量即服务过程质量组成，从而将服务质量与有形产品的质量从本质上区别开。

从产品服务角度看，服务质量是产品生产的服务或服务业满足规定或潜在要求（或需要）的特征和特性的总和。特性是用以区分不同类别的产品或服务的概念，如旅游有陶冶人的性情给人愉悦的特性，旅馆有给人提供休息、睡觉的特性。特征则是用以区分同类服务中不同规格、档次、品味的概念。服务质量最表层的内涵应包括服务的安全性、适用性、有效性和经济性等一般要求。产品的预期服务质量即客户对企业所提供服务预期的满意度，而感知服务质量则是客户对企业提供的服务实际感知的水平。如果客户对服务的感知水平符合或高于其预期水平，则客户获得较高的满意度，从而认为企业的服务质量较高，反之，则会认为企业的服务质量较低。从这个角度看，服务质量是客户的预期服务质量同其感知服务质量的比较。

区别于有形产品的质量，产品的服务质量更难被消费者所评价，客户对服务质量的认识取决于他们的预期和实际感受到的服务水平的对比，且有预期服务质量与感知服务质量之别。值得注意的是，客户对服务质量的评价不仅要考虑服务的结果，还涉及服务的过程。鉴于服务交易过程的客户参与性和生产与消费的不可分离性，服务质量必须经客户认可，并被客户所识别。因此服务质量应当以客户感知为对象，发生在服务生产和交易过程之中，在服务企业与客户交易的真实瞬间实现，且既要有客观方法加以制定和衡量，还要按客户主观的认识加以衡量和检验。

当前，服务经济在整个经济总量中占的比重越来越大，2019 年我国服务业在国内生产总值中的比重达到 53.9%。除了服务业，制造业中也有服务，如售后服务、维保服务、维修服务等。因此，当今时代下，产品和服务如同企业发展的左膀右臂，缺一不可，如图 1-1 所示。企业不但要关注产品质量，而且要关注服务质量。产品质量注重产品的技术性能；服务质量注重服务的消费感受。产品质量与服务质量相辅相成、缺一不可，忽视任何一个方面都会影响最终的用户体验。

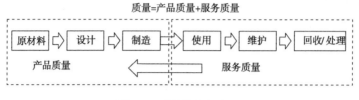

图 1-1　质量管理的含义

因此，质量的内涵是产品质量和服务质量的综合。产品从原材料、设计、制造到最终成品决定了产品质量，而产品投入市场后，产品的质量保证、回收处理等环节则更多地决定了与产品相关的服务质量。服务质量的好坏，也决定了企业能否更好地获知市场反馈，从而反哺企业对于新品的质量改进流程。

1.2.2　全生命周期质量管理时代的到来

日本质量管理大师狩野纪昭于 1984 年开创性地提出了卡诺模型（Kano，1984），要用二维视角来认知质量，即从客户的满意程度（属于客户主观感受）以及产品品质维度（属于客观的产品功能体现）来认知质量，如图 1-2 所示。在此二维视角下，卡诺将产品质量划分成四个类别，分别为基本质量、一元质量、无差异质量、魅力质量。基本质量是产品的基本品质要求，但基本质量不论如何提升，客户满意度都会存在上限。一元质量又称线性质量，是客户期望的质量，即产品质量好，客户满意度就高，产品质量差，客户满意度就低。无差异质量，是指此类产品品质并不为用户所重视，提升与否都不会带来客户满意度的变化。魅力质量，是一种客户意想不到的品质属性，此种品质属性没有彰显时，客户满意度不会降低，一旦此种品质属性出现并不断增加，客户满意度就会呈现指数级增长。卡诺模型创造性地提出了魅力质量的概念，并指出魅力质量要摆脱物质层面的质量管控、流程层面的质量管控，而更应该向用户心灵层面的质量创造迈进（狩野纪昭，2002）。可以说，追求魅力质量改进，持续改善客户体验，是质量管理的最高境界。

当把用户体验融入质量管理时，企业的关注点也会发生变化。从卡诺模型的视角看，企业需要关注的不只是满足客户的需求（基本质量），更应该关注如何让客户持续满意（一元质量），并推动产品和服务的持续迭代以满足最佳的客户体验（魅力质量）。

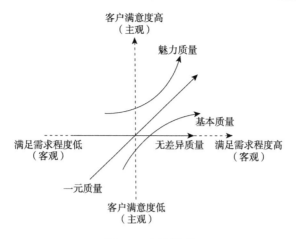

图 1-2　卡诺模型

用户是质量管理的核心，凡是与用户有关的触点都会成为质量管理的内容，涉及营销、开发、生产、销售、物流、服务等多个产品生命周期环节。而质量管理所涉及的过程、人员也会基本覆盖企业运营的全部内容，质量管理与企业的运营管理也出现了高度的重合。因此，只有实现上述过程，才是真正意义上的产品全生命周期质量管理时代的到来，产品全生命周期过程中的质量管理及服务如表 1-1 所示。

表 1-1　产品全生命周期过程中的质量管理及服务

全生命周期	产品质量管理及服务
产品需求分析	根据客户需求定义和量化产品质量各个维度
产品设计	结合企业战略和"全生命周期设计"思想确定产品质量维度的取值
原材料采购	对供应商质量进行评估并对采购质量进行控制
产品生产	生产质量控制
产品销售	向客户提供产品及质保协议
产品维护保养	指导客户进行产品维护和保养、记录客户对质量问题的反馈
产品维修	履行质保合同、处理质量故障
回收再用处置	根据产品质量情况进行回收和再用处置

全生命周期质量管理的核心理念是组织的一切活动都围绕着质量来开展，集中体现了现代质量管理的理论体系和工作方法，其目的在于长期获得客户满意、组织成员和社会的利益。产品全生命周期质量管理通过全员参与设计、控制和评价等过程质量来保证产品和服务质量，实现用户满意度的最大化和产品综合质量

的持续改进。该框架体现了以质量设计、质量控制与质量改进三大活动为基础，以产品、任务、资源管理为主线，围绕产品全生命周期展开的质量管理体系。产品全生命周期质量主要包含六个原则：规范化原则、协同管理原则、可追溯原则、定量化管理原则、集成管理原则以及知识重用与共享原则。

规范化原则：遵循质量管理体系标准，对产品生命周期各阶段质量活动所产生的文件、数据、质量文档和质量知识等进行规范化管理采用结构化的过程方法，如和结构化方法实施质量活动提供统一的过程信息描述，消除数据信息的异构性，易于计算机实现。

协同管理原则：从观念、方法、过程、体系等方面建立开放、合作、协同模式的新型企业间的质量关系，消除所涉及的合作企业的地域和职能上的分布性及文化上的差异性所导致的质量管理隔阂，以整体的、系统的、集成的观点进行产品生命周期过程的质量管理，敏捷响应客户对产品质量的个性化要求。信息技术的迅速发展为协同质量管理的实现提供了保证。

可追溯原则：产品生命周期全面质量管理中做到质量目标可溯源，质量问题可追溯，质量责任明确。依据翔实的数据记录和良好的数据结构，结合事实数据和知识经验，找出质量原因和解决问题的措施与方法。可追溯原则还表现在与产品生命周期过程相关的信息（如产品信息、成本信息、资源信息等）可溯源。

定量化管理原则：全面质量管理作为定性化和定量化相结合的质量管理方法，由于定性化的操作难度较大且容易造成失误，所以以定量化进行质量管理为主。定量化管理原则即基于数据，采用统计质量分析工具，量化分析过程中影响质量的因素从而找出改进质量的关键因素。通过引入定量化管理的方法，可很好地衡量和改进过程性能，使质量管理过程更加可靠。

集成管理原则：包括先进质量管理理念的集成、应用系统的集成和过程的集成。有机地融入先进的质量管理理念，发挥各种管理的优势，在充分反映全面质量管理的"全面"特点的同时，又能融合包括标准化管理、量化管理等其他管理方式新特点。同时将不同应用系统之间进行集成，将孤岛式流程管理转变为集成化的一体管理。将产品生命周期各阶段质量相关的数据进行整合，实现产品生命周期的各阶段之间的信息交互与协同，达到产品质量的可追溯、控制、改进优化，直至产品生命周期过程的重组。

知识重用与共享原则：由于企业中的各种质量活动都是与质量知识相关的，知识重用与共享原则就是要充分地挖掘知识，包括在过去进行各种质量活动留下来的经验知识和历史文档，将其显性化得以重用，并在某种程度上为产品生命周期过程相关的企业、组织所共享。

全生命周期的思想在缩短产品研制和生产周期、满足用户需求、提高产品可靠性、提供全程优质服务等方面所体现出的优越性，成为制造业质量管理领域的研究热点，国外学者针对全生命周期质量管理的理论和方法开展了一系列研究，并取得了较为显著的研究成果。

1.2.3　全生命周期质量管理的维度

全生命周期质量管理的维度可以分为有形产品质量和服务质量。有形产品质量包括产品内在质量和产品外观质量两个方面。

产品内在质量是指产品的内在属性，包括性能、寿命、可靠性、安全性、经济性等方面。产品性能指产品具有适合用户要求的物理、化学或技术性能，如强度、化学成分、纯度、功率、转速等；产品寿命指产品在正常情况下的使用期限，如房屋的使用年限、电灯和电视机显像管的使用时数、闪光灯的闪光次数；产品可靠性指产品在规定的时间内和规定的条件下使用，不发生故障的特性，如电视机使用无故障、钟表走时精确等；产品安全性指产品在使用过程中对人身及环境的安全保障程度，如热水器的安全性、啤酒瓶的防爆性、电气产品的导电安全性；产品经济性指产品经济生命周期内的总费用，如家电产品的耗电量、汽车的每百公里的耗油量等。

产品外观质量是指产品的外部属性，包括产品的光洁度、造型、色泽、包装等，如自行车的造型、色彩、光洁度等。

产品服务质量常用 SERVQUAL 模型表示，该模型是 20 世纪 80 年代末由美国市场营销学家 Parasuraman、Zeithaml 和 Berry（PZB）（2002）依据全面质量管理理论在服务行业中提出的服务质量评价体系，其理论核心是"服务质量差距模型"，即服务质量取决于用户所感知的服务水平与用户所期望的服务水平之间的差别程度（又称为"期望 – 感知"模型），用户的期望是开展优质服务的先决条件，提供优质服务的关键就是要超过用户的期望值。其模型为

$$SERVQUAL 分数 = 实际感受分数 - 期望分数$$

SERVQUAL 将服务质量分为五个维度：有形性、可靠性、响应性、保证性和移情性，其中每一维度又划分为若干个因素。决策者可通过多种方式来了解客户对每个问题的期望值、实际感受值及最低可接受值进行评分。通过将分值汇总可得到研究目标服务质量的最终得分，逐层剖析找到研究目标在服务中存在的具体问题。

服务质量模型依据调查内容可分为两部分。一部分内容记录了客户对于公司所提供服务的期望值，另一部分内容则记录了客户对于所提供服务的实际感受。可通过比较每个因素的两部分内容来得出服务中该维度的好坏程度。当 SERVQUAL

分数为正时，分数越高，则实际感受超出期望感受越多，说明客户对服务越满意。当 SERVQUAL 分数为负时，分数越低，则实际感受低于期望感受越多，说明客户对服务越不满意。一般情况下通过问卷调查的方式测量客户对于研究目标服务的期望值和实际感受值，最终质量评价的结果则根据调查内容计算得出。

SERVQUAL 模型的五个维度及其子因素概括如下。

（1）有形性，指服务场所的设施、设备、服务人员的仪容仪表等内容。主要强调给予客户一种专业、高端、大气的视觉感受，从而快速切入客户服务的流程当中。包含四个子因素：①服务设施不陈旧且现代化；②服务设备对人能产生吸引力；③员工有统一干净的工作服装；④公司提供的服务能够与其服务设备相匹配。

（2）可靠性，指具备准确且可以让客户可靠地执行和履行服务承诺的能力。主要强调能正确及时地执行曾为客户承诺的服务内容，从而使客户内心对公司服务产生一定的依赖。可靠性包含五个子因素：①能够及时并且快速地完成向客户承诺的事情；②能关心和帮助遇到困难并需要关心的客户；③公司具有良好的声誉且值得信赖；④能在约定时间准时向客户提供其所承诺的服务；⑤客户服务的相关信息能准确记录。

（3）响应性，指帮助客户并快速地提高服务水平的意愿。主要要求工作人员（主要指客户服务人员）掌握恰当服务时机。可靠性包含四个子因素：①工作人员可以告诉客户在具体什么时候能够提供公司的服务；②工作人员能够在客户需要帮助时及时向客户提供其所期望的服务；③员工乐于为客户提供帮助；④员工不会因为忙于其他事情而忽略客户，从而自始至终都无法为客户提供服务。

（4）保证性，是指员工具备专业的知识、能在面对客户的时候恪守礼节并展现出足够的自信，让客户觉得员工是值得信赖的。保证性包含四个子因素：①客户可以完全信任员工；②客户对于员工所提供的服务感到放心；③员工是恪守礼节的；④员工能够在合适的时候得到公司一定的支持，从而为客户提供更好的服务。

（5）移情性，是指关心客户并为其提供个性化的服务。强调的是设身处地为客户着想的服务差异性。移情性包含五个子因素：①公司会针对客户的具体情况提供针对的个性化服务；②员工会以个人名义给予客户关心和帮助；③员工可以充分领悟到客户的需求；④公司会以客户利益为重优先考虑；⑤公司可以在客户需要的任何时间提供服务。

综合以上，共 22 个质量因素。客户服务质量模型为

$$SQ = \sum_{i=1}^{22}(P_i - E_i)$$

其中，SQ 为客户所感受到的公司的整体的服务质量，P_i 为客户对第 i 个子因素的实际感受，E_i 为客户对第 i 个子因素的期望值。上述模型中，所有因素的权重都为 1，与现实的情况存在一定的局限性。在实际情况中，每一个客户对于不同的因素所带来的满意度是不同的，可通过专家评审、问卷调查和层次分析法（analytic hierarchy process，AHP）等确定模型中每一个因素的权重。

自 PZB 的 SERVQUAL 量表提出以来，该模型在理论上不断延伸，同时在生产和生活的各个领域得到了广泛的应用。在医疗护理行业，谭光明等（2013）通过采用 SERVQUAL 模型的整体思想，建立了针对患者的服务质量模型，并利用模型分析出了影响患者对于医疗服务感受的主要影响因素，从而给予医疗机构利用有限的成本去尽可能提高医疗服务质量，提高客户满意度，减少医疗纠纷一定的指导思想。在物流行业，李雪（2017）对于服务质量模型的指标进行了改进和修正，最终确定了 18 个影响因素，通过对比各主成分方差贡献率的大小，从客户的视角得出物流的四个维度重要性高低：企业接触 > 技术接触 > 人员接触 > 货物接触，为企业提高客户服务质量提供了新的解决思路。

金融行业本质是服务业，因此模型在此行业更是得到了广泛应用。例如，赵永生（2010）根据我国金融行业的发展动态，追溯了商业银行的发展、概念及特点，以及商业银行服务质量评价的几种模型，总结了 SERVQUAL 评价模型的优点和缺点，确定了以 SERVQUAL 模型为基础的商业银行服务质量评价方法。王妍君（2014）通过改进模型指标，在同一维度对不同银行进行横向比较，对于构建服务质量定量标准，直接比较同一行业不同公司的服务质量提出了新的思路和看法。

衣食住行是人民群众最为基本的需求，如何让人们住得放心、住得舒心是研究酒店服务质量管理的学者所思考的问题，SERVQUAL 模型为此提供了一个完整的评价体系。张文娟（2017）指出酒店间相互竞争的实质其实也是服务质量的竞争，通过对酒店客户进行问卷调查并用 Excel 对调查结果进行统计分析，发现有形性并不是酒店客户的关注重点，为酒店运用有限的资源最大化改善客户服务质量起到了一定的指导意义。陈宇华（2018）将模型应用于民宿服务质量评价，新增乡村性这一服务特征来研究乡村民宿的服务特点。易树立（2017）在构建长租公寓服务质量模型时新增了安全性、区域性、舒适性、便利性等评价维度。

可以看出，SERVQUAL 模型广泛应用于各行各业，对于服务质量的研究具有很强的应用实践价值。在信息技术驱动的信息时代，数据为 SERVQUAL 模型更广泛、更深入的应用提供了基础，因此在实际的应用中需要考虑数据驱动的指标衡量方法。

1.3　物联网下产品质量变革——全生命周期质量管理时代的到来

在科技飞速发展的今天，互联网和移动通信网、传感网等专业网逐渐延伸、进化和融合为物联网（Internet of things，IoT）。《中国物联网白皮书》将物联网定义为通信网和互联网的拓展应用与网络延伸，它利用感知技术与智能装置（如无线射频识别（radio frequency identification，RFID）、无线传感器等）对物理世界进行感知识别，通过网络传输互联技术对识别物品进行计算、处理和知识挖掘，实现人与物、物与物之间的信息交互和无缝链接，达到对物理世界实时控制、精确管理和科学决策的目的。因此，物联网比互联网、传感网技术更复杂、产业辐射面更宽、应用范围更广，对经济社会发展的带动力和影响力更强，将使企业和社会对资源的利用达到前所未有的高度。物联网使得消费者的需求和企业的管理决策环境发生了重大变化，管理对象也由传统的人和物拓展为包含人、物、组织、信息和环境五元要素的整体。

1.3.1　物联网使全生命周期质量管理成为可能

在开展全生命周期质量管理的活动过程中，数据成为最为重要的生产资料。有效地获取产品从需求分析、产品设计、原材料采购、生产、销售、运行使用、维护直到回收处置等不同阶段的多维异质数据，并通过数据与知识的整合与集成，分析研究产品在不同阶段的质量状态，发现并追溯产品和服务质量问题的产生根源和内在机理，进一步优化产品从需求分析到回收处置全生命周期不同阶段、不同主体的协作模式与共享机制，最终构建覆盖产品全生命周期的质量管理及服务体系，这是当前质量管理领域学术界和工业界所共同面临的挑战。

随着近年来数字经济的迅猛发展，物联网、云计算、大数据、区块链等新兴技术在制造业得到了广泛的应用和创新，极大地推动了制造业从自动化向智能化、服务化的方向发展（任杉等，2018）。新兴技术的发展和应用为企业构建产品的全生命周期质量管理和服务体系，全面提升质量管理水平，带来前所未有的机遇。

从卡诺模型的视角看，物联网技术的运用，使得企业可以充分发掘用户的需求痛点，更加精准地把握用户的潜在需求，从而更有针对性地指导企业基于产品全生命周期的质量管理活动，并更加高效、快捷地促进产品和服务的迭代升级，让企业进行魅力质量创造真正成为现实，满足用户的最佳体验，如图 1-3 所示。

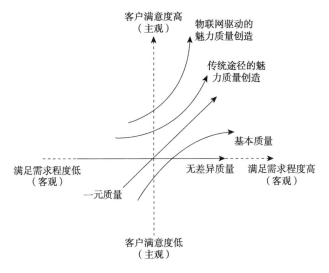

图 1-3　物联网驱动的魅力质量创造

1.3.2　物联网为质量管理理论带来了新的挑战

物联网设备已经渗透进我们生产、生活的方方面面，产生了海量数据。通过物联网所感知到的产品使用状态信息，企业能够实时监控业务或产品的运行情况，协助企业进行实时分析和决策，并通过机器学习算法分析历史数据，预测和预警未来业务运行情况或产品的市场前景。因此，物联网对企业和社会，都是一个宝贵而待开发利用的宝藏。物联网环境需要企业在技术、管理要素和管理方法上有相应的变革，如数据采集、处理和利用的方式由传统的离散、离线的方式向实时、连续和动态方式转变；管理方法和手段由基于专家经验、历史数据和概率分布向数据驱动、事件驱动和情景驱动转变。物联网和质量管理之间的关系相互影响、相互交融，主要体现在以下两个方面。

1. 质量管理理论和方法的发展需要物联网的推动

传统制造型企业聚焦物理产品的生产，通过销售将产品所有权转移给用户实现商业利润，企业的质量管理主要集中在产品的产生过程，如设计、制造等。传统的产品质量管理策略主要有两类：基于检验的质量保证管理策略和基于诊断的传感器分布管理策略。第一类策略通过实施合理水平的质量检测保障产品质量，这种策略实质上无助于提升产品质量；第二类策略通过布置传感器感知生产过程中的信息，对生产过程中的设备故障和产品状态进行诊断，进而进行质量控制和管理。

由此可见，传统的质量管理策略无法对产品全生命周期的实时状态进行监控与质量管控，物联网、云计算、大数据和人工智能等新兴信息技术的发展和应用为传统质量管理理论和方法的延伸提供了途径。物联网中的传感网可以实现数据的实时采集和传输，云计算和大数据处理技术可以实时处理物联网中高维、结构化和重尾的数据，人工智能技术可以实现基于数据驱动的实时决策。同时，产品或服务的质量可以通过物联网进行实时感知和监控，使得质量管理由传统的事后、小样本抽查转变为实时、全面的大数据质量控制。企业质量决策从过程控制到感知性和智能性的结合，物联网环境下的产品质量管理也因此延伸到包括产品的需求形成、设计开发、生产制造到维护保养的全生命历程，实现基于产品全生命周期的质量管理。

2. 物联网的发展为传统的质量管理理论和方法带来挑战

物联网环境下，传统的质量监控方法和质量服务模式面临着重大挑战。从微观数据角度看，物联网环境下的产品状态监控有着不同于传统质量管理的新特性，主要体现在以下三个方面。

（1）产品质量状态信息呈现形式不同。物联网中传感器采集的产品状态信息通常是产品或设备本身的原始信息，需要经过加工处理才能作用于产品的质量管理和控制。从信息科学的角度，产品状态数据是以时空节点为载体，以产品全生命周期中物流系统及其环境的属性、状态为内容的数据集合体。数据信息既可以是常见的定量数据形式，也可以是非定量的流媒体数据形式。产品状态数据呈现海量、高维、多源性和实时性等特点，决策者很难依据个体经验和传统的决策方法快速地从海量状态数据中发现并获取有价值的质量信息。因此，在物联网环境下，如何从多源高维的海量状态数据中快速地对产品全生命周期的质量特征进行识别、汇聚和提取是物联网环境下质量管理理论和方法研究的关键基础。

（2）物联网环境下产品质量状态数据特征的复杂性。传感器采集的状态数据在物联网下往往存在缺失、重复等异常情况，同时传感数据间存在着时空上的关联性，这就需要质量控制系统在数据异常和时空关联性下仍具有快速检测和诊断、可隔离性、鲁棒性、新奇识别、分类错误估计、适应性、解释机制、建模能力、存储和计算能力，以及多故障识别等性能，满足质量控制的要求。

（3）物联网环境下的产品状态数据具有情景依赖性。传统的决策理论考虑的情景和优化模型通常是明确或者固定的，而在物联网环境下，由于管理问题对应的情景模式往往比较复杂而且不易预先确定，需要基于具体应用场景和实时数据建立动态监控模型。

从宏观角度看，物联网呈现出多主体、多环节的特征。在物联网环境下，产品全生命周期的所有质量状态数据都可用于产品质量管理中。当产品融入物联网后，企业就能实时获取产品全生命周期的状态信息，并基于数据挖掘和决策分析的方法对海量质量数据进行提取、分析和利用，对产品和服务进行包括设计、生产、销售、售后等全生命周期的功能与性能改善；而在此过程中，消费者也能够利用物联网实时获取产品在其生命周期中每一个过程的状态信息，从而影响其最终的消费行为。质量控制策略的制定受到企业文化、个人的生活环境和决策方式等因素的影响，需要基于决策主体的决策偏好做出最佳的质量决策。多主体性是物联网环境中全过程质量管理的一个重要特性，在产品和服务所涉及的供应链中往往存在着包括供应商、制造商、用户、第三方服务商等多方参与者，各参与主体之间存在着合作与协作、竞争与博弈的行为，因此，全过程质量控制需要综合物联网的多主体价值关系。物联网技术的发展使得制造商可以将覆盖需求分析、产品设计、原材料采购、产品生产、销售、运行使用、维修直到回收处置等所有阶段的产品全生命周期的过程和信息加以整合，实现整个供应链条上的商流、信息流、物流、资金流等各种资源的交互、分配、组合和优化，实现全生命周期供给、生产和需求的协同，并不断催生产品再制造和设计、产品回收、共享服务模式、按需维保等质量服务模式的创新。

产品全生命周期质量管理基础与技术篇

随着数据通信成本的下降以及各类传感器和智能设备的普及，从工业生产线上的数控机床，到日常生活中的智能网联车、共享自行车、智能手环，物联网设备已经渗透在我们生产生活的方方面面，为我们提供了丰富的物联网数据资源和应用场景。一方面，海量数据详细记录了产品在生产和使用过程的信息，能够帮助企业实时监控业务或产品的运行情况，还能够协助企业进行实时分析和决策。另一方面，通过对采集到的数据进行处理和分析，能够预测和预警未来业务或者产品的运行情况，给管理决策提供依据。为全面阐述物联网下的全生命周期质量管理，本篇从技术入手，详解物联网结构、质量数据来源，说明数据采集和存储流程，细数数据处理和分析方法，了解物联网的技术体系。

第 2 章　物联网技术与大数据

2.1　物联网下的万物互联

2.1.1　从 RFID 和传感器网络谈起

物联网作为一个迅速发展、具有广阔前景的事物已经走进人们的生活，是现代信息技术发展到一定阶段的综合性智慧成果。它的出现并非偶然，而是一场改变世界的伟大产业革命，是人类不断追求更高品质生活的必然需求，是帮助人类解决诸多难题的智能化手段，也是世界各国积极推动科技合作的结果。基于现有互联网的坚实基础，物联网以 RFID 为核心技术，以无线传感器网络（wireless sensor network，WSN）为感知手段，实现了万物互联。

1. RFID

RFID 技术（通常称为感应式电子芯片、电子条形码或接近卡等）是一种非接触的自动识别技术。它的原理是通过无线射频的方式，识别特定目标、进行非接触双向数据通信以及读写相关数据。由于具有数据易更新、可重复使用、储存容量大等优点，被认为是 21 世纪最具发展潜力的信息技术之一。在万物互联的构想中，RFID 设备中存储着规范且具有互用性的信息，通过无线通信网络把这些信息上传到中央系统，实现对物的"透明化"管理（李如年，2009）。

RFID 的发展源头可追溯到第二次世界大战。1937 年，美国海军研究实验室为了解决战争中对陆地、海面、空中目标的识别问题，开发了敌我识别系统，出现了最早的 RFID 技术。此后，雷达的应用与改进推动了 RFID 技术的发展。但由于早期系统组件昂贵且体积庞大，RFID 技术仅仅运用于军事领域。1958 年，美国工程师杰克·基尔比发明了第一块集成电路（integrated circuit，IC），为现代微电子技术奠定了基础。随着 IC 芯片技术的进步和大规模应用，RFID 技术的应用成本和设备体积大大减小。从 20 世纪 60 年代开始，RFID 技术逐渐在商业领域普及，如物品监控、车辆追踪等。90 年代是 RFID 技术的推广期，由于基于 RFID 技术的道路电子收费系统在发达国家得到广泛应用，世界上大多数国家和地区都开始推荐 RFID 技术并制定了相应的技术标准。随着 RFID 产品的日益丰富，电子标签成本不断降低，RFID 技术在电子收费、停车管理、身份识别、人事考勤、物流运输、商品零售等领域都有广泛应用。例如，沃尔玛公司凭借 RFID 技术，降低了仓储运输成本，增强了供应链及时响应能力。RFID 技术的成熟和广泛应用为物联网的诞生和发展奠定了基础。

2. WSN

国际电工委员会（International Electrotechnical Commission，IEC）将传感器定义为一种测量系统中的前置部件，将输入变量转换成可供测量的信号。传感器如同物联网的感受器官，可以捕捉光、热、加速度等信息，感受世界万物的五彩缤纷。随着现代无线通信技术、计算机网络、嵌入式计算等的发展，传感器无线化、智能化和网络化程度越来越高。

WSN 是传感器技术和无线网络技术相结合的新兴产物，是物联网底层网络的重要技术形式。部署在检测区域内的多个传感器节点相互通信，以无线通信的方式组成多跳自组织网络系统（钱志鸿和王义君，2013）。最早的传感器网络可以追溯到 20 世纪 70 年代，美军使用了一种名为"热带树"的传感器，通过探测越军经过时的震动和声响组织轰炸，干扰越军在胡志明小道上的后勤补给。这一技术帮助美军在越南战争中成功阻挠了上万辆越军后勤补给的卡车。美国在战争中尝到了传感器网络的甜头以后，便陆续与科学界展开合作，取得了一系列重要进展。2000 年，美国加州大学伯克利分校推出了传感器节点专用操作系统 TinyOS 和程序语言 nesC。2001 年，Zigbee 联盟的成立标志着 WSN 通信协议的全面标准化。

WSN 是物联网的重要组成部分，主要由三部分组成：节点、传感网络和用户。其中，节点分布式地覆盖一定范围，没有专门的固定基站，按照一定要求能够满足监测的范围；传感网络是 WSN 的核心部分，将所有的节点信息通过固定的渠道进行收集，然后对节点信息进行分析计算，将得到的结果汇总到基站，最后通过无线通信技术传输到指定的用户端，从而实现无线传感的要求。WSN 可以在任何时间、任何地点获取海量真实可靠的数据，在军事、智能家居、环境预测保护、医疗护理、电气自动化、智能制造等领域有着广泛应用。学术界和工业界都将 WSN 称为 21 世纪高新技术领域的四大支柱产业之一。

2.1.2　物联网的定义和架构

物联网的概念最早出现在比尔·盖茨创作于 1995 年的《未来之路》(*The Road Ahead*) 一书中。1999 年，美国麻省理工学院更具体地指出物联网为所有物提供一个电子产品编码 (electronic product code，EPC)，以此实现对全球所有物理对象的唯一识别标识。在对宝洁公司的演示中，麻省理工学院自动识别实验室负责人凯文·阿什顿使用物联网这个术语来阐述射频识别跟踪技术的潜力。同年，中国科学院也启动了对传感网 (物联网) 的研究和开发。2005 年，国际电信联盟 (International Telecommunication Union，ITU) 发布了《ITU 互联网报告 2005：物联网》，正式提出了物联网的概念。2009 年，物联网成为我国国务院颁布的国际五大战略新兴产业之一。2010 年，中国物联网标准联合工作组正式成立。

一般意义下，物联网是在互联网的基础上，通过各种传感器、RFID 技术等，实现世界上所有人与物、物与物互联的网络信息系统，即万物相连的互联网。物联网可以部署到人类难以触及的地方，实现万物间的互联、互动。物联网是继计算机、互联网、移动通信之后的又一具有颠覆意义的发明，也称为新一次的工业革命。

国际电信联盟将物联网定义为一种信息社会的全球网络基础设施。它利用信息通信技术把物理对象和虚拟对象连接起来，提供更为先进的服务，强调数据捕获、事件传递、网络连通性和互操作性，解决的是物与物、人与物、人与人之间的互联 (沈苏彬等，2009)。

在 2010 年我国政府工作报告对物联网的阐述中，物联网是指一种通过信息传感设备，按照约定的协议，把任何物品与互联网连接起来，进行信息交换和通信，以实现智能化识别、定位、跟踪、监控和管理的网络 (孙其博等，2010)。

物联网被称作万物相连的互联网的原因如下。第一，物联网是一种以互联网为基础的通信网络，互联网可以看作人的信息化，而物联网则可看作整个世界的信息化，是互联网的延伸。第二，物联网并非单纯的物物互联，而是人与物、物与物之间按照约定协议的信息交换和处理，并实现有效互动 (薛燕红，2014)。与互联网相比，物联网具有三个鲜明的特征：全面感知、可靠传递和智能处理。

2013 年，《中国物联网标准化白皮书》给出了物联网体系的三层架构，按照物联网数据的产生、传输和处理，分为感知层、网络层和应用层。物联网的信息功能模型如图 2-1 所示。

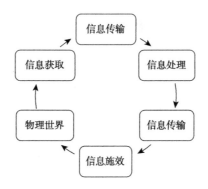

图 2-1 物联网的信息功能模型

感知层是物联网的核心，由一个个感知节点构成，是智能物体和感知网络的集合体，包括 RFID 芯片、传感器、卫星定位和导航系统（如 GPS（全球定位系统，global positioning system）、北斗）和接收器等，负责识别和收集物品及外界的原始数据与信息。感知层的关键技术包含传感器技术、RFID 技术、二维码技术、蓝牙技术等。

网络层也称为传输层，负责在多个服务器之间传输数据，把信息从感知层无障碍、高可靠性、高安全性地送至应用层。其关键技术包括 Zigbee、蓝牙、红外线、互联网、移动通信网及 WSN。

应用层也称为处理层，负责集成系统底层的功能，分析挖掘数据，为用户提供丰富多样的服务，实现广泛智能化。云计算平台作为海量数据的存储分析平台，在物联网应用层承担着至关重要的作用。应用层关键技术包括中间件技术、虚拟技术、SOA 系统架构方法。

图 2-2 总结了物联网的三层总体架构。

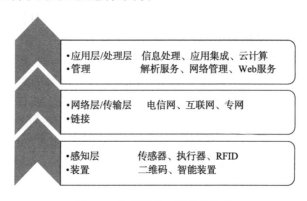

图 2-2 物联网的三层总体架构

2.1.3　物联网的应用现状

物联网应用已经与我们的日常工作和生活息息相关。例如，人们外出购物可以选择自动售货机、无人便利店。这些智能零售的应用场景不仅为消费者提供便利，也为商家提供新的经营模式、创造更高的价值。

智能家居是物联网的一个典型应用场景。智能家居系统以住宅为平台，利用综合布线技术、网络通信技术、安全防范技术、自动控制技术等实现家居设备（如音箱、门锁、电灯、热水器和取暖设备等）的集成，通过高效的家庭日常事务管理系统和智能终端，满足用户的需求。图 2-3 展示了一个基于物联网的智能家居解决方案（俞文俊和凌志浩，2011），其中，感知层包含搭载了各种 Zigbee 无线通信模块的家用电器、照明设备和安防设备等，以实现对家庭环境的全面感知；网络层包括数据库服务器和 Web 站点服务器，数据库服务器通过家庭数据网关进行数据交互，Web 站点服务器通过访问上述数据库服务器获取数据，并将信息发布到互联网上；应用层包括各类搭载 Web 浏览器的终端设备，用户可通过网络访问 Web 站点，实现对智能家居系统的管理和控制。

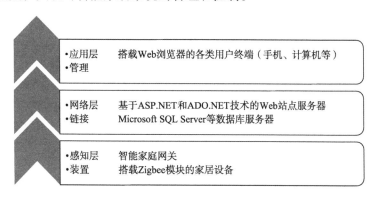

图 2-3　智能家居系统的三层总体架构

在农业方面，农民可以通过物联网实时监控土壤温度、湿度的变化，以更好地调整种植方案计划；养殖人员也可通过物联网监控水质，实现精细化养殖（中兴通讯学院，2012）。

在军事方面，各国政府早已高度重视物联网的应用，如微型摄像头、生化探测、红外监视和压力传感。未来，军队可以通过空投在战场上布满传感器，利用卫星网络或者其他通信网络，将收集到的数据传递给中央控制系统，为指挥员和士兵提供多维的信息和军事行动决策（格林加德，2016）。

在物流方面，物联网已经使得物流的运输、仓储、包装、装卸、配送等各个环节实现系统感知、全面分析处理等功能，大大地降低了相关各行业的成本，提高了运输效率。应用场景包括智能快递柜、运输检测和汽车电子标识。

在交通方面，物联网有着广阔的应用前景，将会推动交通行业发生重大转变。其潜力正在激发智能汽车和互联基础设施的浪潮，利用物联网将数据集成到交通运输系统中，可以有效改善交通运输环境，保障交通安全，提高路面资源利用率。具体应用包括辅助驾驶（自动驾驶）、动态导航、车队管理、智能停车、智能红绿灯、停车场和高速公路无感收费等。

在医疗方面，物联网应用主要体现在可穿戴医疗设备和数字化医院，核心是以人为本。物联网通过传感器对人的生理、心理状态（如体力消耗、血压数据、心跳频率）进行检测，将数据记录到电子健康档案中，方便医生查阅，也可以为患者提供定制化的建议和方案。此外，物联网也可以对医院的医疗设备进行数字化监控和管理。

通过以上场景不难发现，物联网应用的出发点，就是为了人们能够享受更加健康、舒适、便捷的生活。可以预见的是，物联网将全面渗透入我们的生活，改变人类的生存和生活方式。

2.2　物联网的关键技术及其演变

2.2.1　中短距离的主流方案——BLE 和 Zigbee

工欲善其事，必先利其器。物联网的蓬勃发展，离不开相关技术的支撑。根据用途，物联网关键技术可分为两类：一是物体识别和感知技术，二是通信技术。物体识别和感知技术主要包括 RFID 和 WSN，这些在 2.1 节已讨论；通信技术则涉及多种移动通信技术，面向个域网（personal area network，PAN）、局域网（local area network，LAN）、广域网（wide area network，WAN）等不同环境。同时，大数据、人工智能、纳米技术等作为物联网的关联技术，进一步拓展了物联网的应用领域。物联网的关键技术与关联技术互为补充、相互协同，如图 2-4 所示。

支撑中短距离通信的有线和无线通信技术是物联网的关键技术。当通信双方（如传感器和网关）的间隔为中短距离，LR-WPAN（low-rate wireless PAN，低速率无线个域网）或 WLAN（wireless LAN，无线局域网）的解决方案可被采用。

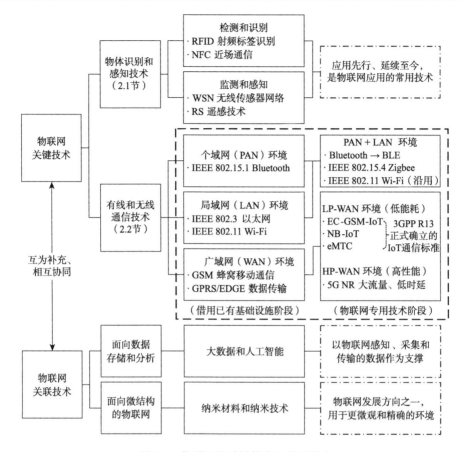

图 2-4 物联网的关键技术和关联技术

BLE(Bluetooth low energy,蓝牙低能耗,一种点对点的低能耗无线通信技术)常见于距离在 10 米以内的无遮挡环境。该技术在保持与 Bluetooth 协议相近覆盖范围的基础上,进一步降低能耗和成本。

距离 100 米以内、少量遮挡的场景可考虑采用 Zigbee。Zigbee 是一套完整的物联网解决方案,构成了网格状的通信网络,其名称来源于蜜蜂告诉同伴附近蜜源方向和距离的摇摆舞。Zigbee 同样采用 AES-128 加密算法,是一种低速、低能耗的无线通信技术。

在某些场景中,Wi-Fi 技术也被用于物联网终端的通信。与 Wi-Fi 相比,BLE 和 Zigbee 主要有两方面不同:一是支持自组网以提高网络的健壮性;二是以较低的传输速率换取极低的能耗。

表 2-1 比较了这三种常见的通信技术方案。

表 2-1　中短距离物联网通信技术的比较

	BLE	Zigbee	Wi-Fi
IEEE 协议族	802.15.1	802.15.4	802.11
网络类型	LR-WPAN	LR-WPAN 或 WLAN	WLAN
工作频段	2.4000 ~ 2.4835GHz	868 ~ 868.6MHz、902 ~ 928MHz、2.400 ~ 2.4835GHz	2.4GHz、5GHz、6GHz、60GHz
网络容量	少量节点	大量节点	许多节点
连接范围	一般 10m 以内，可达 100m	一般 10 ~ 100m，可达 300m 以上	一般 100 ~ 300m
拓扑结构	网状（Net）、星型（Star）	网状、星型、树型（Tree）、网格（Mesh）	星型
峰值传输速率	270Kbit/s	20Kbit/s、40Kbit/s、250Kbit/s（取决于频宽）	150Mbit/s ~ 9.6Gbit/s（取决于频宽和版本）
能耗水平	低	中低	高

根据表 2-1，BLE 由于比 Zigbee 能耗更低，常见的应用场景有移动通信（无线音频传输）、可穿戴设备（如运动手环、随身医疗监测）、交通工具（如共享单车开锁）、家庭娱乐（如鼠标、游戏手柄）等。而 Zigbee 通信距离更长，适合中距离的应用场景，因此常见于智能家居（如智能灯泡、窗帘）、工业安防系统（如烟雾感应装置）、位置导航（如信标装置）等。

需要注意的是，现实中同一类别的设备可能采用 BLE、Zigbee 和 Wi-Fi 之中的任何一种。以小米科技为例，其产品中智能门锁使用 BLE，天然气报警器使用 Zigbee，台灯则使用 Wi-Fi，智能插座更是同时销售 Wi-Fi 和 Zigbee 两种版本。这是因为 Zigbee 覆盖范围适中，允许大量节点通过网关连接（图 2-5），便于设备的集中统一管理；BLE 设备能够与用户手机自组网，紧急情况下无须通过网关即可连接，并且具备最低的能耗，延长智能门锁的电池续航；Wi-Fi 虽然功耗偏高，但提出最早、普及率高，适合插电设备，无须网关支持，用户门槛较低。

目前，BLE 和 Zigbee 均是设备在中短距离接入物联网的主流技术方案，智能家居产品已普遍采用。不过，BLE 和 Zigbee 所使用的频段存在重叠，有必要采取一定的措施来避免互相之间的干扰。一种常见的思路是分时连接（图 2-6），避免两种连接同时在线，提升用户的智能家居体验。

本节所讨论的技术，主要用于搭建中短距离的物联网。而对于通信双方距离较远且位置不固定的情形（例如，农田灌溉系统，方圆可能几十亩（1 亩 ≈ 666.7m^2），

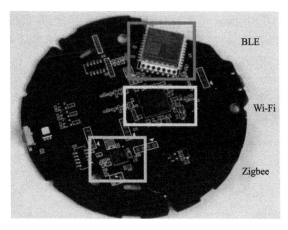

图 2-5　小米智能网关的内部结构

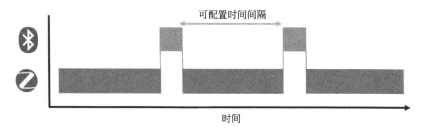

图 2-6　分时连接示意图

甚至几百亩；城市轨道交通系统，遍布城中心到郊区的各个区域），均需要使用下面所讨论的广域网移动通信方案。

2.2.2　2G 时代的历史遗留——从 GSM 到 EC-GSM

早在 21 世纪初物联网的概念还未形成时，RFID 和 WSN 就已经在制造业得到应用。当时还没有专门为物联网设计的通信技术，工业界通常借用已有的通信技术和基础设施，构建一个支撑传感器数据传输的平台。在这个平台中，位置固定、能源供应稳定的终端使用 IEEE 802.3 以太网（Ethernet）、802.11 无线局域网（WLAN 或 Wi-Fi）等无线技术实现局域网通信。但是，对于那些分布广泛且位置不定的设备，则依赖广域网的解决方案，即基于全球移动通信系统（global system for mobile communications，GSM）的蜂窝移动网络。

GSM 作为 2G 时代的移动通信技术，基于 900/1800MHz 频段和基站搭建蜂窝式的移动通信网络（图 2-7），通过通用分组无线服务（general packet radio service，GPRS），使用 GSM 未使用的 TDMA 信道传输数据（如传感器读数上报和操控指令下发）。之后，由 GPRS 演进而来的 GSM 增强数据率演进（enhanced data rates for GSM evolution，EDGE），通过改进调制技术，峰值传输速率从 GPRS 的 115Kbit/s 提升至 384Kbit/s，成为广域物联网覆盖的主要技术。

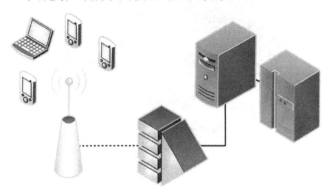

图 2-7　GSM 网络示意

总体来看，GSM 及其衍生技术为早期物联网提供了一个数据传输基础网络。工厂利用该网络远程获取设备的工作状态，农场则用来监测农作物长势，这些都是物联网的典型应用。

GSM 由于使用室外基站作为信号发射装置，对某些室内环境的覆盖较弱。针对此不足，第三代合作伙伴计划（3GPP）在 Release 13 中提出了 GSM 面向 IoT 环境的增强版本，命名为 EC-GSM-IoT，如图 2-8 所示。EC-GSM-IoT 基于 EDGE，用于远距离、低能耗和低复杂度的蜂窝物联网。EC-GSM-IoT 重用了 GSM 物理层，与已有的 GSM 终端可以共载波部署。为物联网终端新增的部分信道会映射到相应的时隙上，不影响传统 GSM 终端。EC-GSM-IoT 技术的优点是采用授权频谱，通信可靠安全，可与 GSM 混合部署，无须额外的频谱资源。EC-GSM-IoT 可通过软件升级实现对现有 GSM 网络的优化，从而加快产品的上市进度。

图 2-8　EC-GSM-IoT 模块示例（Goouuu Tech）

虽然 EC-GSM-IoT 相比 GSM 有一系列优势，且更适用于物联网环境，但仍然属于 GSM 技术的延伸，没有脱离 2G 的技术本质，存在终端功耗较高的先天不足：GSM 终端发射功率为 33dBm，峰值功耗超过 4W，提高了对持续能源供应（电池容量）的需求；而如果降低发射功率到 23dBm，其覆盖范围会受限制。

值得注意的是，虽然 EC-GSM-IoT 与 GSM 共载波部署能够加速 EC-GSM-IoT 乃至物联网的普及，随着 5G 时代的到来，相当数量的运营商（甚至某些国家）已完成或正在实施 GSM 退网。EC-GSM-IoT 作为 GSM 的衍生技术，如果仍然要保留，只能通过独立部署的方式实现，其需要的最小组网频谱达到 2.4MHz，重新规划这段频谱对运营商有较大难度，导致 EC-GSM-IoT 产业链前景不明朗，需要有全新技术取而代之。

2.2.3 低成本、低能耗、广覆盖——NB-IoT 和 eMTC

为了从根本上解决 GSM 退网后数以几十亿计的物联网设备的联网问题，2016 年 6 月，3GPP 在 Release 13（LTE Advanced Pro）中正式发布了窄带物联网或窄频物联网（narrow band IoT，NB-IoT）和增强机器类通信（enhanced machine type communication，eMTC）。

相比 GSM，NB-IoT 定位 LP-WAN（low-power wide-area network，低功率广域网，也称 LPWA 或 LPN），在物理层发送方式、网络结构、信令流程等方面做了简化和优化，有以下设计目标。

（1）相比 GSM 更强的覆盖能力。通过提高功率谱密度、重复发送、低阶调制编制等方式，NB-IoT 的最大耦合损耗（maximum coupling loss，MCL）达到 164dB，相比 GSM 增强了 20dB，这意味着 NB-IoT 网络能够覆盖更广区域。

（2）相比 LTE 更低的功耗、成本和复杂性。NB-IoT 终端模块的待机时间长达 10 年，远长于一般的 LTE 终端；NB-IoT 模块成本预计在 5 美元以下，长期目标价格在 3 美元以下，也远低于 LTE 解决方案，只略高于旧的 GSM 模块。

（3）低频宽需求和大规模连接。NB-IoT 基于 LTE 网络构建，使用 OFDM（orthogonal frequency division multiplexing，正交频分复用）调变来处理下行通信，用 SC-FDMA 来处理上行通信，虽然频宽被限制到只有 200kHz（因此名称中含有"窄带"一词），却能够支持 5 万 ~ 10 万个连接。

NB-IoT 在性能上做出了牺牲，其峰值传输速率只有约 100Kbit/s，只与 GPRS 相当；只要求上行报告时延小于 10 秒，远大于一般的 LTE 终端；只支持 FDD 半双工模式，也就是不能同时进行数据发送和接收；存在重复发送的机制，上下行最大分别可支持 128 次和 2048 次重传，确保在信号较弱时也能准确无误地传递信息。这意味着 NB-IoT 只适用于对数据传输速率要求不高的场合。图 2-9 展示了一个典型的 NB-IoT 模块。

图 2-9　NB-IoT 模块示例（上海移远通信）

此外，为了切实降低功耗，NB-IoT 终端可以进入接近关机的 PSM（power saving mode）状态，经过预设的时间间隔（最长可达 310 小时）再自行唤醒。这意味着在 PSM 期间，终端等同于离线（不可唤醒），适用于某些定期的、非紧急的用途。而对于有主动唤醒需求的终端，NB-IoT 还提供 eDRX（enhanced discontinuous reception，增强不连续接收）模式，以便兼顾低功耗和对时延有一定要求的业务。在每个 eDRX 周期，只有在设置的寻呼时间窗口内，终端可接收下行数据，其余时间处于休眠状态。

NB-IoT 的典型应用场景是智能水电气表。传统智能燃气表的不足主要包括：①数据稳定性弱。由于传统智能表多采用非授权频谱建立自组网，安全和可靠性令人担忧。②供电需求高。接入市电需要提前布线，内置电池则会增加维护成本。③网络覆盖差。如果燃气表安装在楼道内、室内或者地下，环境相对复杂，不一定有网络覆盖。④网络容量小。在燃气表安装密度较高的环境中，难以满足高密度设备接入要求。

根据"十三五"规划，中国正大力改造城市燃气运营服务数字化技术，引入 NB-IoT 可以在技术层面较好地解决上述难题，具体体现在：①数据安全可靠。NB-IoT 是基于授权频谱组建的网络，在抗干扰能力、数据安全性、技术服务等方面均有保障，同时易于推广。②能耗较低。NB-IoT 燃气表使用电池可续航八年以上，无须频繁更换。③网络覆盖强。NB-IoT 具备广覆盖、深覆盖的特点，适用于复杂的安装环境。④网络容量大，NB-IoT 支持海量设备接入。

图 2-10 是基于 NB-IoT 燃气表的一个示例。通过搭载 NB-IoT 模块，智能燃气表可以在定期上报数据的基础上，根据需求接收远程停用的指令，在业务时延和能耗之间取得平衡。

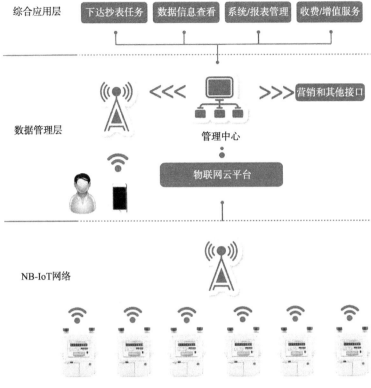

图 2-10　NB-IoT 燃气表的系统结构（新天科技）

至 2019 年 3 月，全球移动供应商协会称全世界已有超过 100 家运营商部署了 NB-IoT 或 LTE-M 网络。与此同时，eMTC 也在蓬勃发展。顾名思义，eMTC 是机器类通信的增强版本，MTC 是 3GPP 最早在 Release 12 中针对低成本而制定的技术，在 Release 13 中又提出了 eMTC。eMTC 也属于 LP-WAN 技术，采用授权频谱，可通过 LTE 带内（In-band）部署，也可以采用单独 1.4MHz 频谱独立部署，其通信质量可靠、安全，移动性支持较好。图 2-11 展示了一个典型 eMTC 模块。

图 2-11　eMTC 模块示例（SIMCom）

　　与 NB-IoT 相比，eMTC 的功能更完整、性能明显更强（10 倍左右），能够承载语音传输，但其功耗和成本也相对更高，覆盖范围也弱于前者。因此，eMTC 与 NB-IoT 互为补充，面向不同的物联网应用环境。

　　2016 年 10 月，中国移动联合多家厂商进行了 NB-IoT 和 eMTC 的商用产品实验室测试。2017 年起，中国联通也积极同步推进 NB-IoT 和 eMTC 技术试点，包括依托于中国联通物联网开放实验室的内场测试，以及在全国 10 多个城市同步推进的外场测试。在未来，不仅是燃气表需要联网，水表、电表、垃圾桶、井盖、路灯等设备都需要接入城市物联网，NB-IoT 和 eMTC 低功耗、广覆盖、大容量、低成本的特点将助力物联网落地，拥有广阔的市场前景。

　　NB-IoT 和 eMTC 均是以 LTE 为基础的衍生技术，以低能耗、低频宽为设计重点，相当于在 LTE 网络上以最小的能源和成本代价，满足基本数据传输需求。因此，NB-IoT 和 eMTC 与第四代移动通信（4G）技术有渊源，其性能甚至不如第三代移动通信（3G）的平均水平。而面对无人驾驶、远程手术等应用场景的实时性、大带宽、高数据传输速率的需求，第五代移动通信（5th generation mobile networks，5G）才是支撑技术。

2.2.4　高性能、低时延、新业态——5G 独立组网

　　近年来，远程驾驶成为常被提及的新概念，它允许远在千里之外的驾驶者操控方向盘，完成某项特殊任务。如因地形、气候条件的限制，有人驾驶载具无法抵达现场；或者危险性较高，不适合实地前往。类似的应用还有远程医疗，同样属于因时间不允许或条件不具备，但患者急需诊治的情况。2020 年，国际上为遏制 COVID-19 的传播而采取的隔离措施导致了医疗保健获取和提供的方式的重大变化。由于医护人员和患者间的面对面咨询对双方都会构成潜在风险，因此远程护理和远程医疗提供了替代方案。

　　与传统意义上的物联网应用不同，无论是远程驾驶还是远程医疗，都有三大突出特点：一是需要大网络带宽（传输速率），用于承载超高清的音视频流；二是对网络时延极度敏感，必须在很短的时间内对突发情况做出反应；三是存在海量的并发连接需求，整个系统有大量终端保持在线。

　　5G 作为新一代蜂窝移动通信技术，其目标是高带宽、低延迟、大连接。根据规划，5G 所使用的频谱资源包括低频段（0.6 ~ 2GHz）、中频段（2 ~ 6GHz）、毫米波（大于 24GHz）。其中，低频段的绕射、衍射性能好，能与 4G LTE 动态共享频谱；中频段是主力频段，承载丰富应用；毫米波可用频段跨度宽广，带宽和容量最优。此外，为了利用有限的频谱资源，可使用跨频段载波聚合（carrier aggregation）进一步提升性能。

虽然 5G 有诸多全新特性，但其基础设施建设的工程量巨大，存在较高的转换成本和较长的过渡期。为实现从 4G 到 5G 的平滑过渡，3GPP 将 5G 的接入网（终端接入）和核心网（网络内部传输）分拆，前者称为 5G NR（new radio），后者称为 5G Core。根据规划，5G 先由 3GPP Release 15 开展第一阶段部署（图 2-12 左半部分），即先行建设 5G 核心网。接入网则沿用现有的 4G LTE 基站，这种 5G 组网方式称为非独立组网（NSA），具备迁移成本低、时间短等优势。随后，开展第二阶段的独立组网（SA）建设（图 2-12 右半部分），在 2020 年的 Release 16 中正式定案。相比非独立组网，5G 独立组网能做到低延迟，是支撑广泛应用（包括物联网应用）的必备条件，也是 5G 建设的最终目标。

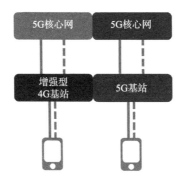

图 2-12 5G 的两种组网模式

与 5G 高带宽、低时延、大连接的特性相对应，3GPP 规划了三类主要应用场景：eMBB（enhanced mobile broadband，增强移动宽带）、uRLLC（ultra reliable low latency communications，高可靠低延时通信）、mMTC（massive machine type of communications，海量机器通信）。其中 uRLLC 和 mMTC 都需要借助独立组网实现。

eMBB 面向大流量移动宽带业务，也是最贴近日常生活的场景。基于 5G 的 eMBB 所带来的最直观感受，是网速的大幅提升，大约为 4G LTE 的 10 倍以上，理论峰值传输速率能够超过 10Gbit/s，足以承载 4K 甚至 8K 的流媒体。

uRLLC 用于低时延、高可靠性、高可用性的业务，涉及工业自动化、交通控制、远程驾驶、远程医疗等。工业和交通控制领域一般要求时延不大于 10ms，远程驾驶和医疗甚至要求在 1ms 以内，并且不允许连接中断。例如，2020 年初，由于新型冠状病毒（COVID-19）肆虐，湖北武汉的医疗资源紧缺，远程医疗发挥了重要作用。2020 年 2 月 18 日，远在 700km 之外的浙江省人民医院远程超声波医学中心的医疗专家，通过 5G 网络，远程实时操作超声机器人，对患者进行诊断。

根据屏幕上同步显示的检查图像，专业医疗人员可进行远程诊断，并指导现场医护人员进行诊疗。

mMTC 主要用于广域业务，如智慧城市、智慧农业、环境监测等应用场景，具有连接密集、数据包小等特点。相比 NB-IoT，一些有着超千亿连接量或每平方千米超百万连接密度的场景更适合采用 5G 技术。

随着运营商、企业和政府的推广，5G 将逐渐商用并走向成熟，有力推动大数据、人工智能等技术的发展，促进产业升级，深化产业改革，创造更多的应用场景。

2.3　物联网下的质量状态大数据

2.3.1　物联网与大数据

21 世纪的人类社会正在经历一场快节奏的数字革命。一个重要的趋势便是社会网络和物理环境正前所未有地与物联网交织（Jia et al.，2019）。无论是工业生产还是日常生活，物联网已经渗透到人类社会的各个领域。物联网的数字化和智能化，可以实现物与物、人与物之间的互通，在健康医疗、智能环境、运输与物流、工业制造等领域都有着广阔的应用前景。

下面从数据的角度阐述物联网的感知层、网络层和应用层架构。感知层主要通过铺设多种传感器（如湿度、温度、压力传感器以及摄像头等），组成传感器网络（即传感网），收集监测对象的状态数据；网络层主要通过接入网和传输网完成数据与信息传输的基本功能，实现数据和信息的互联。应用层是终端用户交互的顶层，主要由应用系统和云计算平台组成，其核心功能主要围绕"数据"和"应用"，一是完成数据的管理和处理，二是实现数据与各行业应用的结合。也就是说，应用层提供从传感器、设备和 Web 服务中获取的数据并将数据呈现给用户以提供进一步的服务，从而发挥对信息的存储、组织、处理和共享功能，以及在监测和管理方面的专业应用功能。从物联网的结构来看，一个典型的物联网系统包括五个主要组件：设备或传感器（终端），网络（通信基础设施），云（数据仓库和数据处理基础设施），分析（计算和数据挖掘算法）和用户界面（服务）。

麦肯锡全球研究所将大数据定义为传统数据库无法获取、存储、管理和分析的大规模数据集合（周峰，2016）。它是指从不同来源收集的大量数据和相关分析技术，通常使用 3Vs（Volume、Velocity 和 Variety）来描述大数据的特征。Volume

是指数据量大，Velocity 是指大数据生成速度快，Variety 是指数据种类多。大数据代表了一种思维上的变化，其本质是思维、商业和管理领域的一场前所未有的变革。

大数据的核心价值在于海量数据的存储和分析，其战略意义在于数据处理的专业化，通过提高数据处理能力来实现数据增值的目的。与传统数据库中的数据相比，大数据具有海量数据信息、数据快速交换与共享、数据类型多样化、数据密度低等特点。大数据不仅仅是收集数据，更重要的是需要利用数据分析来发现数据中有价值的信息和知识，以满足各个行业日益复杂的决策需求。例如，智慧工厂主要是通过生成、传输、接收和处理工业大数据来执行各种生产任务，从而使工厂在需要很少人力甚至无人的情况下运行。

物联网产生的数据符合大数据的特性，物联网大数据是利用 RFID、传感器网络、互联网和智能计算等技术实现物与物、物与人的沟通连接，其价值在于将大规模、多渠道、多样化的底层传感器数据利用大数据分析转化为可被人类利用的有价值的信息资源。为实现监测目的，物联网中大量分布各种传感器，通常需要连续实时地收集被监测对象的各种状态数据。这些数据通常种类繁多，产生速度快，体量巨大，天然契合大数据特性。因此，物联网大数据需要用各种高效的数据分析方法来处理。在已有的数据分析方法的基础上，我们需要借助面向大数据的数据分析技术，如神经网络、云计算等，才能更好地挖掘隐藏在数据中的信息和知识。

可以说，实现物联网的应用离不开大数据技术的支撑。利用物联网采集的、面向特定管理和应用目的的大数据，为产业升级提供了广阔的空间，为人类社会进步提供了强大的支撑和推力。物联网已深入我们生活的方方面面，改变着我们的工作、娱乐甚至思维方式，其背后则是基于大数据技术的升级换代。如基于 5G 技术的新一代物联网，数据收集和传输速度变得更快，这使得我们需要开发更加高效的数据融合和分析技术。

2.3.2　质量数据的来源与合成

质量数据从物联网中的收集可分为源数据收集和合成两阶段。第一阶段指从多种来源收集原始的数据信息，第二阶段则是综合源数据，形成供决策者参考的质量状态综合信息。

1. 质量数据的来源

产品的质量数据有多种来源，包括实体传感器、虚拟传感器和人工检查。

1）实体传感器

实体传感器是指传统意义上的传感器，用于监测环境中发生的事件或变化，并将获取的数据通过传感器网络发送至其他设备的装置，主要由敏感元件、转换元件和辅助电路组成。

实体传感器能感知产品的质量状态。例如，锂聚合物电池的标准工作电压为3.7V 左右，一旦电压传感器报告电压过高（如高于 4.2V）或过低（如低于 3.0V），说明产品状态异常（可能由于电池过充或过放、电源管理芯片故障等）。为了保护电路，应当立即切断充放电通路，并更换电池电芯、电源管理芯片，甚至整体更换电池模组。

实体传感器有许多性能指标，如测量范围、灵敏度、精确度等。其中，测量范围和灵敏度决定了传感器的适用环境，灵敏度高的传感器适用于需要精确测量的场景。精确度则表明测量结果与真实值之间的一致程度，与误差相对应。

2）虚拟传感器

虚拟传感器是数学意义上的传感器。具体来说，是基于实体传感器所采集的数据，以及设备的运行状态数据，经过预设数学模型计算，得到参考读数。正因实体传感器存在不可避免的测量误差，一般不应将单一实体传感器所报告的状态异常数据视作最终结论。而一旦该传感器报告的数据与真实数据相差过大，错误的处理方式可能会是灾难性的。例如，2018 ~ 2019 年，两架波音 737-MAX 客机在五个月内接连发生空难事故，被认为是机动特性增强系统（MCAS，如图 2-13 所示）的错误激活导致的。其中，MCAS 仅仅基于一个攻角传感器的异常读数，没有再参考另一个攻角传感器以及其他系统的报告，就接管了飞机的操控，将机头下推。

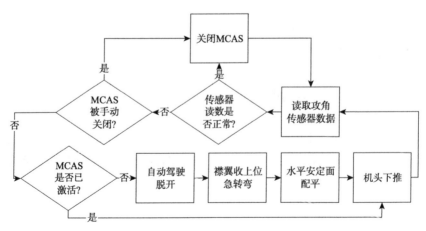

图 2-13　波音 737-MAX 的 MCAS 工作流程

　　因此，在实际应用中有必要综合使用多个传感器的数据，以及另行获取的运行数据，得到综合、全面的质量状态信息。由此引出了虚拟传感器的概念。虽然虚拟传感器不直接反映产品的质量状态，但可以通过某种运算推理得到此信息。

　　例如，电视机等家电可以切换为工厂模式，用于报告通电时间和通电次数。按照出厂日期和使用环境，推算得出使用天数和使用强度，提示预期剩余寿命。如果预期寿命较短甚至已超出，即便目前仍在正常工作，也应考虑报废处理。

　　3）人工检查

　　无论实体传感器还是虚拟传感器，仍然存在一些覆盖不全的地方，此时需要通过人工检查进行附加判断。人工检查指经过培训的检查者，借助一些参考指标和自身经验，再次判断产品的质量状态。判断的内容主要是传感器难以感知的部分，以及核实传感器的数据。由于人工检查的效率偏低，且检查者的经验各不相同，检查结论可能存在较大偏差，因此检查的项目一般较为简单和客观，内容包括：是否有多余的零部件；是否有外观损伤；是否需要强制废弃等项目。

　　2. 质量数据的合成方法

　　综合使用实体传感器、虚拟传感器、人工检查，能获取相对完整的质量状态信息，应用于质量控制、维护保养、售后服务、回收再制造、翻新等方面。完整的质量状态信息分析流程如图 2-14 所示。

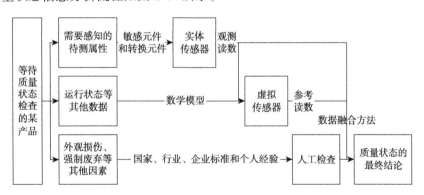

图 2-14　质量状态信息的分析流程

　　在上述过程中，如何综合多个实体传感器和虚拟传感器的数据，得到供决策者参考的质量状态综合信息，关系到最终结论是否可信。多来源数据的集成方法可以对来自多个数据源的信息进行网内处理，去除冗余信息，形成高质量的集成数据传输到汇聚节点，减少传输数据量，节省传感器能量、延长传感器网络生命周期，提高数据采集效率和准确度（张浩和张静静，2017）。可以说，有效地集成传感器的信息是物联网项目成功实现既定应用目标的关键。

3. 质量数据的分类管理和共享

质量数据的分类管理是指将不同场景下产生的多源异构的质量数据存放在不同级别的存储设备中,通过分级存储的软件设备实现质量数据的共享与自动迁移(杨昭等,2012)。用传统方法实现质量状态大数据的分类管理并非易事。首先,随着数据量的不断增加,数据产生场景不断增多,数据的质量参差不齐。其中不仅包括结构化数据,还包括声音、图像等非结构化数据。传统的数据库与数据存储技术无法管理并利用好这些数据。此外,存储的数据过多也会降低数据存取速度。

面对体量大、种类多的质量状态大数据,如果企业选择将这些数据全部存储在硬盘里,需要硬盘的容量大且数量多,这会导致企业花费巨额资金去存储很多价值过低的噪声数据,增加了企业的投入。海量数据的管理,以及如何在海量数据中发现对企业决策有用的信息,成为企业管理者面临的挑战。未经分级的数据在经过分析后产生的结果往往缺乏特定意义,但当数据被划分成有规律的各级时,其传递信息的能力也随之加强。而在传统环境下,对于异构、复杂数据的管理结果并不理想。

与传统环境相比,物联网能实现质量状态大数据的存储、共享与管理能力。借助信息化技术,实现了人与物以及物与物之间的交流沟通。在产品制造的过程中,每时每刻都有新的质量状态数据产生,庞大的数据规模对于存储容量的需求是无止境的,长此以往容易造成巨大的数据存储压力,而且数据的利用率和效率也大大降低,会导致新数据可能来不及存储而旧数据又无法调用。因此,质量状态大数据的分类存储发展潜力巨大。

在物联网环境下,数据类别的划分更为科学。传统的数据分类原则对于质量状态大数据而言不够精确,不能将一些结构复杂的多源数据进行类别划分。例如,质量状态大数据不仅包括设备的基本信息情况,还包括设备运行过程中的图片、视频、声音等,数据结构复杂、内容多样,远非一般的数据存储设备所能管理的。物联网技术为科学精确地划分质量数据带来了便利。数据划分越规律,其背后隐藏的信息对于企业决策而言越有价值。

同时,物联网有效降低了数据存储的成本。传统的存储技术是将所有的数据信息存储到一线的磁盘设备上,而其中包括一些价值不高的数据。这些数据占用了存储空间,造成数据的存取速度下降。而物联网下的分级管理则可以依据数据的重要性,将重要性较低的数据存储到容量较小的设备上,降低了数据存储带来的资金消耗。例如,生产过程中被判定为噪声的数据,制造商可以选择删除或者存放在其他存储设备上以节省存储空间,降低存储成本。

物联网环境下的分类管理还确保了重要数据的安全性。对于那些不能泄露的数据（如关键产品的质量信息），企业可以通过传感器网络将它们统一送至安全性能非常高的设备上，进行分析处理操作。

解决了质量状态大数据的分类存储问题后，随之而来的是如何整合各独立运行的物联网系统进行产品质量管理。如果部门与部门、环节与环节之间没有沟通，就会造成不同应用系统以"信息孤岛"的形式存在于物联网环境之中。信息共享可以为庞大的数据体之间架起一道道桥梁。生产人员可以追溯产品在其全生命周期内的质量状况，消费者也可以浏览这些产品质量信息。

但是，实现信息共享并非易事。首先是数据规范性的限制。由于质量状态大数据来源广泛、形式多样，为了将这些数据放入系统数据库，数据解析的工作量很大，容易降低信息共享的效率。同时，来自不同信息系统的数据的格式与标准不统一，系统之间无法有效交换信息，容易出现"信息孤岛"。其次，数据安全性无法保障。开放的物联网系统促进了信息交互共享的同时也为系统带了安全隐患，如没有权限的非法访问以及用户隐私泄露等数据安全问题都会带来不可逆的损失。因此，保证数据的安全性是物联网信息共享的前提。

万物互联和开放共享是物联网发展的最终目的。质量状态大数据的共享缓解了数据量庞大但数据利用率低的问题。在一个完整的产品生产周期内，任一生产环节都可以精确了解到之前环节生产的半成品或成品的质量状况。在这种情况下，不需要人为抽查产品的质量状况，只需在每一个加工工序进行之前，剔除在前一环节发生质量状态报警的产品，既节省了人力也提高了产品合格率。

对经过物联网收集、集成、管理的质量状态大数据进行模型分析的方法，将在第 3 章详述。

4. 全面质量管理中的质量状态大数据

全面质量管理是 1986 年美国通用电气公司在总结全面质量控制的基础上提出的，即运用最经济有效的方法，在满足客户需求的前提下提供生产与服务，将研制质量、维持质量、改善质量构成一体的一种体系（王金德，2018）。随着物联网的发展，全面质量管理的一些概念和方法发生了变化。传统的全面质量管理可能出现系统碎片化、质量团队独立操作、效率低下等问题，而物联网环境下的全面质量管理则在一定程度上克服了这些问题。通过物联网技术，可以实现在线监测产品状态以及追溯产品质量原因等功能，分析系统收集的质量状态数据还有利于提出改善产品质量水平的方法与措施。

质量状态大数据是指在产品全生命周期中，包括产品设计过程、物料采购过程、进料过程、生产过程、出货过程、不合格品控制和售后服务过程，产生的关于产品质量状态的海量数据。利用质量状态大数据的全面质量管理在众多行业领域均有应用。例如，在食品行业，食品质量体现为食品安全问题。在食品生产过程中，引发食品安全危机的一个重要原因在于从原料到生产加工到最后的销售过程缺乏有力的监管。物联网恰恰解决了这个尴尬的困境。

以生猪养殖业为例。在生猪养殖中，由于生猪数量多、密度大，仅靠人工加以区分识别难度大、效率低。如果借助物联网的 RFID 技术进行生猪识别，饲养人员可以精确掌握每一只猪的信息。在人工喂养过程中，通过传感器实时监测生猪的生长情况，运用 RFID 装置收集并记录猪的生长数据，建立每一只猪的信息档案，并上传到中心数据库。当猪长到一定大小进行屠宰加工时，运用 RFID 模块采集相关数据信息，如宰杀时间、编号、体重、是否检疫，将这些数据传入中心数据库。在销售环节，猪肉成品上都会贴上质量安全条形码，消费者通过扫描条形码就能获得食品的全部信息，包括生产日期、产地、加工地情况、品牌信息等，确保消费者所购买的猪肉是安全的。基于 RFID 技术的生猪养殖系统如图 2-15 所示。

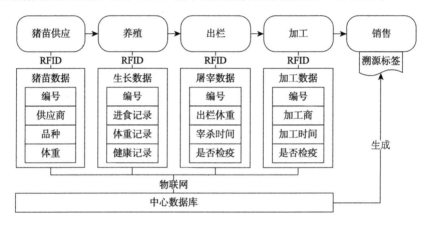

图 2-15　基于 RFID 技术的生猪养殖系统

一旦在任何一个环节出现问题，都可以通过查看中心数据库的数据来找出问题所在，并迅速采取措施解决问题。这其中的编号、宰杀时间、体重、检疫情况、日期等信息都是全面质量管理过程中的重要信息。饲养人员通过收集分析这些数据来把控每一环节的质量情况。质量状态大数据既可以是结构化数据，也可以是非结构化数据，如文本、图片、音频等，同时数据还具有异构性。这些数据覆盖了猪肉整个生产过程中的每个环节。

2.4　产品质量状态评估方法

面向产品生产过程的质量综合评价是以质量作为改进目标，在相应的产品集成信息、评价技术方法以及人员组织保证的支持下，就产品过程生产所进行的系统性评价活动。

影响产品生产制造质量的因素众多，具有显著的不确定性、模糊性，因此建立系统的、有层次的、有条理的质量指标体系，是实现科学有效的产品质量综合评价的基础。目前，评价方法主要有层次分析法、模糊综合评价法、基于粗糙集理论的评价方法和主成分分析法（principal component analysis，PCA）等。

2.4.1　层次分析法

层次分析法是 Saaty 教授创立的一种使人们的思维过程和主观判断实现规范化、数量化的方法，可以使很多不确定因素得到很大程度的降低，不仅简化了系统分析与计算工作，而且有助于决策者保持其思维过程和决策过程原则的一致性。该方法既保证了定性科学性和定量分析的精确性，又保证了定性和定量两类指标综合评价的统一性。对于那些难以全部量化处理的复杂的问题，能得到比较满意的决策结果。

层次分析法的基本原理就是把所要研究的评估问题看作一个大系统，通过对系统的多个影响因素的分析，划出各因素间相互联系的有序层次；再请专家对每一层次的各因素进行较为客观的判断，相应给出相对重要性的定量表示；进而建立起数学模型，计算出每一层次全部因素的相对重要性的权值，并进行排序；最后根据排序结果赋权，从而进行评估。

层次分析法的主要步骤包括：建立递阶层次的结构模型；构造判断矩阵；层次单排序及一致性检验；层次总排序及一致性检验。下面详细介绍各步骤，并根据产品质量状态评估的问题，给出一个应用示例。

1. 建立递阶层次的结构模型

首先，将问题层次化，构造出一个有层次的结构模型。在这个模型下，复杂问题被分解为按属性及关系形成若干层次的元素的组成部分，上一层次的元素作为准则对下一层次有关元素起支配作用，这些层次一般分为三层。

（1）最高层。层次中只有一个元素，也就是问题的预定目标，因此该层也称为目标层。

（2）中间层。这一层也称准则层，包含了目标涉及中间环节，由若干个子层次组成，包括所需考虑的准则、子准则。

（3）最底层。这一层次是指待评估的对象。

有关产品质量状态的层次结构模型如图 2-16 所示。

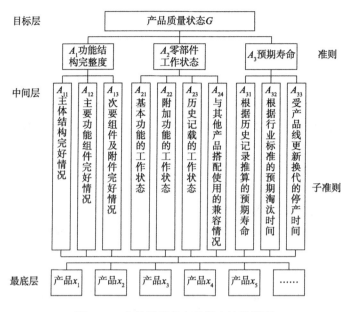

图 2-16　产品质量状态的层次结构模型

其中，目标层即为产品的质量状态；中间层由准则和子准则构成，准则依据功能结构、工作状态、预期寿命衡量质量状态，子准则将各个准则细分为可以定量描述的因素，构成了层级结构；最底层是指各个待评估的产品。

2. 构造判断矩阵

在确定各层次各因素之间的权重时，如果只是定性的结果，则常常不容易被别人接受，因而 Saaty 等提出一致矩阵法，即不把所有因素放在一起比较，而是两两相互比较，对此采用相对尺度，以尽可能减少性质不同的诸因素相互比较的困难，提高准确度。如对某一准则，对其下的各方案进行两两对比，并按其重要性程度评定等级。

在图 2-17 的例子中，准则层的两两比较矩阵（判断矩阵）可表示为

	A_1	A_2	A_3
A_1	a_{11}	a_{12}	a_{13}
A_2	a_{21}	a_{22}	a_{23}
A_3	a_{31}	a_{32}	a_{33}

判断矩阵中，a_{12} 指的是 A_1 相对于 A_2 的重要性，以此类推。一般使用 $1 \sim 9$ 标度表示重要性，数字越大则两因素中前者的重要性越强。有时也会使用更精简的 $1 \sim 5$ 标度或者其他方式。其中，显然有 $a_{ij}=1/a_{ij}$ 且 $a_{ii}=1$，$1 \leqslant i$，$j \leqslant 3$。

类似地，对每个子准则也给出两两比较矩阵，形式与以上类似，此处省略。

3. 层次单排序及一致性检验

将判断矩阵最大特征根 $\lambda_{\max}$ 的特征向量归一化（使向量中各元素之和等于 1）后记为 W，W 中各元素为同一层次因素对于上一层次因素的相对重要性的排序权值，这一过程称为层次单排序。层次单排序完成后，还需要进行一致性检验。一致性检验是指对 A 确定不一致的允许范围，当一致性比率 $\mathrm{CR}=\dfrac{\mathrm{CI}}{\mathrm{RI}}<0.1$ 则通过一致性检验。其中 $\mathrm{CI}=\dfrac{\lambda_{\max}-n}{n-1}$，$n$ 为因素数量；RI 可查表得，见表 2-2。

表 2-2　平均随机一致性指标（RI）表

n	1~2	3	4	5	6	7	8	9
RI	0	0.58	0.90	1.12	1.24	1.32	1.41	1.45

4. 层次总排序及一致性检验

计算某一层次所有因素对于最高层（总目标）相对重要性的权值，称为层次总排序。这一过程是从最高层次到最低层次依次进行的。

如果第 k 层的 m 个元素相对目标的排序向量为 $a^{(k-1)}=\left(a_1^{(k-1)},a_2^{(k-1)},\cdots,a_m^{(k-1)}\right)$，第 k 层 n 个元素相对第 $k-1$ 层元素的排序向量为 $b_j^{(k)}=\left(b_{1j}^{(k)},b_{2j}^{(k)},\cdots,b_{nj}^{(k)}\right)$，$j=1,2,\cdots,m$，令 $B^{(k)}=\left(b_1^{(k)},b_2^{(k)},\cdots,b_m^{(k)}\right)$，则第 k 层 n 个元素相对目标的排序为 $a^{(k)}=B^{(k)}\cdot a^{(k-1)}$，其中一般有 $a^{(k)}=B^{(k)}\cdot B^{(k-1)}\cdots B^{(3)}\cdot B^{(2)}$。

另外，对层次总排序也需作一致性检验，检验仍像层次总排序那样由高层到低层逐层进行。

2.4.2　模糊综合评价法

模糊综合评价法的基础是模糊数学，其主要思路就是把待考察的模糊对象以及反映模糊对象的模糊概念作为一定的模糊集合，建立适当的隶属函数，并通过模糊集合论的有关运算和变换，对模糊对象进行定量分析。这一应用方法的优点包括数学模型简单，容易掌握，对多因素多层次复杂问题评判效果较好等，是其他数学分支和模型难以代替的方法。模糊数学是用数学的方法研究和处理客观存在的模糊现象，综合评价是对多种因素所影响的事物或现象做出总的评价，模糊综合评价就是借助模糊数学对多种因素所影响的事物或现象做出总的评价。

模糊综合评价法能较全面地汇总各评价主体的意见，综合反映被评对象的优劣程度。具体过程是：将评价目标看成是由多种因素组成的模糊集合（称为评价

因素集 C ），在 2.4.1 节的例子中体现为 10 个二级指标的集合；再设定这些因素所能选取的评审等级，组成评语的模糊集合（称为评判集 V ），如{1，2，3，4，5，6，7}分别代表{极好、非常好、较好、一般、较差、非常差、极差}；分别求出各单一因素对各个评审等级的归属程度（称为模糊矩阵或评判矩阵 R ），然后根据各个因素在评价目标中的权重分配（ W 是权重集），基于模糊变换原理，将权重向量 W 与模糊关系矩阵 R 进行复合运算，得到综合评判结果 $S=W*R$ 。

2.4.3　基于粗糙集理论的评价方法

粗糙集理论是科学家 Pawlak（1982）提出的一种用来处理边缘模糊和不确定性问题的数学工具，其主要思想是用一个集合类来描述一个概念，知识是由概念组成的，如果多个知识都能反映相同的概念则说明该知识是精确的，而如果某个知识只含有部分或含有不精确的概念，则该知识不精确。粗糙集理论对模糊事物进行了上近似与下近似的概念描述。上近似包含了所处理事物可划分成的最大集合中可确切划分的元素记为 x 。而下近似则包含所有可能属于 x 的元素的最小集合。在确保划分集合不发生改变的情况下，再通过对其进行约简，提出无关的影响因素，分析出对模糊、不确定性问题的决策或确定的划分集合。粗糙集方法生成规则的一般步骤为：得到条件属性的一个约简，删除冗余属性；删除每条规则的冗余属性值；对剩余规则进行合并。

粗糙集算法虽然在属性集比较多时，可能出现准确率无法保证的情况，但是在属性集比较少的情况下往往能得到一个不错的分类结果。这恰好符合对于产品全生命周期的质量评价决策的一个要求——去除多余冗余的信息与约束，找到关键点对其进行评估与改进来提升质量。

这里依然使用 2.4.1 节的指标体系构建知识表达系统 $I=(U,R,V,f)$ ，其中 $U=\{x_1,x_2,\cdots\}$ 为待进行质量评估的产品；属性集 $R=A\cup D$ ， D 为决策属性（产品质量状态）， $A=\{A_1,A_2,A_3\}$ 为条件属性（一级指标）， $A_1=\{A_{11},A_{12},A_{13}\}$ ， A_2 和 A_3 以此类推，为反映产品质量状态的二级条件属性；属性值的集合 $V=\bigcup_{a\in R}V_a$ ， V_a 是属性 a 的值域，一般先将属性的原始值域映射到离散化的值域。 $f:U\times R\to V$ 是一个信息函数，对每个 $a\in R$ 和 $x\in U$ 定义 $f(x,a)\in V_a$ ，即 f 指定 U 中产品 x 的属性值。

首先，根据等价关系精简冗余属性。以决策属性 D 计算等价类 $U/\mathrm{ind}(D)$ ，以条件属性 A_i （本例中 $1\leqslant i\leqslant 3$ ）计算等价类 $U/\mathrm{ind}(A_i)$ ，再移除二级属性 A_{ij} （本例中当 $i=1$ 时， $1\leqslant j\leqslant 3$ ，以此类推）计算等价类 $U/\mathrm{ind}(A_i-A_{ij})$ ，以此类推，直

至全部等价类计算完毕。随后，计算各等价类对应的正域 $pos_{A_i}(D)$、$pos_{A_i-A_{ij}}(D)$。如果所有移除条件属性计算的等价类的正域均与以条件属性计算的等价类不等，即 $\forall j$，$pos_{A_i-A_{ij}}(D) \neq pos_{A_i}(D)$，则有 $core_{A_i}(R) = \left\{ A_{i1}, A_{i2}, \cdots, A_{ij} \right\}$，表明条件属性 A_i 无指标冗余，否则精简该属性。

基于精简后的属性，使用各属性的相对重要性。A_{ij} 对于 A_i 的相对重要性由

$$\sigma_{C_i}(C_{ij}) = \frac{card(U) - card\left(pos_{C_i-C_{ij}}(D)\right)}{card(U)}$$ 计算得到。标准化相对重要性 $\sigma_{C_i}(C_{ij})$ 得到

各属性相对上一级的权重 $w_{A_i}(A_{ij})$。将各级属性的权重合成，$W(A_{ij})$ 即为 A_{ij} 相对于决策属性 D 的权重，$W(A_{ij}) = W(A_i) \times w_{A_i}(A_{ij})$。使用该权重，对标准化后的产品数据加权求和，即可按照结果进行产品质量状态排序。

2.4.4　主成分分析法

主成分分析法实质上是一种降维的统计方法。进行主成分分析的主要步骤如下：将指标数据标准化；判定指标之间的相关性；确定主成分个数 p；确定主成分 F_i 表达式；对主成分 F_i 命名。与其他的加权评价方法主要依据专业知识对权重进行主观判断不同，主成分分析利用客观生成的每个主成分的贡献率作为它们的权重，来将这个复杂的数集综合成指数形式。

在 2.4.1 节给出的产品质量状态评估的指标体系中，10 个二级指标之间可能存在相关性，通过主成分分析，使用新的 p 个二级指标（$p<10$）即可描述产品质量状态，减小了信息的交叉和冗余。另外，主成分分析法计算简便，数学物理意义明确，可以直观地获得影响质量的关键因素，便于进行改进。

全生命周期质量状态评价除了上述几种常用的方法，还有多目标评价法、专家评议法、德尔菲法、加权评价法和最优指标法等。此外，还有兼顾多种不同评价方法的优点，而将多种评价方法进行适当组合而得到的综合评价方法。

2.5　物联网质量状态管理的应用

2.5.1　工业领域

2015 年，国务院颁布的《中国制造 2025》指出要加强质量品牌建设。工业物联网对于企业质量状态管理的应用价值在于提高产品的可靠性、提高整体设备效

率并降低维护成本以及促进更紧密集成的供应链管理。物联网可以用于提升企业质量控制技术、企业管理的智能化和企业全面质量管理水平（劳泽尔和熊英姿，2018）。

在"中国制造2025"的背景下，智能制造是工业物联网最终要实现的目标。为了实现智能制造，工业物联网和大数据需要为智能制造提供技术支撑。工业物联网为质量管理研究提供了数据来源，大数据分析则提供了处理质量状态信息的手段。工业物联网产生大数据，大数据助力工业物联网。现今的大数据潮流助推了云计算等信息通信技术的发展，进而推动了智能制造的发展，以实现工业物联网、大数据、智能制造与质量管理的协同发展。在工业物联网的落地过程中，大数据与工业物联网相结合为质量状态管理提供支持（唐万鹏和邓仲平，2017）。

具体来说，工业物联网在制造业供应链管理、生产过程工艺优化、生产设备监控管理、能源管理和工业安全生产管理等领域均有广泛应用（李士宁和罗国佳，2014）。为实现质量管理目标，物联网中的传感器在产品全生命周期的各个阶段收集汇总各类质量状态数据和第三方数据，然后借助深度学习、云计算等大数据分析技术对这些数据进行处理，以识别和纠正产品质量问题。下面将结合工业物联网的应用场景，具体介绍如何利用物联网和大数据来帮助企业进行全面质量状态管理，并且介绍阿里云边缘智能在智能工业中的应用。

1. 生产过程质量监控

在企业的生产流程中，利用RFID技术，物联网可以实现从原材料精炼到最终产品包装的全面生产线监控。密切的监控可以识别生产过程中的生产滞后，并消除废物和不必要的在制品库存，避免在生产时出错。例如，经纬纺织机械股份有限公司榆次分公司利用物联网技术进行产品制造过程质量监控和跟踪追溯，提升了企业自身的质量管理水平以及自动化管理水平。该公司建立的质量追溯系统可以实时记录生产过程中的质量相关数据，使得零件的加工过程清晰透明。此外，物联网系统可记录并且分析生产过程中产生的质量状态数据，追溯查明所涉及的人、机、料、法、环等环节的质量问题，从而做出合理的质量预防和处理方案，减少或避免类似质量问题的再次出现（李彦辉和白连科，2015）。张洁（2015）指出在智能车间中为了保证交货期和产品质量，要遵循利用大数据来解决工程问题的思路，按照数据化、分析数据、对关键数据进行控制的流程进行产品质量控制。

2. 生产设备质量监控管理

在生产过程中，企业不但要监控产品，而且要监控生产设备和生产线。企业利用物联网中的传感器采集生产设备数据，直接发送给设备生产商的数据分析中心进行处理，能有效地诊断和预测机器故障，快速、精确定位故障原因，提高维护效率，降低维护成本。在工程机械行业，徐工集团、三一重工股份有限公司等都已在其工程机械产品中应用了物联网技术，进行远程诊断，避免重大事故发生。例如，通过智能分析平台实时监控工程机械运行参数，设备供应商可以通过电话、短信等手段纠正客户的不规范操作，提醒客户进行必要的养护，预防故障发生。此外，客服中心工程师可以通过安装在工程机械上的智能终端传回的油温、转速、油压、起重臂幅、回转泵状态等信息，对客户设备进行远程诊断，指导客户排除故障。总之，利用工业物联网和大数据技术分析生产设备的状态数据，可以有效地减少因设备故障造成的生产停滞，提高生产设备的运行水平。

3. 企业员工管理

物联网、大数据和与之相关的云计算等技术改变了企业中人与人之间、人与物之间、物与物之间的交互方式，使整个管理流程更加智能化（孙吉春，2014）。基于物联网建立的智慧企业，可以使员工需求得到准确而及时的满足，使资源得到充分的配置，进而实现企业管理技术的智能化，提高企业海量信息的价值转化，促进人机协同，为企业全员参与质量管理提供基础。此外，企业还可以建立行动追溯机制，准确地了解各环节参与人员的工作情况，提高员工参与全面质量管理的主动性。

4. 制造业供应链质量管理

按照供应链中各企业所处的位置，中心企业可以对采购、生产、库存、销售等各个环节进行把控，将物联网技术与供应链管理有效融合，分析供应链中产生的全部信息，实现企业管理人员对供应链的高效管理。例如，在原材料采购环节，通过物联网实时监控供应商提供的产品和货源组织情况，有效建立产品质量追溯机制；在生产环节，应用 RFID 技术，保证原材料、半成品、产成品在企业生产流水线和不同作业单元之间正确流转，加强产品生产环节的管理；在库存控制环节，通过供应商之间建立的基于物联网技术的库存管理系统，管理人员可以及时补货，减少缺货和压货的情况，大大降低库存成本；在销售环节，借助物联网技术，销售人员可以根据实时销售数据，制定相应的销售策略以提高销售和售后服务的质量。

在工业物联网的应用中，阿里云提供了一整套解决方案，如图 2-17 所示。客户可通过阿里云 Link Edge 物联网平台，收集机器设备在生产过程中产生的数据，实现实时监控、数据可视化、能源管理、良品率提升等，帮助企业实现降本增效。

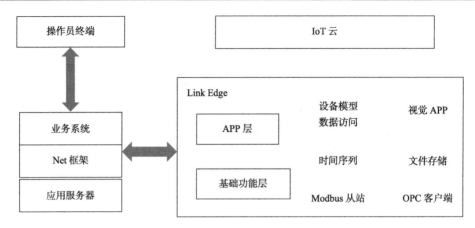

图 2-17　阿里云工业物联网结构

北京领智物联科技有限公司提出的 Link Edge 整套解决方案专注于工业物联网数据采集与监控，提供工业数据采集完整解决方案和产品。承担工厂数字化的任务，接入工控设备、打通制造执行系统（manufacturing execution system，MES），实现云端制订排产计划，执行边缘同步监控；依托网络摄像机（IP camera，IPC）结合 Link Edge 提供的视频分析能力实现对工厂生产监控，Link Edge 作为工业现场的小脑，南向连接设备，北向连接云，中间承担数据存储、分析、业务计算的功能，从而提高生产效率，赋能传统制造业实现节能增效，转型升级。

2.5.2　农业领域

农业是物联网技术需求最迫切、难度最大、集成性特征最明显的重点应用领域之一。李道亮（2012）提出了农业物联网的定义，认为农业物联网是运用传感器、RFID、视觉采集终端等各类感知设备全面感知和采集大田种植、设施园艺、畜禽养殖、水产养殖、农产品物流等领域的现场数据，利用无线传感器网络、电信网和互联网等多种传输通道实现农业数据多尺度的可靠传输，并将获取的海量数据进行融合、处理后形成决策信息，最终通过智能化操作终端实现农业生产过程的最优化控制、智能化管理和农产品流通环节的电子化交易、系统化物流、质量安全追溯等目标。

在中国利用物联网技术改造传统农业，对我国农业农村发展意义重大。实施农业物联网，可以降低农业生产成本、改善生态环境，提高农业收益，确保农产品质量安全，促进现代农业发展。通过物联网实现农产品从生产到餐桌全过程的质量监控，保障农产品生产安全和居民消费安全（李奇峰等，2014）。物联网技术的应用贯穿农业生产的全过程，按照当前我国农业物联网的实践，农业物联网在生产环境监控、智能农机、农产品质量安全与追溯等领域有着重要应用，对农业质量管理有重大而深远的影响。

1. 农业生产环境监控

基于物联网技术，生产环境监控系统可以通过先进的传感器感知技术、信息融合传输技术和互联网技术，构建农业生产环境监控网络，最终实现对农业生态环境的自动监测，确保动植物的生长环境保持在最好的状态，提高动植物的产量和质量。从全国来看，北京、江苏、浙江等经济发达地区农业物联网应用相对较多。江苏省开发的基于物联网的一体化智能管理平台，可以通过智能手机访问蔬菜大棚智能管理平台，远程监控大棚实时环境参数，降低了农民劳动强度，提高了农产品质量。济南市济阳县利用物联网技术监测农作物生长情况，降低了农药、化肥的使用，节约了劳动力成本，降低了农业污染，提高了生态环境质量（李奇峰等，2014）。

2. 智能农机

在传统农业作业环境下，农机作业信息滞后、时效性差、缺乏有效的监管手段。为了弥补传统农机的这些缺陷，农业物联网应用在了农机智能化方面。农业物联网的发展推动着农业信息化与农业现代化的融合，在传统农机上的智能化应用改进了农机资源的调配工作（岳宇君等，2019）。如何通过技术手段有效地远程监控与调度农机作业，提高农机作业效率、质量以及农机装备的智能化水平，是农机物联网在农业作业设备智能化发展上的迫切需求之一。在这些方面已有很多研究与应用，如2013年农业部在粮食主生产区启动了农业物联网区域试验工程，利用无线传感、定位导航与地理信息技术开发了农机作业质量监控终端与调度指挥系统，实现了农机资源管理、田间作业质量监控和跨区调度指挥，极大地提高了农业作业的质量水平（郑纪业，2016）。

农机自动驾驶是一种典型的物联网农业应用，指的是基于卫星导航系统实现农机沿直线作业功能。主要利用角度传感器获取农机偏移数据、摄像头获取周围作物生长数据以及导航卫星实时定位跟踪车辆信息数据，将三者获取的数据经过无线网络传输到控制端，对数据进行分析后，利用车载计算机显示器实时显示作业情况以及作业进度等。图 2-18 展示了一个典型的智能农机系统结构。车联网是实现农机自动驾驶技术的前提。车联网指的是通过卫星导航系统、无线通信、传感器等技术，对车辆进行数字化管理，包括实时跟踪监管车辆运行状况等，并根据不同的功能需求对所有车辆的运行进行有效的监管。

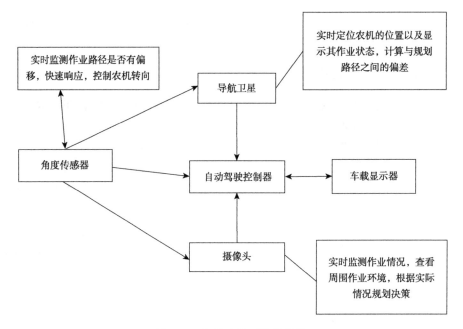

图 2-18　智能农机系统的结构

3. 农产品质量安全追溯

农业物联网在农产品质量安全追溯上的应用主要集中在农产品生长、仓储及农产品物流配送等环节。在农作物生长阶段，可以利用物联网监控其生长过程；在农作物加工、仓储和配送等环节，通过条形码和 RFID 等技术实现物品的自动识别和出入库，对仓储车间及物流配送车辆进行实时监控，从而实现主要农产品来源和去向可追溯的目标。条码和 RFID 的应用提高了追溯效率，有效追溯食品加工过程的质量安全问题，快速获取运输环境中的实际温度、空气湿度等指标，从而实现食品从生产到消费的实时追踪、质量安全的全程控制，确保了食品的品质和安全。

我国有多地开展了农产品质量安全与追溯技术的研究和应用。上海、北京、天津等地相继采用了条码、RFID、IC 卡等技术，建立了农产品质量安全追溯系统，实现了农产品质量跟踪与信息共享的物联网系统应用。作为国家农业产业化重点龙头企业的山东省万兴食品有限公司，自 2013 年开始全面启动并建立起基于全产业链的物联网生姜质量安全平台管控系统，基本实现以生姜为代表的蔬菜种植、加工、储运、销售全产业链的质量安全正向追踪和逆向追溯机制。在这个质量安全平台管控系统下，质检员可以做到问题的明确定位和及时消除，向消费者全面反馈生姜全生命周期信息以及生姜物流的全程跟踪等。质量安全平台监管系统的投入，有效解决了生姜质量安全溯源难、品质不易把控等难题，促进了企业跨部门、跨区域电子商务的发展（张复宏等，2017）。

2.5.3　服务业领域

物联网下的服务业是现代服务业的新业态，是在物联网应用过程中融合现代管理理念、信息通信技术的服务业。物联网服务业是现代服务业的重要组成部分，在人们的日常生活、科教、文化、娱乐等领域有巨大的市场潜力。物联网在服务业的发展热点集中在以下三个层面。

第一，以政府公共管理和服务为主的服务市场，包括智慧市政（如城市中的水、电、燃气等基础设施的智慧化管理）、智慧交通（如流量控制、路况分析、应急处理、自动驾驶和车联网以及车位管理）、智慧医疗和卫生管理服务、公共安全服务等。

第二，以企业为主的行业市场，包括电力行业（如智能电网）、智慧物流（如仓储、运输检测、智能快递）等。

第三，以个人和家庭为主的消费市场，包括智慧家居（如温度、湿度、空气质量控制、运动检测，以及对火灾、烟雾、水灾等进行报警的物联网设备）、家庭娱乐（如智能电视、智能流媒体服务）、智能监控（如门锁、摄像头）（雷玲，2012）。

随着物联网技术的发展，物联网服务业不断扩展其业务形式，使人们的生活更加便捷和丰富。

1. 以政府公共管理和服务为主的服务市场

物联网在社会公共服务领域的应用意义重大，能够创新公共服务方式，提升公共服务效率与质量，以满足人民日益增长的社会公共需求。在公共服务方面的质量状态管理一般是借助物联网技术提高公共服务水平，保证服务质量。

在智慧医疗方面，基于物联网的智慧医疗系统可以充分利用物联网技术管理药品、医生诊疗和患者护理，为社会提供高质量的医疗服务。例如，河北省在2010年启动了以电子病历为核心的医院信息化建设试点工作。截至2018年底，河北省全省规范化电子病历数据库建设达到95%以上，患者信息完善度和医务人员工作效率大大提高（刘席文和李玉光，2019）。

在智慧市政方面，以物联网电梯为例，长沙市质量技术监督局在2014年成立了电梯应急处置服务平台，并且与物联网电梯加装设备的制造商和运营商合作，在长沙试点基于物联网的质量安全监管工作。该套电梯物联网加装设备的功能有监控电梯状态并且录制回放、电梯维保情况跟踪与维保工序检测、电梯故障甄别及自动报警、人工报警实时视频、电梯广告投放等。通过将电梯接入物联网电梯应急处置平台，2015 年全年长沙市共救援被困乘客 3460 余人，平均每次救援时间为 20 分钟。与以前相比，安装电梯物联网设备使得长沙市电梯事故发生率大大降低，乘客救援效率大大提高，而且缓解了维修救援人力不足的矛盾，有效提升了物联网电梯的质量安全监管水平（曹玉蔷，2017）。

在智慧交通方面，智能公交车、共享自行车、车联网、充电桩、智能红绿灯、汽车电子标识、智慧停车、高速无感收费等新技术的应用能有效地解决交通拥堵、停车资源有限、红绿灯变化不合理等问题，实现智能交通的构想。

2. 以企业为主的服务型行业市场

与生产制造行业不同，电力、物流等属于服务型行业。在以服务型企业为主的服务型行业中，利用物联网技术，可以提高企业的服务水平，降低企业的服务成本，增强企业的服务竞争力。在电力行业，人工智能、云计算等技术深刻影响着物联网时代电力能源的生产方式。如今，中国已将"物联网"和"智能电网"上升到国家战略高度。借助物联网、通信、计算机等技术，传统电网能够高度集成，向智能电网转变，变得更加可靠和经济。智能电网可以在物联网环境下分析系统获取的设备状态数据，诊断用电设备故障，实现故障预测功能，然后采取对策进行必要的调整。在物流行业，物联网的三大主要用途为货物仓储、运输监测和智能快递。物联网技术用于货物仓储中，能提高货物进出效率，扩大仓储容量、使仓储信息实时、交货更准确；在运输监测中，企业可以借助物联网技术，通过实时监控货物和车辆，提高运输效率、降低运输成本；在智能快递中，智能快递柜和计算机服务器结合构成智能快递投递系统。该系统可以将智能快递终端采集到的信息数据进行处理，并在数据后台实时更新，方便快递人员查询和调配货物。

3. 以个人和家庭为主的消费市场

应用物联网技术打造智慧家居，可以帮助家庭解决诸多家居琐事。例如，可以探测及智能调节家庭的空气质量、温度以及湿度等；可以记录并自动结算水、电以及燃气等费用；可以实时检测人们的健康信息，指导人们养生等。物联网智慧家居可以提高城市居民的生活品质，提高城市居民的工作积极性（赵志豪，2019）。在智能安全监控方面，防盗器和监控器已经成为商家或家庭的常用物品。随着安全需求的不断提高，基于物联网的安防技术能够满足商家更多的需求，可以有效地保证人民群众的生命财产安全。在家庭娱乐方面，在物联网技术的支持下，新型娱乐设备（如智能电视、智能流媒体设备）的普及极大地丰富了人们的日常生活。综合物联网在智慧家居、智能监控以及家庭娱乐方面的应用，可知物联网技术支持的智能设备给人们带来了全新的生活体验，提高了人们的生活质量。

以小米为例，从投资孵化智能硬件初创公司，走向全面开放的物联网平台，仅用了四年。

2016 年 3 月，小米正式发布米家品牌，以承载小米生态链公司的智能家居产品。小米以参股不控股的方式投资专注于智能硬件细分领域的初创公司，不仅向生态链公司输出其企业管理和产品方法论，还向他们提供包括供应链管理、品质管理、销售渠道和售后支持等在内的全方位支持，既保证了对创业团队的有效激励，又让小米的品牌效应在智能家居领域内得以释放。截至 2017 年底，小米共投资 100 家生态链企业，截至 2018 年 3 月 31 日，小米 IoT 平台连接了超过 1 亿台设备（不包括智能手机及笔记本电脑）。随着小米生态链体系逐渐趋于成熟，全面开放将是小米 IoT 平台下一阶段的发展战略。第三方智能硬件厂商可以使用小米 IoT 平台所提供的标准和统一 API 接口接入米家 APP，并与平台现有产品实现相互之间的联动控制。小米 IoT 2.0 的概念模型如图 2-19 所示。

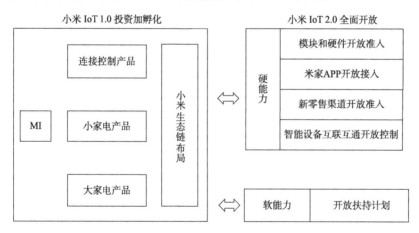

图 2-19　小米 IoT 2.0 的概念模型

2.5.4　应用总结和展望

物联网的兴起对农业、工业、服务业等人类社会基本业态将产生深远的影响，使得整个人类社会的生产和生活方式发生革命性的转变。物联网的应用场景非常广泛，几乎涉及我们日常生活的方方面面。

在工业场景中，物联网的应用主要包含三个主题：①智慧工厂，重点研究智能化生产系统以及网络化分布式生产设施；②智能生产，重点研究制造业的供应链管理、生产过程优化以及人机互动与 3D 技术在工业生产过程中的应用；③智能物流，通过互联网、物联网、物流网整合物流资源，充分发挥现有物流资源供应效率，快速匹配需求。

在农业场景中，物联网的应用主要包括四个主题：①农业生产环境监控，即通过构建农业物联网，感知各种环境信息，进行传输、计算，以实现对农作物生长环境的调控、禽畜养殖的高产高效；②动植物生命信息监控，即使用 RFID、电子标签技术构建农业物联网，实现对动植物群体中个体的跟踪和识别，建立动植物生活习性特征和养殖培育场所的信息数据库，实时监测和调控养殖环境；③智能农机，包括农机的智能化、农机资源调配工作的改进。具体做法是采用感测、定位、无线网络等技术，推出农机车载智能终端、远程服务平台等产品或服务，以提供迅捷、精准、全面的农机服务信息；④农产品质量安全与追溯，将 GIS（geographic information system，地理信息系统）、RFID、GPS、WSN 等技术应用于农业物流中，以帮助改善农产品生产和服务的效率，减少农产品库存，节约农产品流通成本，增加农产品销售利润，更好地满足买卖双方的要求等。

在服务业场景中，物联网的应用主要包括以下方面：①智慧市政，如城市中的水、电、燃气等基础设施的智慧化管理；②智慧交通，即通过部署物联网实现城市交通管理的智慧化，如交通流量控制、路况分析、应急处置、自动驾驶、车联网以及车位管理等；③智慧物流，通过引入物联网实现仓储、运输、配送等环节的管控和调度，提高物流效率；④智慧家居，主要包括家庭安防类、家庭娱乐类和家庭环境控制类。

随着 5G 的应用和普及，物联网质量状态管理将在各个行业深入发展。5G 的高性能、低延时的特点将促使物联网的应用场景发生根本性的改变，推动新业态的发展。例如，本节所提到的远程驾驶和远程手术等。同时，层出不穷的物联网质量状态大数据的处理方法创新性地运用在各种物联网中。未来，物联网和大数据的发展将更好地助力全面质量状态管理的实现。

本章从物联网的起源谈起，重点介绍了物联网通信技术的发展，并阐明了物联网和质量状态大数据之间的关系，进一步介绍了物联网在多个领域的应用。第3章将具体介绍质量状态大数据的表示方法和融合技术等。

第 3 章　物联网大数据分析

3.1　物联网大数据的特性

截至 2019 年底，世界上的联网设备已经超过 142 亿台，这就意味着企业对产品进行全生命周期质量管理时可以利用丰富的物联网数据。不同于传统的互联网数据，物联网数据有其独有的特征。

（1）高维性。在记录特定的设备或者业务流程所产生的数据时，往往有不同属性的观测值，而不局限于某一个属性。因此，传感器回传的数据通常也不只是某一维度的观测值，而是多列的信息报表。这就为我们分析不同属性之间的相关关系、因果关系等提供了研究基础。本章介绍了一些数据降维方法来解决"维度诅咒"的问题。

（2）实时性。物联网数据往往都与时间相关，即带有时间戳。物联网设备按照设定的周期，或受外部事件触发，源源不断地产生数据。每个数据点是在某一时刻产生的，这个时间点对于数据分析十分重要，必须对其记录。实时数据对于产品实时状态分析和未来状态预测都有重要作用，进而协助企业的业务决策。

（3）多源异质性。物联网中的数据往往来自不同的网络设备，不同设备产生的数据往往也不是独立的。因此，如何将不同来源的数据进行融合，对设备进行综合的质量指标预测和状态评估，是数据分析的关键问题。同时，不同节点之间常具有某种相关关系，这种关系可能是确定的，也可能是随机的。由于决定关键指标的因素有很多，通常这些属性总存在差异，因此，本章基于数据的异质性介绍了大量的数学与统计模型，明确分析不同来源数据之间的关系，有助于我们分析数据背后的诞生机制，从而进行更加科学的业务决策。

（4）重尾性。对于物联网下的质量监控与分析，我们通常关注的是产品的最长生命周期等指标，也就是特定情况下极值的分布情况。而重尾性又是很多极值分布在一定情况下所具有的特性，而且基于大数定理和中心极限定理等传统统计推断方法有时并不适用于估计产品可靠性与失效情况。因此，本章还介绍了极值理论，用于极值分布的参数估计和假设检验。

基于上述物联网数据的特征，我们将由简入深，通过以下几节介绍物联网数据的分析和建模方法。3.2 节阐述获取数据后的第一步——数据预处理。3.3 节描述数据融合的方法，将割裂的数据聚合起来，全面勾勒需分析的场景全貌。3.4 节综合考虑时间、空间、关系结构、人类行为等不同因素对于物联网数据建模的影响，明确物联网大数据在企业的质量监控、可靠性预测和管理决策中发挥的重要作用。3.5 节考虑理论与实践的结合，给出应用案例。

3.2　数据清洗和预处理

3.2.1　缺失值处理

数据采集过程中常会遇到数据不完整或缺失的情况，数据缺失可能是在测量和储存的过程中方法与步骤不当导致的，也可能是数据来源方主观或客观因素的遗漏造成的。根据数据缺失的机制，数据缺失可分为完全随机缺失（missing completely at random，MCAR）、随机缺失（missing at random，MAR）和非随机缺失（missing not at random，MNAR）。

MCAR 的缺失模式在研究中被认为是纯粹随机的缺失。这就意味着观测值是否缺失与观测值的大小和其他的观测指标全部无关，所有的观测数据和缺失数据均是总体的随机样本。对于 MAR 的缺失模式而言，对于随机条件的要求比 MCAR 弱。观测值的缺失概率取决于分析模型中的其他观测变量，而不取决于其本身，因此观测数据是否丢失与其本身的值没有关系。MAR 意味着一个或者多个其他变量与缺失变量的缺失概率之间存在着系统关系。因此，在 MAR 的研究中，通常考虑两个问题：如何确定缺失数据的缺失概率与其他观测变量之间的函数关系，以及如何运用基于 MAR 机制假设的极大似然估计和多重填补等方法。MNAR 表示缺失受观测值本身的影响，数据本身的值与其是否缺失有不可忽略的相关性，所以缺失原因不得而知。

处理不同数据缺失类型的方法不同。但总结起来，缺失值的两大处理方法为删除缺失数据与填充缺失值。是否应该删除相关记录以及如何合理地填充缺失数据成为研究数据缺失模型的重点。我们基于上述数据缺失类型，总结了以下几种处理数据缺失的方法。

1. 删除缺失数据

常见的删除方法有成列删除和成对删除。成列删除又称个案删除，是指直接删除具有一个或多个缺失值的观测样本，只用有完整数据的样本进行数据分析。在数据缺失为 MCAR 时，成列删除后的数据依然能够实现参数的无偏估计。成列删除方法往往适用于完整样本量远大于缺失样本量的情况。因为少量的缺失样本不会对大量的完整数据造成影响，MCAR 的假设更容易成立。成对删除适用于两两配对的变量，如果其中一个配对变量的数据出现缺失，则在计算和估计这对变量的统计量时，应该把含有缺失的样本删除，而在计算其他变量的统计量时不受影响。与成列删除类似，如果数据缺失不能认为是完全随机的，样本的选择会导致参数的估计发生偏离。以简单的成对二元变量 (X, Y) 为例，二元变量的相关系数为 $r = \dfrac{\hat{\sigma}_{XY}}{\sqrt{\hat{\sigma}_X^2}\sqrt{\hat{\sigma}_Y^2}}$ ，其中， $\hat{\sigma}_{XY} = \dfrac{\sum (x_i - \hat{\mu}_X)(y - \hat{\mu}_Y)}{N-1}$ 。在计算 X 的样本均值和方差的时候，可以考虑用删除成对缺失数据后的数据样本，也可以用仅删除含有 X 缺失值的数据样本。若缺失不是完全随机的，分别用 X 和 Y 的子集来代替原数据集会导致 $\hat{\mu}_X$ 和 $\hat{\mu}_Y$ 均为有偏估计，协方差和相关系数均为有偏估计，而且难以统一统计量计算过程中的样本量。而不同的样本量会影响回归分析和结构方程模型准确率的评估。

2. 填充缺失数据

当前研究涉及的数据填充方法大致分为单值填充、多重填充等。

1）单值填充

单值填充是比较基础的数据填充方法，其核心思想是计算缺失数据的可能填充值。单值填充最常用的方法是算术均值填充、条件均值填充、随机回归填充、热卡填充、末次观测值结转等。

（1）算术均值填充是一种比较基础直观、方便操作且能够快速产生一个较为完整数据集的方法。但其缺陷也很明显，通过部分样本的均值代替缺失数据会直接导致数据的波动性减小，同时很可能导致填充后的数据相比于真实数据而言，相关的统计量发生偏移。在问卷调查等应用场景中，可以根据变量之间的相关性，通过量表来综合考虑某缺失值的填充。

（2）条件均值填充又称回归填充，主要思想是通过完整的数据信息来填补缺失变量。考虑到变量之间具有相关性，因此，我们可以从观测到的数据中提炼这种相关关系，用于预测和填充缺失数据。具体步骤为：将有缺失的变量作为因变量，无缺失的变量作为自变量，建立回归模型估计参数；再通过回归模型求得缺失变量的估计值，用估计值来填充缺失值。尽管回归填充效果优于均值填充，因其考虑了不同变量之间的相关性，相当于用条件均值填充，依然会有缺失数据的预测偏差。

（3）考虑到回归填充导致的预测偏移，随机回归填充应运而生。其主要思想是在回归填充的基础上，引入了服从正态分布的随机项。加入的随机项均值为零，方差为回归残差的方差。加入随机项可以恢复丢失数据的波动性，来弥补简单回归填充方案导致的偏差。随机回归填充可以为 MAR 类型的缺失提供无偏估计。

（4）热卡填充是一种通过评定缺失数据和完整数据的相似性，选取相似性高的样本对缺失样本进行填充的方法。热卡理论最典型的应用是随机抽取一组在变量得分上相似的观测值来填补缺失值，其优势是在一定程度上保证了数据的单变量分布，也保证了数据的波动性。但是热卡理论改变了变量之间的相关性，填充后的数据往往会产生偏移。

（5）末次观测值结转主要应用在对同一指标定期多次收集的纵向研究中，根据最近一次完整的观测数据来填充缺失数据。这种方法在社会科学和行为研究中不常用，但在临床和医学领域应用较多。

2）多重填充

多重填充是较为综合且应用最广的方法。基于数据服从多元正态分布、数据缺失是 MAR 的假设，通常可以将多重填充分为三个阶段：填充阶段、分析阶段和整合阶段。

数据的填充阶段，主要根据贝叶斯定理，利用回归填充的方法进行迭代。数据填充分为填充和后验两个步骤。数据的填充阶段通过随机回归填充法先填充缺失数据，表示如下：

$$Y_i^* = \left[\beta_0 + \beta_1 (X_i) \right] + z_i$$

其中，z_i 为服从正态分布的随机误差。后验步骤根据随机填充的结果，计算出缺失变量的样本均值 $\hat{\mu}_0$ 和标准差 $\hat{\sigma}$，再通过蒙特卡罗仿真生成均值为零、标准差为 $\hat{\sigma}$ 的随机误差项，与均值 $\hat{\mu}_0$ 相加，得到与填充步骤结果基本相同的填充值。在更新缺失值后，再重复随机回归的填充步骤，得到关于特定缺失数据的大量数据仿真值。

上述迭代过程基于贝叶斯理论。首次数据填充阶段，随机回归填充的值是基于观测数据得到的给定非缺失变量的条件分布，即 $Y_0 \sim p(Y_{\text{mis}} | Y_{\text{obs}}, X)$。而在迭代后的非首次数据填充阶段，得到的第 t 次填充值依赖后验步骤计算而来的均值向量和协方差矩阵，即 $Y_t \sim p(Y_{\text{mis}} | Y_{\text{obs}}, \theta_{t-1}^*, X)$，其中 θ_{t-1}^* 表示第 $t-1$ 次后验步骤得到的均值和协方差估计量的参数集合。多重填充法的具体流程如图 3-1 所示。

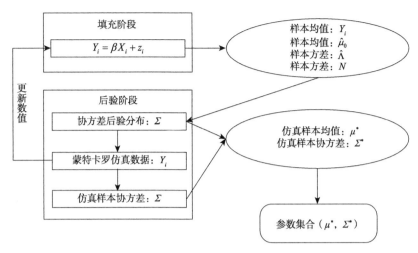

图 3-1 多重填充法的过程示意图

分析阶段较为简单，就是针对填充阶段迭代 m 次产生的 m 组参数估计集合进行分析。如果数据是 MAR 类型的缺失，则 m 组参数估计均为无偏估计。Rubin（1989）定义了多重点估计，通过求不同迭代过程中产生的参数估计值的算术平均值 $\bar{\theta} = \frac{1}{m}\sum_{i=1}^{m}\hat{\theta}_i$ 进行估计。

在整合阶段，通过数据填充阶段的 m 次迭代，可以得到 m 个标准差，通过整合它们来评定填充值的误差。多重填充的标准差来自每次填充的组内方差和组间方差两部分。组内方差的计算公式为 $V_w = \frac{1}{m}\sum_{i=1}^{m}\mathrm{SE}_i^2$。其中，$\mathrm{SE}_i^2$ 是第 i 组数据的样本方差。组间方差的公式为 $V_B = \frac{1}{m-1}\sum_{i=1}^{m}(\hat{\theta}_i - \bar{\theta})^2$。样本总方差的表达式则是 $V_T = V_B + V_w + \frac{V_B}{m}$，加入最后一项 $\frac{V_B}{m}$ 的原因是计算 $\bar{\theta}$ 的过程中，会受到抽样误差的影响。当迭代次数 m 趋于无穷时，总方差近似于组间方差和组内方差的和。综上，多重填充法的标准差为 $\mathrm{SE} = \sqrt{V_T}$。

3.2.2 异常值处理

异常数据通常与其他普通数据具有显著性差异。Atkinson 和 Hawkins（1981）将异常值定义为与普通数据生成机制不同、观测值差异较为显著的数据。事实上，在这种由于不同数据生成机制而产生的显著差异的背后，可能是某些部件或者操作的异常。因此，异常值往往包含了很多能够导致异常的重要信息，其数据形式并不局限于离散的点，也有可能是异常的序列数据。

异常数据的监测在实际中有广泛的应用，涵盖了金融、医疗、安全、体育、法律等各个领域，比较典型的有信用卡诈骗检测、特殊病种检测、系统入侵检测、运动员专项体能检测与评估、个别违法行为检测和甄别等。在物联网大数据的背景下，各种传感器被用于跟踪系统不同部件的状态和运行环境，参数的突变或异常往往意味着产品或者系统的故障甚至失效。因此，监控异常值有利于复杂系统的质量管理。

由于异常值检测的应用非常广泛，有效识别异常值就尤为重要。现有检测方法的输出主要有异常值得分和示性值两种类型。异常值得分主要反映样本点的"离群"程度；而示性值为二元标签，直接判定数据点是否为异常值，示性结果可以直接由算法得出，也可以通过异常值得分进行转换。

本节首先分别针对一元变量和多元变量，介绍几种基于传统概率统计学理论衍生而来的异常值检测方法。然后根据现有研究和应用，针对特定数据类型（如文本-分类混合数据、时间序列数据、空间数据、网络数据等），介绍几种广泛使用的异常值检测方法。

对于一元数据异常值检测，模型倾向于极端值的检测，最简单的情况是可以得到单变量分布的尾部观测值，并判断其显著性水平。常用的方法有统计概率不等式、数据置信检验和基于数据绘图的可视化。

最基础的概率不等式有马尔可夫不等式（Markov inequality）与切比雪夫不等式（Chebychev inequality）。马尔可夫不等式针对任意非负随机变量 X，对于任意 $E(X) < \alpha$，均有 $P(X > \alpha) \leqslant E[X]/\alpha$ 成立。马尔可夫不等式仅适用于分析非负随机变量的概率分布，而切比雪夫不等式则针对任意随机变量的概率分布，对于任意常数 α，都有 $P(|X| - E[X] > \alpha) \leqslant \mathrm{Var}[X]/\alpha^2$ 成立。不满足上述不等式的样本点就可以初步判定为异常值。然而，马尔可夫不等式和切比雪夫不等式都是相对较弱的不等式，因为它们没有对随机变量 X 的分布作任何假设。当随机变量能够符合更严格的假设时，判定尾部数据的条件也会更加严格。

例如，若随机变量 X 可以表示为 N 个独立的伯努利随机变量 X_i 之和，我们就能根据切诺夫不等式（Chernoff inequality）得到左尾数据和右尾数据的分布概率的边界。即若 $X = \sum_{i=1}^{N} X_i$，其中第 i 个伯努利变量取 1 的概率为 p_i，则对于任意的 $\delta \in (0,1)$，对其左尾数据的分布满足 $P(X < (1-\delta)E[X]) < \mathrm{e}^{-E[X] \cdot \delta^2/2}$，对于右尾分布的数据，则有 $P(X > (1+\delta)E[X]) < \mathrm{e}^{-E[X] \cdot \delta^2/4}$。

再如，若 X 可以表示为 N 个独立有界随机变量 X_i 之和，每个随机变量的取值范围均为$[L_i, U_i]$，即$X = \sum_{i=1}^{N} X_i$，则根据霍夫丁不等式（Hoeffding inequality），对于任意$\theta > 0$，有如下不等式成立：

$$P\left(X - E[X] > \theta\right) \leqslant e^{-\frac{2\theta^2}{\sum_{i=1}^{N}(U_i - L_i)^2}}$$

$$P\left(E[X] - X > \theta\right) \leqslant e^{-\frac{2\theta^2}{\sum_{i=1}^{N}(U_i - L_i)^2}}$$

除了传统的概率不等式，异常值的鉴定还可以通过尾部数据的置信检验来实现，如t检验、基于离差平方和的卡方检验等。此外，我们还可以通过可视化的方法展示异常值，如箱型图等。

对于多元数据，常用的方法有基于深度的模型、基于偏差的模型、基于角度的模型和基于距离的模型等。

基于深度的模型依赖凸包来分析异常值，其基本思想是异常数据更易落在凸包的角落。算法通过迭代的方式进行，在第k次迭代的过程中，将位于数据集凸包角落的数据全部移除，这些点的深度记为k，重复这个过程直到数据集为空。深度小于等于一定阈值r的点均被记为异常点。然而，随着数据维度的增加，凸包的计算复杂度呈指数型增长，数据点落在角落的概率也呈增加趋势。因此对于维度较高的数据，基于深度分析模型判定为异常的数据较多，算法效率较低，实用度较差。

基于偏差的模型主要检测异常值对于数据方差的影响。如果异常值都位于数据的边界，那么删除异常值会显著降低方差。因此，定义平滑因子$SF(R)$，其中，R为数据的任意子集，$SF(R)$为将子集R从原数据中删除而减少的方差。则异常值的集合E应满足条件$SF(E) \geqslant SF(R)$。然而，寻找到最优的集合E较复杂，因为若共有N个数据点，则R共有2^N种选择的可能。因此，Arning等（1996）提出了基于优先搜索和随机抽样的启发式算法来解决异常值的搜寻问题。

基于角度的模型进行异常值检测的理念是边缘的数据包络整个数据集的角度比内部的数据包络的角度更小。因为数据点距离其他数据点越远，其包络整个数据集的角度越小，因此我们判断包络角度小的数据是异常值。

基于距离的模型通过判定某一数据点与其相邻点的距离来判定其是否为异常值。正常值通常位于更加密集的区域，而异常值往往距离其相邻的点很远，最基础的模型由Knorr和Ng（1997）提出。对于给定的距离半径ε和百分比π，对于任意数据点p，若数据集中和它的距离小于ε的点的百分比小于等于π，则p被认为是异常值。基于上述定义，异常值集合可以描述为

$$\text{OutlierSet}(\varepsilon, \pi) = \{p \mid \frac{\text{num}\left(\{q \in \text{DB} \mid \text{dist}(p, q) < \varepsilon\}\right)}{\text{num}(\text{DB})} \times 100\% \leqslant \pi\}$$

其中，dist（·）表示两个样本之间距离，可通过欧氏距离（Euclidean distance）公式进行计算，也可以基于数据的特定分布通过马氏距离（Mahalanobis distance）公式计算；num（·）表示满足条件的元素数量。Angiulli 和 Pizzuti（2002）提出了基于 k 近邻（k-nearest neighbor，kNN）距离得分来评估异常值的方法。

除了基于距离百分比测量和打分的评估方法，聚类的方法也可以用于异常值的检测。聚类是一种寻找数据样本点内部结构的方法，其目的是把全体数据实例根据其相似程度分为若干组，也称为簇。处于相同组的样本点相似程度高，不同组之间的样本点差异度大。聚类分析通常又称为无监督学习，其数据类别和分组指标是没有的，而数据之间的相似性通过定义一个距离或者相似性系数判别。因此通过聚类的方式，可以识别与其他普通数据距离较远的异常值。目前存在大量的聚类算法，算法的选择取决于数据的类型、聚类的目的和具体应用。主要有基于层次的聚类算法和基于划分的聚类算法。

（1）基于层次的聚类算法是指对给定的数据进行层次分解，直到满足某种条件。该算法根据层次分解的顺序分为自底向上法和自顶向下法。自底向上法首先将每个对象都看成一个簇，通过计算他们之间的距离并将距离最近的对象进行合并，直到达到终止条件（距离大于某阈值或者类别数小于某阈值）。该算法在一开始所有个体都属于一个簇，然后逐渐细分为更小的簇，直到最终每个数据对象都在不同的簇中，或者达到某个终止条件。自顶向下法的代表算法是 DIANA（Divisive ANAlysis）算法。基于层次的聚类算法的主要优点包括：距离和规则的相似度容易定义，限制少，不需要预先制定簇的个数，可以发现类的层次关系。而主要缺点有：计算复杂度太高，奇异值也能产生较大影响，算法很可能聚类成链状。

（2）基于划分的聚类算法中，最典型的为 k-means 聚类算法。其基本过程为：首先任取 k 个样本点作为 k 个簇的初始中心；接着对于每一个样本点，都计算它们与 k 个中心的距离，并把它归入距离最小的中心所在的簇；当所有的样本点归类完毕后，重新计算 k 个簇的中心；重复以上过程直至样本点归入的类不再发生变动。k-means 聚类算法随机地确定初始聚类中心，会造成算法的缺陷。针对这个问题，k-means++算法进行了改进，要求聚类中心距离尽可能远。k-meansII 算法在 k-means++算法的基础上，进一步增加了采样因子用于迭代抽样，通过每次迭代产生多个中心点，再根据 k-means++算法聚类得出 k 个中心（在 3.5 节的数据分析案例中，将采用上述聚类算法对数据异常值进行检测）。

时间序列异常数据流的检测应用非常广泛（如传感器数据分析、机械系统质量监控、医疗管理、网络入侵监测等）。时间序列的异常值识别建立在时间连续性的假设上，具体指除非有异常事件的作用，数据模式不会突然发生改变。基于上述假设，异常值的判断即为当前数据的表现与历史数据缺乏连续性。时间序列数据检测异常值最常用的方法是通过回归预测结合基于偏差的模型。由于数据在连续的瞬间高度相关且时间趋势不会突然改变，我们可以通过回归模型的预测值来确定观察值是否为异常。回归预测分为单时间序列预测和多时间序列预测两大类。单时间序列的预测主要分析数据基于时间的变化趋势，分析实际数据与预测值的显著偏差，通常通过自回归的方法来实现。而多时间序列预测主要利用序列之间的关系，通常选取两个相关性高的序列，通过一个序列的观测值预测另一个序列的观测值，再运用偏差模型对预测值与实际观测值进行分析。

　　空间数据有不同的表现形式，可以是在特定的空间位置上测量获取的数据（如地表温度、风速），也可以是通过二维或三维数组表示或通过区域进行编码的数据（如邮政编码）。与时间序列数据相似，空间数据通常具有紧密的前后关系，如水流速度、湿度、风速等空间指标的变化与前后测量的数据有高度的相关性。因此，空间数据的异常值可以通过其与前后数据的紧密关系来鉴定。此外，空间数据还可以具有行为属性，较典型的是实时轨迹数据。由于空间数据的这两大属性，常用的异常值检测方法有基于邻近值的算法、自回归分析与根据数据空间分布的可视化分析等。

　　网络数据的异常值检测通常是通过检测数据网络结构的变化实现的。而网络结构的变化可以通过直接方法或者利用边缘样本和光谱法等间接方法进行检测，这些方法通常通过矩阵分解广泛应用在基于内容的网络数据（如社交媒体、信息网络）中。由于网络参与者更有可能和趣味相投的用户产生联系，导致节点之间的内容高度相关。因此，网络数据的节点往往可以很好地解释异常值之间的关联，协助识别异常值。基于异常值的检测，还能识别网络数据中的异常连接，有助于进一步探索异常数据背后的构成机制和相关原因。

3.2.3　去重和不平衡处理

　　随着物联网的不断普及和发展，能够通过传感器等信息收集装置获得爆炸式激增的数据。研究预测，相比于 2010 年底，2020 年底的数据量可能会增加近 50倍。海量的数据大多数来自存储设备和网络的冗余，为数据计算、储存和传输带来高额的成本。研究表明，小到企业内部的文件系统，大到交通物流系统，均有30% ~ 70%的数据冗余（Spring and Wetherall，2000；Meyer and Bolosky，2012）。

　　造成数据冗余的原因非常普遍。例如，在服务器端，当同组织的人员上传相同或相似的文件时，储存冗余就会大大增加。除此之外，为了提高文件的可靠性，文件复制、远程备份等操作都会增加数据冗余，从而导致用户终端和服务器端储存消耗的增加。因此，合理的数据去重在数据库管理中尤为重要。

　　然而，数据去重工作是充满挑战的。第一，数据的组成和增长模式很可能不具有规律性和周期性，因此难以预测高重复率数据。第二，对数据访问是由特定的负载驱动的，而删除部分重复数据会导致磁盘出现碎片化存储，进而降低数据访问的性能。第三，由于数据访问的效率需要保证，因此要求删除重复数据不能严重限制系统运行和数据访问的速率。

常见的数据去重方法有如下几种。第一种方法为直接删除存储数据中的重复数据，只保留唯一的文件，用数据索引来代替冗余的数据存储。第二种方法称为冗余消除法，其主要目的是减少网络中的流量负载，广泛应用在广域网的优化中，能够消除网络分支、总部和数据中心冗余数据的传输。具体做法是将远程传输的文件分割、保存成块并且保留其相应的索引。当相同的文件再次通过网络传输时，广域网的优化器通过传输索引，将文件进行组装。第三种方法为建立信息网络中心来减少信息传输的延迟。任何路由设备都可以缓存经过的数据包，且根据需求发送数据。

El-Shimi 等（2012）将数据去重分为两个步骤。首先，将存储空间进行分区，并且删除分区内部的重复数据。我们将文件根据其类型和年限划分在多个分区中，然后根据索引来加载文件。在这一阶段，仅同分区的重复数据才会被删除，而被分到不同分区的相同数据暂作为新数据块进行储存。第二阶段是对分区的重新分配。该阶段的目标主要是协调跨分区的重复数据删除。对于任意两个分区，我们先将其中一个分区的文件块添加到散列索引中，然后扫描另一个分区的文件进行对比。一旦检测到了相同的文件块，就会启动文件块的合并进程。

不平衡数据集是指各类别的样本数量相差巨大的数据集。以二分类问题为例，表现为正类的样本数量远大于（或远小于）负类的样本数量。数据的不平衡在实际中非常常见，如在欺诈交易识别中，极少数的交易属于欺诈交易，而绝大多数的交易都是正常的。同样在客户流失预测的问题中，正常情况下只有少数客户选择终止服务，而大多数客户并不是流失对象。

不平衡数据集的分类问题往往会出现一定的倾向性。若大量的样本都属于同一类，分类器倾向于将所有样本都分到此类，尽管将样本都分为一类的分类器是无效的，但这时分类的准确度会很高。因此，为了防止分类器偏向于样本数量多的类别，防止少数类的样本被误认为是噪声数据而被清除，提高分类器的准确性，我们需要对不平衡的数据进行平衡处理。

为了解决数据不平衡的问题，相关的研究将数据平衡处理的方法分为数据级方法、算法级方法与混合方法三类。

数据级方法通常是在数据预处理的过程中进行的，又称为外部方法。通过减少多数样本类的数据或者增加少数样本类的数据来实现数据的均衡。具体有过采样、欠采样和特征选择三种方法。过采样主要通过对少数类的样本进行拓展来实现数据的均衡。Chawla 等（2002）通过数据合成方式增加少数类的样本量。这种方法广泛应用于生物信息领域。He 等（2008）通过 ADASYN 方法增加少数类的样本的权重，来减少不平衡带来的偏差。欠采样方法中，Beckmann 等（2015）提出了一种基于 kNN 的方法，根据每个类别的邻居数来删除样本实现数据平衡。特征选择是处理不平衡数据的另一种常用的方法，其核心是如何选择适合的特征对数据进行评估。Yin 等（2013）提出了两种特征选择的方法。一种是基于现有类别，根据数据特征进一步细化分类，从而弱化数据偏移率和原类别中的数据分布特征。另一种是基于赫林格距离（Hellinger distance）的特征选择。这两种特征选择方法应用广泛，在 F 值和 AUC（area under curve）等评价指标下，均有较好的表现。

算法级方法通过设计新的分类算法来解决数据不平衡的问题。算法的目的是使得误分类成本、测试成本以及其他成本的组合最小化。除此之外，AdaBoost 和支持向量机（support vector machine，SVM）是最常用的技术，与其他处理不平衡问题的方法相比，它们有时会提供更好的准确性。

混合方法是数据级方法和算法级方法的组合。混合方法能够克服数据级方法和算法级方法的缺陷，从而达到更准确的分类精度。目前组合算法应用广泛，如医学的阳性诊断中，Cohen 等（2006）综合了过采样、欠采样与支持向量机的方法，通过参数优化获得了基于不平衡数据的柔性分类边界。

3.3　数　据　融　合

数据融合简单来说是将不同来源的信息整合到同一个数据集中，从而更加完整地刻画研究对象。具体来说，数据融合通过充分利用不同时间与空间的多传感器数据资源，采用计算机技术对按时间序列获得的多传感器观测数据，在一定准则下进行分析、综合、支配和使用，获得研究对象的一致性解释与描述，进而实现相应的估计和决策。数据融合被认为是数据挖掘的重要前序步骤。因为在数据收集过程中，很难一次性收集起研究问题所需要的全部信息，而零散的数据会为数据分析带来障碍。以系统的质量监控为例，我们很难一次性收集系统的全部信息，只能在系统的关键部件安装传感器，收集不同位置传感器的信息，最后通过融合来分析系统的整体状态。

3.3.1　传感器信息合成的方法

传感器信息合成的方法可以分为基于统计学的信息合成方法、基于人工智能的信息合成方法、基于信息论的信息合成方法、基于拓扑学的信息合成方法以及基于认识论的信息合成方法五类。

1. 基于统计学的信息合成方法

基于统计学的信息合成方法主要是基于经典概率统计方法，通过概率分布或者密度函数来刻画数据的不确定性。这种信息合成方法的目的主要是从大量杂乱冗余的传感器信息中提取和合成所需数据。

经典的统计方法包括贝叶斯理论、基于 D-S 论据法等。贝叶斯理论为数据融合提供了一种手段，是融合环境中多传感器高层信息的常用方法。贝叶斯估计使传感器信息依据贝叶斯公式进行组合，用条件概率表示测量的不确定性。当传感器的观测坐标一致时，可以直接对传感器的数据进行融合。但大多数情况下，传感器测量数据要采用贝叶斯估计进行间接融合。可以将每一个传感器作为贝叶斯估计的对象，然后将每个传感器的概率分布合成一个联合后验分布函数，通过写出联合后验分布函数的似然函数来提供多源传感器信息的最终融合值。但贝叶斯理论也有如定义先验概率较为困难等缺点。基于 D-S 论据法是贝叶斯理论的拓展，利用概率区间和不确定性区间来确定似然函数。基于 D-S 论据法的推理有自上而下三级结构：首先是目标合成，其作用是把来自独立传感器的观测结果合成为一个总的输出结果；其次为推断，其作用是获得传感器的观测结果并进行推断，将传感器观测结果扩展成目标报告。最后为更新，在推理和合成之前，要先更新传感器的观测数据。

理论估计常用的算法有卡尔曼滤波、极大似然估计和最小二乘法等。以卡尔曼滤波为例，其主要用于融合低层次实时动态多传感器冗余数据，用于递推测量模型的统计特性，决定统计意义下的最优融合和数据估计。如果系统符合线性动力学模型，且系统与传感器的误差是高斯白噪声，则卡尔曼滤波将为数据融合提供统计意义下的唯一最优估计。卡尔曼滤波的递推特性使系统处理数据时不需要大量的存储和计算。但是，采用单一的卡尔曼滤波器分析多传感器组合系统时存在很多严重问题。如在组合信息大量冗余的情况下，计算量将以滤波器维数的三次方剧增，实时性不能满足。传感器子系统的增加也会使故障增加。在某一子系统出现故障而没有来得及检测出时，故障会污染整个系统，使可靠性降低。

这些数据合成算法具有完善的数学理论支撑，发展较为成熟。但是该方法可能对异常值的处理能力较差，不具备很好的鲁棒性。

2. 基于人工智能的信息合成方法

人工智能算法是模拟人的思维过程，通常需要借助计算机才能实现的智能算法。这类算法需要在一定的先验知识与设定的基础上，通过自适应的学习方式对目标数据进行训练和预测，从而实现传感器数据的高效集成。目前传感器网络中广泛用到的人工智能算法有遗传算法、神经网络算法、粒子群算法和模糊逻辑数据集成算法等。这类算法对不确定性数据具有较好的集成效果，但是容易陷入局部最优。

3. 基于信息论的信息合成方法

信息论方法依赖参数与目标之间的映射关系来对目标进行识别。信息论方法包括神经网络、熵法、聚类分析等。

神经网络通过简单地计算将神经元互联构成非线性网络系统，具有强大的非线性处理能力，这恰好满足了多传感器数据融合技术的要求。在多传感器系统中，各信息源所提供的环境信息都具有一定程度的不确定性，对这些不确定信息的融合过程实际上是一个不确定性推理过程。

与神经网络不同，熵法是信息融合的新技术，从事件发生的概率来反映信息量。经常发生的事情一般熵较小，也就是信息量少，而不常发生的事情熵很大。将这一理论用于物联网数据集成也就是使得传感器数据的熵在集成后最大（祁友杰和王琦，2017）。熵法在实时性较高的系统中有极大的应用价值，尤其是使用在那些缺乏先验知识的物联网系统中。但该方法对错误数据很难排除。另外，信息论集成算法还包含聚类分析。聚类分析是一种启发式算法，可按照某种规则将数据进行分组，并且可以通过概括总结得到每组数据的特征，进而达到融合的目的。这类方法同样不要先验知识，能直观简单但有效地实现对高维数据的降维，但聚类集成效果太依赖聚类变量的选取。另外，通常不能生成明确的集成判别函数。

4. 基于拓扑学的信息合成方法

基于拓扑学的数据集成，主要依据传感器网络节点的拓扑结构，涉及符合网络需求的拓扑结构，具体可以分为两类：基于平面网络结构的数据集成协议和基于层次网络结构的数据集成协议（张浩和张静静，2017）。在平面网络结构中，每个传感器节点都被分配相同的任务，不存在主从层次关系。这种网络结构易于实施和管理，数据集成损失较小，但是缺乏对通信资源的优化，传感器网络生命周期较短。而在层次网络结构中，不同的传感器节点将依照不同的地理位置或者采集的数据类型，分配了不同的任务。节点之间不再是同级关系，传感器之间可以被组织成树、簇或者链的关系。层次网络关系虽然使得通信资源得到了优化，但是其构建需要更复杂的协议，对传感器网络硬件要求更高。这样的数据融合主要有集中式、分散式与分层式三种架构。在集中式系统中，传感器融合单元被视为中央处理节点，负责从不同的传感器收集信息并且做出决策，同时将指令或任务分配给相应的传感器。在分散式系统中，传感器的测量数据通过局部融合节点进行融合，而不是使用单个融合节点。分散式架构的主要优点是对传感器的排列顺序不敏感。分层式架构结合了集中式和分散式系统的结构，被认为是混合架构，因此同时集中了集中式系统和分布式系统的优点与缺点（如分层网络对于传感器的顺序不敏感，但仍然可能受到冗余信息的影响）。

5. 基于认识论的信息合成方法

基于认识模型的方法主要包括逻辑模板法、模糊集合理论、遗传算法等。逻辑模板法基于匹配原则，将系统的确定模板与观测数据进行匹配，判断其条件的匹配程度，进而进行推理。模糊集合论主要针对环境的复杂性、噪声干扰、系统识别不稳定等影响因素，采用丰富的融合算子和决策规则为目标融合提供必要的手段，确保信号及提取信息的准确性和完整性。遗传算法的实质是基于一组初始值进行群体优化的过程。也有研究将遗传算法和神经网络分类器相结合，来实现多传感器目标识别系统的特征优化。

尽管数据融合相关的研究较为丰富，但是数据融合依然存在一些问题。如尚未建立统一的数据融合理论和有效的广义融合模型，也没有很好地解决融合系统中容错性和鲁棒性等问题。在未来的研究中，建立统一的融合理论、体系结构和广义模型都具有重要的意义。此外，可以考虑充分利用人工智能技术和集成智能计算方法（如遗传算法、模糊逻辑）来提高传感器融合的性能。同时，我们需要构建数据融合测试评估平台和传感器的管理体系，方便技术的不断更新与拓展。

3.3.2 传感器数据失真时的信息合成

为有效监测目标的质量状态，物联网中往往分布着大量多种类型的传感器，如农业物联网中的温度传感器、湿度传感器以及光照强度传感器等。在现实中，这些传感器的工作状态受到来自多方面因素的影响。当能源供应出现波动、受到各种外界因素干扰以及固有的缺陷时，传感器可能会传递和汇报有误差的数据。

传感器数据失真的原因包括以下几点。①超出测量范围。受到元器件性能和工作环境的限制，当被测对象的读数超出传感器的测量范围时，传感器可能输出其测量范围的最小值或最大值，也可能输出非预期的结果。②低于测量精度。当被测对象的变化低于传感器的测量精度时，传感器可能会放大或缩小所输出的结果。③临近使用寿命。传感器的输出信号可能随着长期使用逐渐发生偏移。④存在动态误差。动态误差是指由于幅频特性不平坦，放大或缩小了被测信号的各次谐波，进而导致各次谐波之间的相位差也发生改变，最终引起传感器输出信号的畸变。⑤受到噪声干扰。噪声是指随时间变化的信号随机偏差，它由传感器多种内外部因素引起。例如，非接触式温度传感器工作时，容易受到被测对象周边温度变化的影响。⑥重复性误差和迟滞误差。如果输入值在同一方向进行全量程的连续多次变动，输出值的变化曲线却不一致，则称为重复性误差；如果正反行程中输入输出曲线不重合，则称为迟滞误差。

很显然，误差会误导物联网的判断和决策。因此，信息集成除选择适合的方法外，还要考虑误差的存在，也就是如何在有数据失真时集成信息。一般来说，误差可以归类为系统误差（systematic error，也称非随机误差）和随机误差（random error），系统误差可以通过某种校准策略对误差进行补偿，而对于以噪声为代表的随机误差，则需要通过信号处理（如滤波）来降低，代价是性能下降。

由于每件传感器都有可能存在上述误差，同时误差补偿和信号处理难以消除所有误差。对于存在大量传感器的物联网环境，在进行信息融合时，为每一件传感器单独选择方法是不现实的。因此有必要引入一种更加通用的信息融合方法。

结合质量状态信息的三个来源，本节接下来基于有序加权平均算子（ordered weighted averaging operators，OWA 算子），讨论一种存在数据失真时的质量状态信息融合方法（Yager et al.，2013）。

记信息融合值为 x_a，由虚拟传感器读数 x_v、实体传感器读数 x_s、虚拟传感器可靠度 C_β、实体传感器可靠度 C_m、信息集成风险偏好 α 综合得到：

$$x_a = F\left(x_v, x_s, C_\beta, C_m, \alpha\right) \tag{3-1}$$

其中，α 的取值由式（3-2）给出：

$$\alpha = \sum_{j=1}^{n} w_j \frac{n-j}{n-1}, \quad \alpha \in [0,1] \tag{3-2}$$

易知，当 $\alpha = 1$ 时，信息合成系统会输出所有传感器读数的最大值；当 $\alpha = 0$ 时，输出最小值；当 $\alpha = 0.5$ 时，输出平均值。由此，可以进一步给出 x_a 与所有传感器中的最大和最小读数 x_{max}、x_{min}，以及它们的相对可靠度 C_{max}、C_{min} 的关系式：

$$x_a = \left(C_{max}\right)^{\frac{1-\alpha}{\alpha}} x_{max} + \left[1 - \left(C_{max}\right)^{\frac{1-\alpha}{\alpha}}\right] x_{min} \tag{3-3}$$

注意到，随着 α 的增加，x_a 的取值在更大程度上由读数最大的传感器决定；相反，x_a 则由读数最小的传感器决定。因此，当其他因素确定，只存在实体传感器和虚拟传感器时，实体传感器的可靠性越低，虚拟传感器的重要性就越高，反映在信息集成时所占的权重就越大，反之同样成立。虚拟传感器的可靠性越低，实体传感器的重要性就越高，反之也同样成立。

同时，使用者可以根据其风险偏好，在保守、中立、激进的信息集成策略中做权衡。较大的 α 相当于选择了保守的集成策略——即夸大当前的传感器读数，补偿传感器因为误差而报告偏低的数值，更容易触发预设的上限；反之，较小的 α

相当于激进的集成策略——即降低传感器读数，从而减少信息合成结论突破阈值的情况；$\alpha = 0.5$ 则相当于中立的策略，平衡传感器读数。

3.4　数据分析模型

3.4.1　节点上的截面数据分析

1. 数据约简原则

数据约简也称数据压缩，具体是对由不同来源的原始冗余数据组成的数据库，在一定条件下进行删除压缩，或者经过压缩转化为相对简洁、更容易理解的数据结构的过程。从统计推断的角度看，要寻求的数据约简方案能够缩减数据集，但不会影响对关键参数的估计。基于这一目标，数据约简过程中要遵循充分原则、似然原则和同变性原则。充分原则确保数据的约简过程没有删除影响关键参数估计的样本，似然原则保证基于样本观测值的似然函数包含关于参数的全部信息，而同变性原则提供能够保留数据重要特征的简约方法。

数据约简可以分为知识约简、样本约简和属性约简这三种类型（陈欢，2004）。知识约简主要考虑在信息系统中，属性在重要程度上有差异，在保证数据分类或决策能力不变的情况下，删除不相关或者不重要的属性。样本约简针对数据库中的每一条记录，将那些贡献程度不大、没有贡献或者冗余的记录从数据库中删除，或者将重要的样本选择出来，使得处理后的数据在表达上更加简练，并且不损失原数据集的信息。样本约简用于解决分类算法的计算复杂度，可以去除噪声样例，提高算法性能。属性约简也称为特征选择，主要方法有滤波法、筛选法和嵌入式方法等（翟俊海，2015）。在实际应用中，常用的约简方法有样本约简和属性约简，下面详述这两种方法。

样本约简的目标是从大量样本中选择重要的样例。对于无类别标记的样例，约简是为了减少样本标记的成本；对于有标记的样例，目标则是在不降低监督学习算法性能的前提下，降低算法的计算时间。基于上述目标，下文总结了不同的样本选择准则。

（1）最小置信度准则。利用后验概率模型，按照 $x^* = \underset{x}{\arg\max}\{1 - P_\theta(\hat{y}\,|\,x)\}$ 的原则来选择样本集合。其中，θ 是某种学习模型，$\hat{y}$ 是基于学习模型得到的最大后验概率估计值。

（2）最大熵准则。熵用来度量某个可能事件的不确定性。通过最大化信息熵，来选择能够包括更多不确定性的数据。即根据 $x^* = \underset{x}{\arg\max}$ $\left\{ -\sum_i P_\theta(y_i \mid x)\log_2 P_\theta(y_i \mid x) \right\}$ 的标准来选择不同的样本。其中，y_i 表示样本的种类。

（3）投票熵准则。投票熵通过综合不同学习模型的结果，来合成某事件不同观测值的概率，再最大化其信息熵。即按照 $x^* = \underset{x}{\arg\max}\left\{ -\sum_i \dfrac{V(y_i)}{|C|}\log_2 \dfrac{V(y_i)}{|C|} \right\}$ 的原则，来获得最优的样本。其中，$|C|$ 表示所有学习模型的数量，$V(y_i)$ 表示第 y_i 类的得票数。

基于样本约简准则，相关研究设计了多种算法来实现样本数据的选择。如交叉选择样例算法、基于模糊集的数据压缩算法、概率神经网络样例算法。

属性约简着眼于数据维度的缩减，也称维数约简，主要通过特征值提取和特征选择来实现。常用的特征值提取方法有主成分分析法和判别分析法（discriminant analysis，DA）。特征选择的准则有分离准则和一致性准则。此外，针对属性约简还有其他的改进算法，如基于模糊属性的约简、基于极限学习机网络的特征选择等。下面将展开上述提到的方法。

主成分分析法是从原始数据特征中计算一组影响从大到小排列的新特征，新特征是原来特征的线性组合。此外，新特征之间是完全正交的，没有线性关系，称为主成分。主成分分析法的主要目的是在减少数据维度的同时，尽可能地保留原有的数据信息。不妨设原特征为 $a_1, a_2, \cdots, a_d$，经过线性变化得到的新特征为 $\xi_1, \xi_2, \cdots, \xi_i$。一般情况下，有 $i < d$ 成立，即维数经过线性变换而减小。新特征和原特征满足关系式 $\xi_i = \sum_{j=1}^{d} \alpha_{ij} a_j = \alpha_i^{\mathrm{T}} a$。其中，$a = (a_1, a_2, \cdots, a_d)$，$\alpha_i = (\alpha_{i1}, \alpha_{i2}, \cdots, \alpha_{id})$。为了统一 ξ 和 a 的尺度，满足归一化条件，将 α_i 进行单位变换，令 $\alpha_i^{\mathrm{T}} \alpha_i = 1$。特征转化可用矩阵形式表示为 $\xi = A^{\mathrm{T}} a$，其中 A 表示转换矩阵。主成分分析法的实质就是求解得到最优的正交变换 A，使得新特征能够表达的样本方差（代表信息量）最大。

常用的求解主成分的方法是通过求原特征的协方差矩阵的特征值和特征向量实现。特征值占所有特征值的比例为对应主成分的贡献率，将单位特征向量按对应特征值大小排列成矩阵，即为原特征到新特征的转换矩阵。主成分分析法的数学原理如下：以第一主成分 ξ_1 为例，有 $\xi_1 = \alpha_1^{\mathrm{T}} a$ 成立，进而有 $\mathrm{var}(\xi_1) = \mathrm{var}(\alpha_1^{\mathrm{T}} a) = \alpha_1^{\mathrm{T}} \mathrm{var}(a) \alpha_1 = \alpha_1^{\mathrm{T}} \Sigma \alpha_1$。其中，$\Sigma$ 是 a 的协方差矩阵。在满足约束 $\alpha_1^{\mathrm{T}} \alpha_1 = 1$ 的条件下，最大化 $\mathrm{var}(\xi_1)$。通过对拉格朗日极值函数 $f(\alpha_1) = \alpha_1^{\mathrm{T}} \Sigma \alpha_1 - \lambda(\alpha_1^{\mathrm{T}} \alpha_1 - 1)$ 求微分，进一步化简可得 $\Sigma \alpha_1 = \lambda \alpha_1$，即最优的 α_1 为 Σ 的特征向量。其他主成分同理。

判别分析法基于已知研究对象的某种分类的情况下，寻找将不同类数据分组的准则。判别分析法的目标可能用于判定新的观测点的类别，或者基于分类进一步探究不同变量和类别之间的关系。常见的判别分析法有线性判别分析（linear discriminant analysis，LDA）、二次判别分析（quadratic discriminant analysis，QDA）和典型判别分析（canonical discriminant analysis，CDA）。

线性判别分析也称为费希尔判别分析，是一种基于线性变换的特征提取方法。线性判别分析法和主成分分析法最大的区别在于其考虑了类别分布与类别结构，因为线性判别分析的处理对象包含类别信息，而主成分分析法没有考虑数据类别内部分布特性。从优化的角度看，线性判别分析的目标是寻找能够同时最大化类间的离散程度与最小化类内离散程度的投影方向。线性判别分析基于不同类别的协方差矩阵相同的假设。而当此假设不成立时，二次判别分析会比线性判别分析更加适合。二次判别分析比线性判别分析更加具有灵活性，但是二次判别分析会导致过拟合的现象。典型判别分析则基于方差分析的思想，通过投影寻找原始变量的线性函数，使得组间差异与组内差异的比值最大化。

特征选择的目的是从原始特征集合中，选择一个合适的子集来代替。因此，如何选择特征直接关系到特征子集的质量。常用的特征选择标准有可分离准则、不一致性准则等。

可分离准则与线性判别分析选择投影方向的准则相同，即最大化组间离散程度和最小化组内离散程度。但特征选择只对原始特征进行挑选，不对其进行变换。可分离准则的特点是简单直观、易于计算，但是这种准则往往不能够充分考虑判别错误率和各类样本重叠情况。不一致性准则适用于解决变量值是离散时的问题，具体指数据在特征子集上的值相等，但是属于不同的类的情况。通过粗糙值的不一致性度量，来确定分类信息熵，最终决定不同属性子集的不一致程度。

基于上述原则，有研究（翟俊海等，2014；Tsang et al.，2008；Huang et al.，2005）提出了不同的算法来实现属性约简。典型算法有以下三种。

（1）最小相关性最大依赖度的属性约简。这一算法弥补了传统算法没有考虑条件属性之间相关性的缺陷，一定程度上解决了基于经典算法约简求得的特征之间的冗余性。通常情况下，最小相关性最大依赖度的属性约简算法得到的属性个数均小于或等于基于属性重要度算法包含的属性个数。因为本算法不仅考虑了决策属性和条件属性之间的依赖关系，还考虑了条件属性之间的相关性。因此，最小相关性最大依赖度算法包含的冗余信息更少，优于基于属性重要度的约简算法。

（2）模糊属性约简方法。模糊属性约简的算法将模糊点的概念应用于属性约简中（Kuncheva，1992），也将一些经典模糊粗糙集的重要概念推广到模糊粗糙集的约简模型中（Nanda and Majumdar，1992）。Dubois 和 Prade（1990）综合考虑了模糊集和粗糙集，同时利用相关领域的知识调整参数的阈值，从而获得更加满意的模糊属性约简规则。

（3）基于极限学习机网络的约简方法。极限学习机（extreme learning machine，ELM）是一种训练单隐含层前馈神经网络的有效算法。极限学习机随机生成输入层的权值和隐含节点，通过确定输出层的权重，实现了将样本点由原空间映射到新特征空间，特征空间的维数可由隐含节点确定。正是基于这种非迭代的学习特征，极限学习机算法具有很快的学习速度和极好的泛化能力。但极限学习机的主要问题就是如何确定隐含层节点的网络结构，其结构选择的方法大多通过经验预先确定。

2. 参数估计和方差分析

在数理统计中，总体的参数往往是未知的。即便根据历史数据可以判断总体的分布形式，但其重要的统计量（期望、方差、矩等）依然很难直接得到。参数估计就是估计这些未知参数的真值或者其所在的区间。常用的方法就是从总体中随机抽取样本，通过样本观测值来估计总体参数或其范围。在统计中常见的参数估计类型有点估计、区间估计、矩法估计和极大似然估计。

点估计是一种通过样本来估计总体参数的方法，因为样本统计量为某一点值，估计的结果也由一个数值点来表示，因此称为点估计。

而区间估计是在点估计的基础上，给出总体参数的一个区间范围，通常由样本估计量加减估计误差得到。设总体分布函数 $F(x;\theta)$ 的形式已知，其中 θ 是未知参数。从总体中抽取样本 $X_1, X_2, \cdots, X_n$ 来构造统计量 $\hat{\theta}(X_1, X_2, \cdots, X_n)$ 作为参数 θ 的估计，则 $\hat{\theta}(X_1, X_2, \cdots, X_n)$ 即为 θ 的点估计量。区间估计在研究一个总体时，通常关心的参数有总体均值 μ、总体比例 π 和总体方差 σ^2 等。

对于均值的区间估计，需要考虑的条件有：总体是否为正态分布、总体的方差是否已知、样本量是否足够（通常要求样本量大于等于 30）等。若总体为正态分布且方差已知，或者总体为非正态分布但满足大样本，则样本均值 $\bar{X}$ 经标准化后服从标准正态分布，$\dfrac{\bar{X}-\mu}{\sigma/\sqrt{n}} \sim N(0,1)$，总体均值在 $1-\alpha$ 置信水平下的置信区间为 $\bar{X} \pm z_{\alpha/2} \dfrac{\sigma}{\sqrt{n}}$。若总体服从正态分布，但方差未知，且样本量较小的情况下，用样本方差 s^2 代替总体方差 σ^2，此时样本均值经过标准化后服从自由度为 $(n-1)$ 的 t 分布，$\dfrac{\bar{X}-\mu}{s/\sqrt{n}} \sim t(n-1)$，总体均值在 $1-\alpha$ 置信水平下的置信区间为 $\bar{X} \pm t_{\alpha/2} \dfrac{s}{\sqrt{n}}$。

对于总体比例的区间估计，在大样本的前提下，样本比例 p 的抽样分布可以用正态分布近似。样本比例 p 服从均值为总体比例 π，方差为 $\sigma_p^2 = \pi(1-\pi)/n$ 的正态分布。经过标准化转换后得到 $\dfrac{p-\mu}{\sqrt{\pi(1-\pi)/n}} \sim N(0,1)$。总体比例 π 在 $1-\alpha$ 置信水平下的置信区间为 $p \pm z_{2/\alpha}\sqrt{\pi(1-\pi)/n}$。由于 π 本身是未知的，但基于大样本的特性，可以用样本比例 p 来代替 π，因此置信区间可以表示为 $p \pm z_{2/\alpha}\sqrt{p(1-p)/n}$。此外，若样本量较小，估计总体比例可以通过超几何分布来实现。

对于正态总体的方差估计，样本方差的抽样分布服从自由度为 $(n-1)$ 的 χ^2 分布，因此总体方差在 $1-\alpha$ 置信水平下的置信区间为 $\dfrac{(n-1)s^2}{\chi^2_{\alpha/2}} \leqslant \sigma^2 \leqslant \dfrac{(n-1)s^2}{\chi^2_{1-\alpha/2}}$。

矩法估计依据样本矩收敛于总体矩的原理，用样本矩来估计总体矩。已知总体 X 可能分布的函数族为 $F(x;\theta_1,\theta_2,\cdots,\theta_k)$，其中 $\theta_1,\theta_2,\cdots,\theta_k$ 均为待估参数。若 $\mu_k = \mathrm{E}(X^k)$ 存在，称为 X 的 k 阶原点矩。称 $A_k = \dfrac{1}{n}\sum_{i=1}^{n}X_i^k$ 为样本 k 阶矩。基于样本 k 阶矩是总体 k 阶矩的无偏估计量，令样本 k 阶矩与总体 k 阶矩相等，联立 k 个方程，可估计 k 个参数。

极大似然估计的原理是利用已知的样本，反推最有可能导致这种结果的参数值，进而得到能够使已知样本出现概率最大的参数组合。由于抽样的随机性，假设样本集中的样本都是独立同分布的。设样本集合为 $D=\{x_1,x_2,\ldots,x_N\}$，待估参数为 θ，联合概率密度函数为 $p(D|\theta)$。同时定义基于样本集 D，参数 θ 的似然函数 $L(\theta) = p(D|\theta) = p(x_1,x_2,\cdots,x_N|\theta) = \prod_{i=1}^{N}p(x_i|\theta)$。极大似然估计量 $\hat{\theta}$ 是能使似然函数 $L(\theta)$ 最大化的 θ。为了方便求解，将似然函数取对数，则有 $\hat{\theta} = \arg\max_{\theta}\ln L(\theta) = \arg\max_{\theta}\sum_{i=1}^{N}\ln(p(x_i|\theta))$。若未知参数 θ 仅有一个，可在似然函数连续可微的条件下，通过令 $\dfrac{\mathrm{d}\ln(L(\theta))}{\mathrm{d}\theta} = 0$，求得极大似然估计量。若未知参数有多个（即 θ 为向量），基于似然函数连续可导的条件，极大似然估计量为方程 $\sum_{i=1}^{N}\nabla_{\theta}\ln(p(x_i|\theta)) = 0$ 的解。通过上述求解过程可以得到参数 θ 的估计值，但是只有在样本量趋无穷时，估计值才会非常接近于真实值。

对于某些常用的随机分布总体，表 3-1 和表 3-2 分别展示了连续和离散随机变量的概率密度函数，以及通过抽样方法，得到相关参数的估计量。其中，$\bar{x}$ 表示样本均值，S^2 表示样本方差，S 表示样本标准差，$\tilde{x}$ 表示样本众数，$\tilde{x}_\alpha$ 表示 α 分位点的样本值，n 表示样本量。

表 3-1　连续随机变量的概率密度函数和分布参数估计量

连续变量随机分布	概率密度函数	参数估计量	
均匀分布	$f(x)=\dfrac{1}{b-a}$	$\hat{a}=\bar{x}-\dfrac{\sqrt{12}s}{2}$	$\hat{b}=\bar{x}+\dfrac{\sqrt{12}s}{2}$
指数分布	$f(x)=\lambda e^{-\lambda x}$	$\hat{\lambda}=\dfrac{1}{\bar{x}}$	
埃尔朗分布	$f(x)=\dfrac{x^{k-1}\lambda^k e^{-\lambda x}}{(k-1)!}$	$\hat{k}=\max\left\{\dfrac{\bar{x}^2}{S^2}+0.5,1\right\}$	$\hat{\lambda}=\dfrac{\hat{k}}{\bar{x}}$
伽马分布	$f(x)=\dfrac{x^{k-1}\lambda^k e^{-\lambda X}}{\Gamma(k)}$ $\Gamma(k)=\displaystyle\int_0^\infty w^{k-1}e^{-w}dw$	$\hat{\lambda}=\dfrac{\bar{x}}{S^2}$	$\hat{k}=\bar{x}\hat{\lambda}$
贝塔分布	$f(x)=\dfrac{x^{\alpha-1}(1-x)^{\beta-1}}{B(\alpha,\beta)}$ $B(\alpha,\beta)=\dfrac{\Gamma(\alpha)\Gamma(\beta)}{\Gamma(\alpha+\beta)}$	$\hat{\alpha}=\bar{x}\cdot\dfrac{2\tilde{x}-1}{\tilde{x}-\bar{x}}$	$\hat{\beta}=\dfrac{\hat{\alpha}(1-\bar{x})}{\bar{x}}$
韦布尔分布	$f(x)=\dfrac{k_1}{k_2}\left(\dfrac{x}{k_2}\right)^{k_1-1}e^{-\left(\frac{x}{k_2}\right)^{k_1}}$	通过迭代求得 $\hat{k}_1$ $\dfrac{\tilde{x}}{\tilde{x}_{0.5}}=\left(\dfrac{\hat{k}_1-1}{\hat{k}_1\ln2}\right)^{\frac{1}{\hat{k}_1}}$	$\hat{k}_2=\tilde{x}\left(\dfrac{\hat{k}_1-1}{\hat{k}_1}\right)^{\frac{1}{\hat{k}_1}}$
正态分布	$f(x)=\dfrac{1}{\sqrt{2\pi}\sigma}e^{-\frac{(x-\mu)^2}{2\sigma^2}}$	$\hat{\mu}=\bar{x}$	$\hat{\sigma}^2=\dfrac{\sum_{i=1}^n(x_i-\bar{x})^2}{n-1}$
对数正态分布	$f(x)=\dfrac{1}{\sqrt{2\pi}x\sigma_y}e^{-\frac{(y-\mu_y)^2}{2\sigma_y^2}}$ 其中 $y=\ln(x)\sim N(\mu_y,\sigma_y^2)$	$\hat{\mu}_y=\bar{y}$	$\hat{\sigma}_y^2=\dfrac{\sum_{i=1}^n(y_i-\bar{y})^2}{n-1}$
三角分布	$f(x)=\begin{cases}\dfrac{2(x-a)}{(b-a)(c-a)} & (a\leqslant x\leqslant c)\\[2mm]\dfrac{2(b-x)}{(b-a)(b-c)} & (c\leqslant x\leqslant b)\end{cases}$	$a=\min(x)$,　$b=\max(x)$,　$c=\tilde{x}$	

表 3-2　离散随机变量的概率密度函数和分布参数估计量

离散变量随机分布	概率密度函数	参数估计量
二项分布	$P(x)=\dbinom{n}{x}p^x(1-p)^{n-x}$	n 次试验，x 次成功 $\hat{p}=\dfrac{x}{n}$,　$var(p)=\dfrac{\hat{p}(1-\hat{p})}{n}$
几何分布	$P(x)=p(1-p)^x$	记录直到第一次成功的总试验次数，多次重复， 得到均值 $\bar{x}$，则 $\hat{p}=\dfrac{1}{\bar{x}}$
帕斯卡分布	$P(x)=\dbinom{x-1}{x-k}p^k(1-p)^{x-k}$	记录直到第 k 次成功的总试验次数，多次重复， 得到均值 $\bar{x}$，则 $\hat{p}=\dfrac{k}{\bar{x}}$
泊松分布	$P(x)=\dfrac{\lambda^x e^{-\lambda}}{x!}$	$\hat{\lambda}=\bar{x}$

　　上述分布在实际数据拟合过程中都有广泛的应用。例如，指数分布具有无记忆性，因此常用于描述不同事件之间的时间间隔，如车辆出险的间隔、电梯故障的间隔等。相关事件的发生则服从泊松分布。正态分布常用来模拟与模型变量无关的随机误差项。伽马分布常用来描述物体表面缺陷的密度，进而描述产品的失效情况。韦布尔分布是基于极值理论的重尾分布，在可靠性分析中常用来拟合产品的失效率。负二项分布是基于泊松分布的参数是随机的且服从伽马分布的假设，从而组合得到负二项分布。负二项分布可更好地描述产品在不同的制造环境和使用环境下发生故障的概率。如在电梯的质量监控过程中，用负二项分布对于电梯的故障模拟效果较好，进而可以得到性能稳定的质量控制图。

　　方差分析（analysis of variance，ANOVA）的基本思想是将测量数据的总变异（方差）按照变异来源分为组间（处理）效应和组内（误差）效应，并通过数量估计来确定实验处理对研究结果影响力的大小，按照考虑因素的个数划分，可分为单因素方差分析、双因素方差分析和多因素方差分析。单因素方差分析主要对被研究因素的影响效应进行分析，而双因素方差分析与多因素方差分析则对各因素的主效应和它们的相互作用进行分析。方差分析的步骤为总平方和分解、总自由度分解和 F 检验。若 F 检验显著，则可以进行多重比较，从而发现不同组间的差异。

　　在一次实验中，可以得到不同的观测值。观测值的偏差有可能是实验处理不同引起的，也可能是实验过程中的偶然因素干扰或者测量误差导致的。要寻找引起数据波动的真正原因，可以通过分别计算处理因素的方差和误差的方差，在一定的显著性水平下如果两者相差不大，则说明人为处理和分组的因素对实验的观测值影响不大，反之则说明被研究因素对数据有显著影响。方差分析有三个基本的假定。①正态性。假设实验误差是服从正态分布的随机变量。②可加性。可加性指组内误差与组间误差是可加的，使得总方差能够根据各种因素进行分解。③方差齐性。指组别不同不会影响随机误差的方差。如果个别组的方差远远大于或小于其他组，可能要对数据进行剔除或者转化。

　　单因素方差分析考虑被研究因素的 K 个水平，将数据分成 K 个组。将总离差平方和写成组间离均差平方和与组内离均差平方和。不妨设第 i 组的样本均值为 $\bar{x}_i$，样本量为 n_i。所有样本的均值为 $\dot{x}$，总样本量为 N。则组间平方和的计算公式为 $\mathrm{SSM} = \sum_{i=1}^{K} n_i \left(\bar{x}_i - \dot{x} \right)$，自由度为 $K-1$；组内平方和为 $\mathrm{SSE} = \sum_{i=1}^{K} \sum_{j=1}^{n_i} \left(x_{ij} - \bar{x}_i \right)^2$，其自由度为 $N-K$。通过组间组内的平方和，结合其自由度，可以构造 F 统计量 $F = \dfrac{\mathrm{SSM}/df_M}{\mathrm{SSE}/df_E} = \dfrac{\mathrm{SSM}/(K-1)}{\mathrm{SSE}/(N-K)}$，来检验二者差异在一定置信度水平下是否具有显

著性。组间方差体现被研究因素水平不同而导致的样本差异，而组内方差体现了同一条件下不同样本的差异，代表系统误差。如果二者在一定的置信水平下无差异，则说明被研究因素对实验结果没有显著性影响。单因素方差分析的原假设 H_0 为组间方差与组内方差无差异。在显著性水平为 α 时，将计算得到的 F 值与 F 分布的标准值 $F_{\alpha}(K-1, N-K)$ 进行比较，若大于标准分布值，则可以拒绝原假设，认为研究因素对于实验结果具有显著性影响，反之，则不能拒绝原假设。

双因素方差分析和多因素方差分析在单因素方差分析的基础上，考虑了不同因素之间的交互作用。以双因素方差分析为例，以两个因素细分的所有组为标准，得到组间平方差 SSM 和组内平方差 SSE。再分别以两个因素分组为标准，得到关于行与列的组间平方差 SSr 和 SSc。则其交互项作用产生的误差为 SSM－SSr－SSc，自由度为 $(r-1)(c-1)$。其中，r 和 c 分别为两个因素的分组的数量。验证交互项对于实验结果的影响的显著性，同样可以通过构造 F 统计量 $\dfrac{(\text{SSM}-\text{SSr}-\text{SSc})/((r-1)(c-1))}{\text{SSE}/(N-K)}$ 来实现，其中 K 表示同时考虑双因素后的分组数量。若 F 值很大，或其对应的 P 值很小，则说明两种因素的交互作用影响很大，需要谨慎选择双因素方差分析方法。其他分析与判定的原理与单因素方差分析类似。

3. 渐进分析和极值理论

渐进分析是研究当数据量趋于无穷时，总体的参数和关键统计量的估计量。其研究价值是可以在样本量趋于无穷的情况下简化运算，实现在有限样本条件下无法进行的评估。同时，无限样本下的简化还有助于算法检验（如自助法、M 估计）。在无限样本量的假设下，比较基础的两大理论为大数定律（law of large numbers）和中心极限定理（central limit theorem）。

大数定理提出，在随机事件大量重复试验的条件下，随着试验次数的增加，随机事件的频率近似于它的概率。大数定理有多个形式，如切比雪夫大数定理、伯努利大数定理、欣钦大数定理。而根据统计量收敛方式的不同，可以将大数定理分为弱大数定理与强大数定理。

伯努利大数定理基于伯努利分布，设 μ 是 n 次伯努利试验中事件发生的次数，而事件在每次试验中发生的概率为 p。当试验次数趋于无穷时，对于任意小的正数 ε，都有 $\lim\limits_{n\to\infty} P\left(\left|\dfrac{\mu}{n}-p\right|<\varepsilon\right)=1$ 成立。欣钦大数定理则推广到任意一组独立同分布的随机变量的情况，若分布的期望 μ 存在，则当样本量趋于无穷时，对于任意

的正数 ε，都有 $\lim\limits_{n\to\infty}P\left(\left|\dfrac{1}{n}\sum\limits_{i=1}^{n}X_i-\mu\right|<\varepsilon\right)=1$ 成立。

切比雪夫大数定理考虑非同分布的随机变量序列。假设 $X_1,X_2,\cdots,X_n$ 是一组独立的随机变量，分别存在期望 $\mathrm{E}(X_k)$ 和方差 $\mathrm{var}(X_k)$，且方差存在上界 C，则对于任意的正数 ε，依然有公式 $\lim\limits_{n\to\infty}P\left\{\left|\dfrac{1}{n}\sum\limits_{k=1}^{n}X_k-\dfrac{1}{n}\sum\limits_{k=1}^{n}\mathrm{E}(X_k)\right|<\varepsilon\right\}=1$ 成立。

大数定理在此基础上，提出了强大数定理和弱大数定理。弱大数定理指出，有一独立同分布的随机变量序列，若其均值与方差都存在，则可以证明当样本量足够大时，样本均值也一定会在总体均值附近，并依概率收敛于总体均值，即 $\lim\limits_{n\to\infty}P\left\{\left|\sum\limits_{i=1}^{n}\dfrac{X_i}{n}-\mu\right|>\varepsilon\right\}=0$。弱大数定理认为当样本量趋于无穷时，样本均值和总体均值的差异可以无限次离开 0，但偏离较大的频率不高。而强大数定理保证这种情况不会出现，强大数定理以概率 1 保证当样本量趋于无穷时，样本均值收敛于总体均值，即 $P\left\{\lim\limits_{n\to\infty}\sum\limits_{i=1}^{n}\dfrac{X_i}{n}=\mu\right\}=1$。

传统的中心极限定理提出，当随机变量 $X_1,X_2,\cdots,X_n$ 满足独立同分布，并且具有有限的期望与方差时，设 $\mathrm{E}(X_i)=\mu$，$\mathrm{var}(X_i)=\sigma^2$。对于任意实数 x，当样本量 n 很大时，随机变量的分布函数 $F_n(x)=P\left\{\dfrac{\sum_{i=1}^{n}X_i-n\mu}{\sqrt{n}\sigma}\leqslant x\right\}$ 满足

$$\lim_{n\to\infty}F_n(x)=\lim_{n\to\infty}\left\{\dfrac{\sum_{i=1}^{n}X_i-n\mu}{\sqrt{n}\sigma}\leqslant x\right\}=\dfrac{1}{\sqrt{2\pi}}\int_{-\infty}^{x}\mathrm{e}^{-\frac{t^2}{2}}\mathrm{d}t=\varPhi(x)$$，即当 $n\to\infty$ 时，$S_n=\sum\limits_{i=1}^{n}X_i$

近似服从正态分布 $S_n\sim N(n\mu,n\sigma^2)$。通常在进行参数的区间估计时，中心极限定理是重要的理论基础和工具。针对任意分布的随机变量，其大样本均满足正态性。特殊地，当随机变量服从二项分布 $B(n,p)$ 时，正态分布也是其极限分布。基于二项分布的中心极限定理又称棣莫弗-拉普拉斯定理。此外，中心极限定理针对不同分布的随机变量依然成立，设 $X_1,X_2,\cdots,X_n$ 是独立但不同分布的随机变量，其概率密度分别是 $f_{X_k}(x)$，同时有 $\mathrm{E}(X_k)=\mu_k$，$\mathrm{var}(X_k)=\sigma_k^2$。令 $B_n^2=\sum\limits_{i=1}^{n}\sigma_k^2$，同时定义 $Y_n=\dfrac{\sum_{i=1}^{n}X_i-\sum_{i=1}^{n}\mu_i}{B_n}$，则在 n 足够大时，有 $Y_n\sim N(0,1)$。这说明如果所研究的随机变量是由大量独立的随机变量相加而成的，那么它的分布将近似于正态分布，

对其同分布的条件是可以放松的。

大数定理和中心极限定理最常见的应用就是对于总体未知参数的估计。当样本趋于无穷时，若参数的估计量能够收敛到真实值，则称此估计量为被估参数的一致估计量（consistent estimator）。一致估计是参数估计中最低估计准则，一致性是针对某个未知参数的诸多估计量构成的序列而言的，其定义如下：若对参数 θ 的估计量 $W_n = (X_1, X_2, \cdots, X_n)$，如果对任意 $\varepsilon > 0$，满足 $\lim_{n \to \infty} P_\theta (|W_n - \theta| < \varepsilon) = 1$，则 W_n 为一致估计序列。典型的一致估计的例子有样本均值 $\bar{X} = \dfrac{1}{n} \sum_{i=1}^{n} X_i$（当 $X_1, X_2, \cdots, X_n$ 为独立同分布的随机变量，且均值 μ 和方差 σ^2 均存在）。由切比雪夫定理可知当样本量 n 趋于无穷时，有 $P_\theta (|\overline{X_n} - \mu| < \varepsilon) \to 1$。则 $\overline{X_n}$ 为总体均值的一致估计量。

一致估计量有如下特征。

（1）$\lim_{n \to \infty} \mathrm{E}\left[(W_n - \theta)^2\right] = 0$。因为有等式 $\mathrm{E}\left[(W_n - \theta)^2\right] = \mathrm{var}(W_n) + \left[\mathrm{Bias}(W_n)\right]^2$ 成立，若 W_n 是一致估计序列，则 $\lim_{n \to \infty} \mathrm{var}(W_n) = 0$ 和 $\lim_{n \to \infty} \mathrm{Bias}(W_n) = 0$ 同时成立。

（2）若 W_n 是参数 θ 的一致估计序列，如果存在另外两个序列 $\{a_n\}$ 和 $\{b_n\}$，且满足 $\lim_{n \to \infty} a_n = 1$ 和 $\lim_{n \to \infty} b_n = 0$，则序列 $U_n = a_n W_n + b_n$ 也是参数 θ 的一致估计序列。

上述渐进理论主要研究当样本量趋于无穷时，总体均值、方差等重要统计量的估计。但在实际问题的分析中，对于极端值的分析往往也有重要的意义（如气象预测分析、失效预测、金融市场风险分析等）。事实上，样本极值的渐进理论与均值渐进理论是平行发展起来的，并且两种理论也有一些相似之处。中心极限定理研究的是当样本 $\{X_1, X_2, \cdots, X_n\}$ 的数量趋于无穷时样本均值的极限状态，而极限理论则考虑当样本量趋于无穷时，样本极值 $\max(X_1, X_2, \cdots, X_n)$ 或 $\min(X_1, X_2, \cdots, X_n)$ 的极限性质。

设 $X_1, X_2, \cdots, X_n$ 是独立同分布的随机变量，分布函数都为 $F(x)$。对于任意样本量 n，令 $M_n = \max\{X_1, X_2, \cdots, X_n\}$，$m_n = \min\{X_1, X_2, \cdots, X_n\}$，根据最大值和最小值的定义，可得到其分布函数 $P(M_n \leqslant x) = \Pr(X_1 \leqslant x, \cdots, X_n \leqslant x) = F^n(x)$。同理，有 $P(m_n \leqslant x) = 1 - \Pr(m_n \geqslant x) = 1 - \left[1 - F(x)\right]^n$。

以最大值为例。设 x^* 为分布函数定义域的右端点，即 $x^* = \sup\{x : F(x) < 1\}$。$x^*$ 的取值也可以为正无穷。有 $\max(X_1, X_2, \cdots, X_n) \xrightarrow{P} x^*$，即样本的最大值依概率收敛于数据可能取值的右端点。依概率收敛的原因是当 $x < x^*$ 时，$\Pr(M_n \leqslant x) = \Pr(X_1 \leqslant x, \cdots, X_n \leqslant x) = F^n(x)$ 会收敛到 0，而当 $x \geqslant x^*$ 时会收敛到 1。为了得到非

退化的分布形式，需要对随机变量的概率进行标准化转换。定义常数序列 $a_n > 0$ 和实数序列 b_n，使得 $\lim\limits_{n \to \infty} F^n \left(\dfrac{M_n - b_n}{a_n} \right) = G(x)$，则 $G(x)$ 即为非退化的极值分布函数。根据 Fisher-Tippett 的极限类型定理可知，$G(x)$ 必属于以下三种分布类型之一。

I 型分布：$G_1(x) = \exp(-e^{-x})$，$-\infty < x < +\infty$，称为 Gumbel 分布，同时其概率密度函数为 $g_1(x) = e^{-x} G_1(x)$。

II 型分布：$G_2(x; \alpha) = \begin{cases} 0, & x \leqslant 0 \\ \exp(-x^{-\alpha}), & x > 0 \end{cases}$，称为 Frechet 分布，其概率密度函数为 $g_2(x; \alpha) = \alpha x^{-(1+\alpha)} G_2(x; \alpha)$。令 $\alpha = 1$ 得到标准的 Frechet 分布。

III 型分布：$G_3(x; \alpha) = \begin{cases} \exp(-(-x)^{-\alpha}), & x \leqslant 0 \\ 0, & x > 0 \end{cases}$，称为韦布尔分布。其概率密度函数为 $g_3(x; \alpha) = \alpha(-x)^{\alpha-1} G_3(x; \alpha)$。

上述三种分布可以通过广义极值分布表示：

$$G(x; \mu, \delta, \varepsilon) = \exp\left(-\left(1 + \varepsilon \frac{x - \mu}{\delta} \right)^{-\frac{1}{\varepsilon}} \right)$$

其中，$1 + \varepsilon \dfrac{x - \mu}{\delta} > 0$，$\mu, \varepsilon \in R$，$\delta > 0$。广义极值分布的密度函数为

$$g(x; \mu, \delta, \varepsilon) = \frac{1}{\delta} G(x; \mu, \delta, \varepsilon) \left(1 + \varepsilon \frac{x - \mu}{\delta} \right)^{-\left(1 + \frac{1}{\varepsilon} \right)}$$

当形状参数 $\varepsilon = 0$ 时，表示 I 型分布；当 $\varepsilon > 0$，$\alpha = \dfrac{1}{\varepsilon}$ 时，表示 II 型分布；当 $\varepsilon < 0$，$\alpha = -\dfrac{1}{\varepsilon}$ 时，表示 III 型分布。

此外，还可以定义分布函数 $F(x)$ 的稳定性。如果存在两个序列 $\{a_n\} > 0$ 和 $\{b_n\}$ 使得 $F^n(a_n x + b_n) = F(x)$，则称分布函数 $F(x)$ 是最大稳定的。而某分布 $F(x)$ 满足上述三种极值分布之一是其为稳定分布的充要条件。

除了对极值分布特征的刻画外，在实际数据分析中，还需要关注尾部数据的一些特征。根据尾部函数 $\bar{F}(x) = 1 - F(x)$ 是否为缓慢变化的函数，或者是否为 α 稳定分布，可定义重尾（heavy tail，K 族）分布及其相关的重尾分布族。若随机变量 X 的 k 次指数矩 $\alpha_k = \int_{-\infty}^{+\infty} e^{kx} \mathrm{d}F(x) = \infty$，对于任意 $k > 0$ 均成立，则称随机变量 X 是重尾的。反之，若存在某个 k 使得 α_k 小于无穷，则称随机变量 X 或者其分布

$F(x)$ 为轻尾的（light-tailed）。此外有判断重尾分布更直观的方法。如果密度函数是以幂指数衰减为 0，则称该分布为重尾；如果密度函数是指数函数衰减为 0，该分布为轻尾。此外，根据非负重尾的随机变量的 k 阶原点矩是否小于无穷，可以将重尾分布分为轻度重尾和重度重尾分布。

除重尾分布外，基于随机变量的峰度和矩等特征，与正态分布进行比较，可定义厚尾（fat-tailed）分布。首先定义随机变量的峰度 $\beta_k = \mathrm{E}\left(\dfrac{x - \mathrm{E}(x)}{\sqrt{\mathrm{var}(x)}}\right)^4$，易得对于正态分布，$\beta_k = 3$。如果随机变量 X 的峰度大于 3，则称 X 对应的分布是厚尾或尖峰的。以 Gumbel 分布为例，其峰度 $\beta_k = 9 > 3$，判定为厚尾分布，但并不是重尾分布。

然而，根据定义，判断重尾分布需要对每一个 k 次指数矩进行计算，因此有研究又定义了一些性能更为优越的重尾分布子族，用来刻画数据的分布，表 3-3 描述了几种重尾分布族的定义和每个族之间的包含关系。同时，图 3-2 直观地展示了不同重尾分布族之间的逻辑关系和几种常见的重尾分布所属的族类别。

表 3-3　重尾分布族的定义及其关系

重尾分布族	定义	不同族间关系
重尾分布（ K 族）	随机变量 X 的 k 次指数矩 $\alpha_k = \int_{-\infty}^{+\infty} \mathrm{e}^{kx} \mathrm{d}F(x) = \infty$，对于任意 $k > 0$ 均成立	以下分布族均为重尾分布的子集
平均超额分布族（mean excess function， M 族）	定义超额均值函数 $m(x) = \mathrm{E}(X - x \mid X > x)$，若 $\lim\limits_{x \to \infty} m(x) = \infty$，则 X 属于 M 族	是重尾分布中典型的一类，即 $M \subset K$
长尾分布（long tail， L 族）	$\lim\limits_{x \to \infty} \dfrac{\overline{F}(x+y)}{\overline{F}(x)} = 1$，或者 $\overline{F}(x+y) \sim \overline{F}(x)$，对 $\forall y > 0$ 均成立	隶属于 M 族，即 $L \subset M$
占优分布（dominatedly varying， D 族）	$\limsup\limits_{x \to \infty} \dfrac{\overline{F}(xy)}{\overline{F}(x)} < \infty$，$\forall 0 < y < 1$ 或者 $\limsup\limits_{x \to \infty} \dfrac{\overline{F}\left(\dfrac{x}{t}\right)}{\overline{F}(x)} \infty$，$\forall y1$	隶属于 M 族，即 $D \subset M$，D 族和 L 族有交集但互不包含
次指数分布族（subexponential， S 族）	$\limsup\limits_{x \to \infty} \dfrac{\overline{F^{n^*}}(x)}{\overline{F}(x)} = n$，$\overline{F^{n^*}}(x)$ 表示 F 的 n 重卷积，等价于 $\lim\limits_{x \to \infty} \dfrac{P(X_1 + \cdots + X_n > x)}{P(\max(X_1, \cdots, X_n) > x)} = 1$，$\forall n \geqslant 2$	隶属于 L 族，即 $S \subset L$，与 D 族有交集但互不包含
一致分布族（consistently varying， C 族）	$\lim\limits_{y \uparrow 1} \limsup\limits_{x \to \infty} \dfrac{\overline{F}(xy)}{\overline{F}(x)} = 1$ 或者 $\lim\limits_{y \downarrow 1} \liminf\limits_{x \to \infty} \dfrac{\overline{F}(xy)}{\overline{F}(x)} = 1$	隶属于 D 族和 S 族的交集，即 $C \subset S \cap D$
规则变化族（regular variation， RV 族）	$\lim\limits_{x \to \infty} \dfrac{\overline{F}(tx)}{\overline{F}(x)} = t^{-\alpha}$，对 $\forall t > 1$，又称为 $R_{-\alpha}$ 族	隶属于 C 族，即 $RV \subset C$

续表

重尾分布族	定义	不同族间关系
广义规则变化族（extended regular variation，ERV 族）	$y^{-\beta} < \liminf\limits_{x\to\infty} \dfrac{\overline{F}(xy)}{\overline{F}(x)} < \limsup\limits_{x\to\infty} \dfrac{\overline{F}(xy)}{\overline{F}(x)} < y^{-\alpha}$，其中，$1 < \alpha \leqslant \beta < \infty$，$y > 1$	隶属于 RV 族，即 ERV ⊂ RV

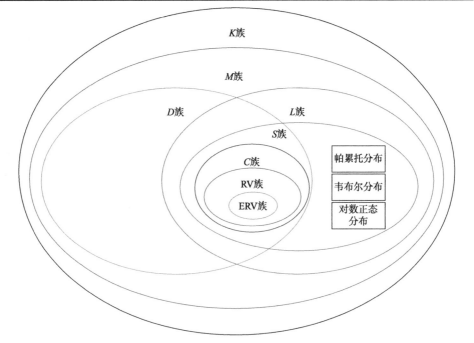

图 3-2　不同重尾分布族之间的关系

4. 回归模型与分析

回归模型通常用于解释自变量和因变量之间的关系，是数据拟合、数据预测的重要方法。在实际数据中，不同变量及其之间的交互作用对因变量的影响可能是多种多样的，其中还会有噪声。本节主要介绍几种常用的回归分析方法及其原理。

首先介绍线性回归。线性是变量间最简单基本的关系。但在实际数据中，由于测量误差和其他随机因素的影响，观测到的结果很少在同一条直线上。假设能够准确观测到自变量 X，而因变量 Y 除了受自变量 X 的影响，还有各种随机因素的作用，因此 Y 为随机变量。构建一元线性回归模型如下：$Y = a + bx + \varepsilon$。其中，随机误差项 $\varepsilon \sim N(0, \sigma^2)$。由此可得，$Y \sim N(a + bx, \sigma^2)$。线性回归的目的是在给定训练样本的情况下，能够准确估计出模型的截距参数 a 和斜率参数 b。

通过极大似然估计，可以得到似然函数 $L(a, b) = \prod\limits_{k=1}^{n} f_{a,b}(Y_k)$，其中，

$f_{a,b}\left(Y_k\right) = \dfrac{1}{\sqrt{2\pi}\sigma}e^{-(Y_k - a - bx_k)^2/2\sigma^2}$ 。然后对似然函数取对数，求导并令导数为 0，可得

到参数的最大似然估计量 $\hat{b} = \dfrac{\sum_{k=1}^{n}\left(x_k - \overline{x}\right)\left(Y_k - \overline{Y}\right)}{\sum_{k=1}^{n}\left(x_k - \overline{x}\right)^2}$ ，$\hat{a} = \overline{Y} - \hat{b}\overline{x}$ 。

线性回归的参数估计量也是服从正态分布的随机变量。令 $S_{xx} = \sum_{k=1}^{n}(x_k - \overline{x})^2$ ，

$S_{xy} = \sum_{k=1}^{n}\left(x_k - \overline{x}\right)\left(Y_k - \overline{Y}\right)$ ，则有 $\hat{a} \sim N\left(a, \dfrac{\sigma^2\sum_{k=1}^{n}x_k^2}{nS_{xx}}\right)$ ，$\hat{b} \sim N\left(b, \dfrac{\sigma^2}{S_{xx}}\right)$ 。随机误差项

的方差也能通过样本观测值和模型参数的估计量来求得，为

$S^2 = \dfrac{1}{n-2}\sum_{k=1}^{n}(Y_k - \hat{a} - \hat{b}\overline{x})^2$ 。

线性回归预测的偏差为 $E_k = Y_k - \hat{a} - \hat{b}x_k$ 。拟合优度可以通过方差分析来衡量。残

差平方和为 $\text{SSE} = \sum_{k=1}^{n}(Y_k - \hat{a} - \hat{b}x_k)^2 = S_{yy} - \dfrac{S_{xy}^2}{S_{xx}}$ ，总平方和为 $\text{SST} = \sum_{k=1}^{n}(Y_k - \overline{Y})^2 = S_{yy}$ 。

总平方和与残差平方和之差为回归平方和 $\text{SSR} = \text{SST} - \text{SSE}$ 。定义 $R^2 = 1 - \dfrac{\text{SSE}}{\text{SST}} =$

$\dfrac{S_{xy}^2}{S_{xx}S_{yy}}$ ，它是量化回归模型拟合优度的常用指标，是真实观测值 Y 与预测值 $\hat{Y}$ 之

间相关系数的平方。

对于多元线性回归，情况与一元类似，模型为 $Y = X\beta + \epsilon$ 。其中，Y 的维度

是 $n \times 1$ ，X 的维度是 $n \times k$ ，被估参数 β 的维度为 $k \times 1$ ，误差项 $\epsilon \sim N_n\left(0, \Sigma\right)$ 。假

设变量 X 不存在完全共线性，那么 $(X'X)^{-1}$ 存在，参数 β 的估计量为

$\hat{\beta} = (X'X)^{-1}X'Y$ 。同时有结论：$\hat{\beta} \sim N_k\left(\beta, (X'X)^{-1}X'\Sigma X\left(X'X\right)^{-1}\right)$ 。

接着介绍多项式回归。数值型变量之间的相关性有时并不是严格线性的，因

此强行用线性回归就会使误差增加，多项式回归可以增加回归的普适性。多项式

回归可以看成线性回归的一种，因为被估计的回归系数依然是线性的。但对于因

变量，则可以通过任意形式的多项式函数进行逼近。

设多项式回归的最高次数为 n ，且只有一个特征变量，多项式回归方程为

$\hat{h} = \theta_0 + \theta_1 x^1 + \theta_2 x^2 + \cdots + \theta_n x^n$ 。通过对最高次数的合理选择，多项式回归能够提供

更加复杂的因变量和自变量之间的关系。但是多项式回归往往对异常值比较敏感，

少数异常值会严重影响预测效果。

然后介绍逻辑回归。逻辑回归和线性回归最大的区别在于 Y 的数据类型。线

性回归的因变量 Y 属于定量数据，而逻辑回归分析的因变量 Y 可以是定量数据或类别数据，但多为后者。

根据因变量 Y 的类别类型，可以进一步将逻辑回归分为二元逻辑回归分析（Y 值仅两个取值，分别是有和无）、多元无序逻辑回归分析（Y 有多个取值，并且不同取值之间没有大小关系）和多元有序逻辑回归分析（Y 值的选项有多个，并且选项之间具有实际意义的大小关系）。

以二元逻辑回归为例，因变量 Y 仅有两种取值：0 或 1。记第 i 个样本的观测值为 Y_i，对应的自变量向量记为 X_i，向量的回归参数记为 β_i，则二分类的逻辑回归模型的表达式为 $P\left(Y_i | X_i = x_i\right) = \mathrm{E}\left(Y_i\right) = \dfrac{\mathrm{e}^{x_i \beta_i}}{1 + \mathrm{e}^{x_i \beta_i}} = \dfrac{1}{1 + \mathrm{e}^{-x_i \beta_i}}$。逻辑回归为非线性模型，虽然 Y_i 不是自变量向量的线性函数，但是可以通过 logit 函数得到其转化变量 $\log\left(\dfrac{P\left(Y_i\right)}{1 - P\left(Y_i\right)}\right) = x_i \beta_i$。极大似然估计方法也可用于逻辑回归的参数估计，但实际中，对于逻辑回归参数的估计通常通过迭代来求得。较经典的估计算法有牛顿-拉弗森法、赋值法和 B-triple-H 法。

支持向量机是一类按监督学习（supervised learning）方式对数据进行二元分类的广义线性分类器（generalized linear classifier），其决策的策略就是间隔最大化。对于线性可分的数据集来说，这样的超平面有无穷多个，但几何间隔最大的分离超平面却是唯一的。支持向量机学习的基本想法是求解能够正确划分训练数据集并且几何间隔最大的分离超平面。而对于输入空间中的非线性分类问题，可以通过非线性变换将它转化为某高维特征空间中的线性分类问题，在高维特征空间中学习线性支持向量机。由于在线性支持向量机学习的对偶问题里，目标函数和分类决策函数都只涉及实例和实例之间的内积，所以不需要显式地指定非线性变换，而是用核函数替换当中的内积（在 3.5 节的案例中，利用支持向量机进行分类模型的构建来实现关键指标的预测和评估）。

对于逻辑回归拟合优度的评估有多种，如皮尔逊卡方拟合优度检验，针对所有系数的卡方检验、Hosmer-Lemeshow 拟合优度检验和虚拟 R^2。

对于多分类的逻辑回归而言，假设共有 K 个类别，不妨定义类别 K 为参考类别，用剩下的 $K-1$ 个类别分别构建二元逻辑回归模型。对于第 i 类（$i \neq K$）有 $\ln \dfrac{P(y = i | x)}{P(y = K | x)} = \beta_{n,i} x_n$。因为所有类别的概率和为 1，可以得到对于任意类别 i，$P\left(y = i | x\right) = \dfrac{\mathrm{e}^{\beta_{n,i} x_n}}{\sum_{j=1}^{K} \mathrm{e}^{\beta_{n,j} x_n}}$。定义后验概率 $h_\theta^{(i)}\left(x\right) = P\left(y = i | x, \beta\right)$，则给新数据预测类

别时，通过 $\max\limits_i h_\theta^{(i)}(x)$ 来确定预测的类别。

下面介绍泊松回归。泊松回归（Poisson regression）用于研究因变量是计数变量的情况。这类非连续变量取值为非负整数，表现为某事件发生的次数。在统计处理的过程中，计数变量可以合理假定为服从泊松分布。泊松模型要求事件之间彼此独立，发生概率一致。不管事件之前发生几次，事件发生的概率总保持不变。如果随机变量 y 服从泊松分布，则有 $P(y|\lambda)=\dfrac{\mathrm{e}^{-\lambda}\lambda^y}{y!}$。其中，$\lambda$ 为分布参数。并且有 $\mathrm{E}(y)=\mathrm{var}(y)=\lambda$ 成立。

假设某事件 i 观测频数服从均值为 λ_i 的泊松分布，则有 $\lambda_i=\mathrm{E}(y_i|x_i)=\exp(x_i\beta)$，进而 $\log\lambda_i=x_i\beta$。可以用极大似然估计来求得 β 的估计值。但实际参数求解过程中，常用牛顿–拉弗森法与加权迭代最小二乘法，多次迭代直到参数收敛。

泊松回归对于离散事件的拟合有着广泛的应用。以车联网为例，通过在车辆内部安装传感器，记录下车辆行驶过程中关键的动态信息（如车辆行驶速度、紧急制动次数、行驶里程、道路拥堵指数、高峰时段行驶次数），可以基于泊松回归模型，利用在车辆行驶过程中收集到的动态信息，对驾驶员出险次数进行预测。

泊松回归建立在因变量服从泊松分布的假设基础上，没有考虑到不同样本之间的异质性。在实际数据中，由于数据分布的不均衡性，泊松回归的条件往往很难满足。而负二项分布在泊松回归的基础上，假设了一个与观测因素不相关的参数 ε。对于泊松回归模型而言，有 $\lambda_i=\exp(\beta x_i)$，而在负二项分布回归模型中，有 $\tilde{\lambda}_i=\exp(\beta x_i+\varepsilon_i)$。同样，当给定观测值 X_i 和参数 ε_i 时，$P(y_i|x_i,\varepsilon_i)=\dfrac{\mathrm{e}^{-\tilde{\lambda}_i}\tilde{\lambda}_i^{y_i}}{y_i!}$。但是，在数据中，观测不到 ε 的影响，因此通过假设 $\exp(\varepsilon)$ 服从伽马分布，来实现对无法观测到的异质性的衡量。若仅给定观测值 x_i，因变量 y_i 将服从负二项分布，即 $P(y_i|x_i)=\dfrac{\Gamma(y+\alpha^{-1})}{y_i!(\alpha^{-1})}(\dfrac{\alpha^{-1}}{\alpha^{-1}+\lambda})^{\alpha^{-1}}(\dfrac{\lambda}{\alpha^{-1}+\lambda})^y$。其中，参数 α 决定了预测的准确性。

高维数据处理常用岭回归（ridge regression）和 Lasso 回归。在传统的线性回归模型中，选择参数最优估计量的准则是 $\min\limits_\beta\sum\limits_{i=1}^n(y_i-\beta_0-\sum\limits_{j=1}^p\beta_j x_{ij})^2$。岭回归与最小二乘法较为相似，在估计参数 β 时，其目标函数为最小化

$$\min_{\beta} \sum_{i=1}^{n}(y_i - \beta_0 - \sum_{j=1}^{p}\beta_j x_{ij})^2 + \lambda \sum_{j=1}^{p}\beta_j^2$$，其中，$\lambda \geqslant 0$ 是岭回归模型的调优参数。通过这个公式可以看出，岭回归的目标函数包含最小二乘法的部分和收缩惩罚项 $\lambda \sum_{j=1}^{p}\beta_j^2$。调优参数 λ 的作用就是当 β_j 的值很大时，一定程度上约束系数的大小，比最小二乘法的估计结果更为稳定。然而随着参数 λ 作用的增大，模型的方差减小，偏移增大。因此，岭回归进行的参数估计是真实参数的有偏估计。同时岭回归没有选择特征的作用，只能使得影响较小的参数接近于 0。

与岭回归类似，Lasso 回归的目标函数是 $\min_{\beta} \sum_{i=1}^{n}(y_i - \beta_0 - \sum_{j=1}^{p}\beta_j x_{ij})^2 + \lambda \sum_{j=1}^{p}|\beta_j|$。通过用参数的绝对值代替其平方，解决了岭回归的一些问题。Lasso 回归可以将某些影响较小的变量系数真正缩为 0，因此 Lasso 回归具有变量选择的作用，在数据维度较高时，可以用来降维。因此，又称 Lasso 回归为稀疏模型。

不论是岭回归还是 Lasso 回归，在实际数据处理的过程中，可以通过交叉验证方法来求得最优的惩罚系数 λ。此外，原优化问题还可以通过添加约束条件分别实现岭回归和 Lasso 回归的最优参数建模。

岭回归：

$$\min_{\beta} \sum_{i=1}^{n}\left(y_i - \beta_0 - \sum_{j=1}^{p}\beta_j x_{ij}\right)^2$$

$$\text{s.t.} \quad \sum_{j=1}^{p}\beta_j^2 \leqslant s$$

Lasso 回归：

$$\min_{\beta} \sum_{i=1}^{n}\left(y_i - \beta_0 - \sum_{j=1}^{p}\beta_j x_{ij}\right)^2$$

$$\text{s.t.} \quad \sum_{j=1}^{p}|\beta_j| \leqslant s$$

两个模型的两种表达方式在求解的过程中等价。对于任意的 λ，都有与之相应的 s 对应。

3.4.2　节点上的时间序列分析

3.4.1 节重点介绍了截面上（同一时间节点）的数据分析方法与理论，主要研究数据中不同变量的性质，或不同属性之间的横向相关关系，并没有考虑时间变化对于变量本身的影响。本节着眼于时间因素对变量的纵向影响，介绍几种基于时间序列的预测模型和重要理论。

1. 线性时间序列模型

时间序列是按照时间顺序排列的、随时间变化且相互关联的序列形数据，而时间序列分析则为处理此类动态数据提供了统计学方法。基于随机过程理论和数理统计等知识，时间序列分析对数据随时间的变化规律进行研究，并广泛应用于金融、医疗、环保等各领域。线性时间序列模型对时间序列的动态结构提供了较为基础的框架，其理论包括平稳性分析、动态相关性、自相关性分析等，很多线性时间序列模型基于这些理论假设对数据进行建模与预测。本节将针对这些理论进行论述，并且简要介绍相关的线性时间序列模型。

大量线性时间序列模型都基于其平稳性（stationarity）假设。平稳序列分为强平稳性与弱平稳性。强平稳性要求序列 $\{r_t\}$ 在任意连续 k 期的联合分布都相同，即对于任意的 t 值，$(r_{t_1}, r_{t_2}, \cdots, r_{t_k})$ 与 $(r_{t_{1+t}}, r_{t_{2+t}}, \cdots, r_{t_{k+t}})$ 都具有相同的联合分布。强平稳性是较强的条件，现实中很难通过验证。因此我们提出了弱平稳性：若对于时间序列 $\{r_t\}$，其均值与 r_t 和 r_{t-l} 协方差都不随时间变化，对于任意的 t 和 l 都成立，则其满足弱平稳条件。具体而言，弱平稳性满足 $E(r_t) = \mu$，$\mathrm{cov}(r_t, r_{t-l}) = \gamma_l$，均与时间 t 无关。同时，定义 γ_l 为当期观测值与滞后 l 期观测值的协方差。根据弱相关性的定义，容易得到如下性质：$\gamma_0 = \mathrm{var}(r_t)$，且 $\gamma_{-l} = \gamma_l$。弱平稳性意味着数据在一个固定的水平上进行波动。实际应用中，弱平稳性就能满足对未来数据变化进行预测的需求。在实际研究中，被观测的数据序列通常能够被假设是弱平稳的，这一假设也可以通过实际数据的验证。

此外，对线性时间序列模型，变量之间的相关性（correlation）与自相关性（autocorrelation）的定义也较重要。在截面数据的研究中，对不同变量之间的相关系数的定义为：$\rho_{x,y} = \dfrac{\mathrm{cov}(X,Y)}{\sqrt{\mathrm{var}(X)\,\mathrm{var}(Y)}}$。相关系数用来刻画两个变量之间的线性相关关系的程度，其取值范围为 $[-1,1]$。当相关系数为 0 时，表示两变量线性无关。

变量的相关系数也可以通过参数进行估计：$\hat{\rho}_{x,y} = \dfrac{\sum_{i=1}^{T}(x_t - \bar{x})(y_t - \bar{y})}{\sqrt{\sum_{t=1}^{T}(x_t - \bar{x})^2 \sum_{t=1}^{T}(y_t - \bar{y})^2}}$，

其中，$\bar{x}$ 和 $\bar{y}$ 为样本均值。

将相关系数的理念推广到时间序列模型中，可以分析同一参数在不同时刻的相关性，即 $\rho_l = \dfrac{\mathrm{cov}(r_t, r_{t-l})}{\sqrt{\mathrm{var}(r_t)\,\mathrm{var}(r_{t-l})}}$。在弱平稳序列的前提下，有 $\rho_l = \dfrac{\mathrm{cov}(r_t, r_{t-l})}{\mathrm{var}(r_t)} = \dfrac{\gamma_l}{\gamma_0}$，

将其定义为自相关函数。同样也可通过样本数据对自相关系数进行估计：

$\hat{\rho}_l = \dfrac{\sum_{i=l+1}^{T}(r_t - \bar{r})(r_{t-l} - \bar{r})}{\sum_{t=1}^{T}(r_t - \bar{r})^2}$。特殊地，如果时间序列 $\{r_t\}$ 中的所有元素都是独立同

分布并且具有有限的均值与方差，该时间序列称为白噪声。对于白噪声序列，所有的自相关系数均为 0，即对于任意 l，有 $\rho_l = 0$。

　　因此，对于给定的正整数 l，也可以对单个和多个自相关系数进行白噪声检验。单个自相关系数的白噪声检验的原假设 H_0：$\rho_l = 0$，备择假设 H_1：$\rho_l \neq 0$，

通过构造统计量：$t = \dfrac{\hat{\rho}_l}{\sqrt{\dfrac{1 + 2\sum_{i=1}^{l-1}\hat{\rho}_i^2}{T}}}$。可通过 $|t| > Z_{\alpha/2}$ 的判断条件来实现对原假设

的拒绝，其中，α 为显著性水平。多个参数的噪声检验可以判定样本是否来自白噪声序列，即检验的原假设 H_0：$\rho_1 = \rho_2 = \cdots = \rho_k = 0$，$H_1$ 是上述自相关系数不全

为 0。通过构造统计量 $Q_m = T(T+2)\sum_{j=1}^{m}\dfrac{\hat{\rho}_j^2}{T-j}$，当 $Q_m > \chi_{1-\alpha}^2(m)$ 时，就可以拒绝 H_0，

否定白噪声假设。

　　在时间序列的实际应用中，样本自相关往往会对预测产生影响。因此，下面将会重点分析几种基于线性时间序列的动态模型。

　　首先是自回归（auto regression，AR）模型。以月度数据为例，如果当期观测值 r_t 与前一期观测值 r_{t-1} 显著相关，则可以通过观测数据对未来的数据进行预测。最简单的自回归就是考虑一期滞后的模型：$r_t = \phi_0 + \phi_1 r_{t-1} + a_t$。其中，$\{a_t\}$ 为满足均值为 0，方差为 σ_a^2 的白噪声序列。简单自回归模型可以类比于线性回归模型，其中，r_t 为因变量，r_{t-1} 为解释自变量。当仅考虑了预测当期与其前一期的相关关系时，自回归模型称为一阶自回归，可简写为 AR(1) 模型。类比于简单的线性回归，也可以得到一阶自回归的简单性质：$\mathrm{E}(r_t | r_{t-1}) = \phi_0 + \phi_1 r_{t-1}$，$\mathrm{var}(r_t | r_{t-1}) = \mathrm{var}(a_t) = \sigma_a^2$。显然，一阶自回归模型具有马尔可夫性，即第 t 期的样本观测值 r_t 仅取决于 r_{t-1} 而与 $t-1$ 之前的信息无关。然而在实际应用中，影响第 t 期的样本观测值 r_t 不仅仅取决于 $t-1$ 期，因此，可以将 AR（1）的模型推广到 AR(p) 模型：$r_t = \phi_0 + \phi_1 r_{t-1} + \cdots + \phi_p r_{t-p} + a_t$，同理，多阶自回归也可类比于多元线性回归。

　　结合时间序列数据弱平稳性的特征，可以基于自回归的方法得到多种性质，以一阶自回归为例，对于均值而言，$\mathrm{E}(r_t) = \phi_0 + \phi_1 \mathrm{E}(r_{t-1})$，结合条件

$E(r_t) = E(r_{t-1}) = \mu$，可解得 $\mu = \dfrac{\phi_0}{1-\phi_1}$；对于方差而言，有 $\mathrm{var}(r_t) = \phi_1^2 \mathrm{var}(r_{t-1}) + \sigma_a^2$。

基于平稳性假设，$\mathrm{var}(r_t) = \mathrm{var}(r_{t-1})$，同理可解得 $\mathrm{var}(r_t) = \dfrac{\sigma_a^2}{1-\phi_1^2}$。将一阶自回归

的结论推广到多阶自回归，可以得到平衡序列的均值 $E(r_t) = \dfrac{\phi_0}{1-\phi_1-\cdots-\phi_p}$，相关

的特征函数为 $1-\phi_1 x-\phi_2 x^2-\cdots-\phi_p x^p = 0$。

用来衡量平稳模型的拟合优度的常用统计量为 R^2，定义为

$R^2 = 1 - \dfrac{\text{残差平方和}}{\text{总平方和}}$。以多阶自回归 AR($p$) 模型为例，假设共有 T 期观测值，则

有 $\{r_t \mid t=1,2,\cdots,T\}$，$R^2 = 1 - \dfrac{\sum_{t=p+1}^{T} \hat{a}_t}{\sum_{t=p+1}^{T} (r_t - \bar{r})^2}$。与线性回归类似，易求得 $0 \leqslant R^2 \leqslant 1$，

R^2 越大，则表示模型的拟合效果越好。对于给定的数据集，R^2 会随着参数的增

加，是一个非减函数，所以为了克服 R^2 这一缺陷，提出了调整后的 R^2，其计算

方法为 $R_{\mathrm{adj}} = 1 - \dfrac{\hat{\sigma}_a^2}{\hat{\sigma}_r^2}$。

然而在现实应用的过程中，某期的观测值可能出现反复，与前多期的观测值

均相关，这就需要考虑多阶段的自回归。为了降低多阶自回归的参数数量，引入

滑动平均（moving-average，MA）模型。对于高阶的 AR 模型，可以通过低阶的

MA 模型进行近似。考虑无穷阶的 AR 模型为 $r_t = \phi_0 + \sum_{j=1}^{\infty} \phi_j r_{t-j} + a_t$。可知在无穷阶

AR 模型中，需要估计的参数 ϕ_j 的个数也较多。为了简化，设定约束条件 $\phi_j = -\phi_1^j$，

进而简化模型为 $r_t = \phi_0 - \sum_{j=1}^{\infty} \phi_1^j r_{t-j} + a_t$。得到 MA(1) 模型的通用表达式为

$r_t = c_0 + a_t - \theta_1 a_{t-1}$，其中 c_0 为常数，$\{a_t\}$ 为白噪声序列。根据 MA(1) 的模型，可以

类比推出 MA(q) 模型的通用表达式：$r_t = c_0 + a_t - \theta_1 a_{t-1} - \cdots - \theta_q a_{t-q}$。

同样地，基于弱平稳性的假设，可以得到 MA(1) 中因变量的均值与方差，

$E(r_t) = c_0$，$\mathrm{var}(r_t) = \sigma_a^2 + \theta_1^2 \sigma_a^2 = (1+\theta_1^2)\sigma_a^2$。对于 MA(1) 的模型，除了一阶自相

关函数 $\rho_1 = \dfrac{-\theta_1}{1+\theta_1^2}$，其他高阶自相关函数均为 0。此外，对于 $|\theta_1| < 1$，均值为 0 的

MA(1) 模型，有 $a_t = r_t + \theta_1 r_{t-1} + \theta_1^2 r_{t-2} + \cdots$。说明在第 t 期，随机扰动 a_t 是当前观测

值与历史观测值的线性组合，并且随着 θ_1 指数上升，越早期的观测值对当前的影

响越弱。

对于多阶段的 MA(q)序列，根据上述模型介绍，有 $E(r_t) = c_0$，$var(r_t) = \left(1 + \theta_1^2 + \cdots + \theta_q^2\right)\sigma_a^2$。MA($q$)模型具有暗示假设：当两个数据观测的时间点距离大于 q 时，观测值不相关，是一种"有限记忆"的模型。

基于 AR 或 MA 模型，自回归滑动平均（ARMA）模型将两者相结合。以最简单的自回归滑动平均模型 ARMA(1,1)为例，其定义为：$r_t - \phi_1 r_{t-1} = \phi_0 + a_t - \theta_1 a_{t-1}$，其中，$\{a_t\}$ 为白噪声序列。显然，等式左侧为自回归模型的部分，右侧为滑动平均模型的部分。对等式两端取期望，基于序列的弱平稳性进行化简，可以得到 ARMA(1,1)模型的均值和方差：$E(r_t) = \dfrac{\phi_0}{1 - \phi_1}$，$var(r_t) = \dfrac{\left(1 - 2\phi_1\theta_1 + \theta_1^2\right)\sigma_a^2}{1 - \phi_1^2}$。此外，ARMA(1,1)的自相关函数为

$$\rho_k = \begin{cases} \dfrac{(\phi_1 + \theta_1)(1 + \theta_1\phi_1)}{1 + 2\phi_1\theta_1 + \theta_1^2}, & k = 1 \\[2mm] \phi_1\rho_{k-1} = \phi_1^{k-1}\rho_1, & k \geqslant 2 \end{cases}$$

一般的 ARMA(p,q)模型定义为

$$r_t = \sum_{i=1}^{p}\phi_i r_{t-i} + a_t - \sum_{j=1}^{q}\theta_j a_{t-j}$$

其中，$\{a_t\}$ 是白噪声序列，且与 r_t 相互独立。平稳解的均值为 $E(r_t) = \dfrac{\phi_0}{1 - \phi_1 - \cdots - \phi_p}$。

在现实中应用较为广泛的一类时间序列模型为 ARIMA 模型，ARIMA 模型是非平稳过程，因为其在 ARMA 模型的基础上增加了一个单位根过程，对于 ARIMA($p,1,q$)而言，$c_t = y_t - y_{t-1} = (1 - B)y_t$ 服从稳定的 ARMA(p,q)模型。ARIMA 是非稳定模型，但是可以通过差分的方式将非平稳过程转化为平稳过程。

线性时间序列模型除了上述几种常用的模型，针对非平稳序列，还有随机游走模型、带漂移的随机游走模型、考虑趋势的随机游走模型等，针对季节影响因素，有考虑季节的差分模型。此外，还有考虑异方差性的时间序列误差模型和考虑长期影响的长期记忆模型。

2. 非线性时间序列模型

除了线性时间序列模型，还有大量非线性时间序列模型用来拟合不同时期观测值的变化。本节介绍几种非线性时间序列模型。

双线性模型在 ARMA 模型的基础上，除了考虑前期观测值、误差项对当期观测值的影响，还考虑了其交互项的影响，即

$$x_t = c + \sum_{i=1}^{p} \phi_i x_{t-i} - \sum_{j=1}^{q} \theta_j a_{t-j} + \sum_{i=1}^{m}\sum_{j=1}^{s} \beta_{ij} x_{t-i} a_{t-j} + a_t$$

阈值自回归模型来自实践观测到的非线性特征,如数据上升下降过程中的非对称性,通过分段线性来更好地进行数据拟合。不同于线性时间序列模型,阈值自回归允许观测值在时间轴上出现突变。通过阈值进行分段,由 k 个自回归模型相结合来提升每一局部间线性拟合的效果。

平滑转化自回归模型(smooth transition AR,STAR)是广泛应用的一种非线性时间序列模型。与其他非线性时间序列模型相比,STAR 模型能够实现所要解释的变量从一条回归线平滑转移到另一条回归线的状态,单变量 STAR(p)模型的基本形式为

$$x_t = c_0 + \sum_{i=1}^{p} \phi_{0,i} x_{t-i} + F\left(\frac{x_{t-d} - \Delta}{s}\right)\left(c_1 + \sum_{i=1}^{p} \phi_{1,i} x_{t-i}\right) + a_t$$

其中,d 表示滞后期,Δ 和 s 表示模型转化的偏移值与规模,$F(\cdot)$ 表示平滑转换函数。通常 $F(\cdot)$ 选取符合条件 $0 \leqslant F(\cdot) \leqslant 1$ 的函数,如逻辑函数、指数函数、累积分布函数等。

非线性时间序列模型可以通过概率转化进行分析,基于这一基本思想,Hamilton(1989)提出了马尔可夫转化模型,结合自回归模型,用于描述经济状态之间的非周期性转化。以两个状态的马尔可夫链为例,服从马尔可夫自回归模型的时间序列可定义为

$$x_t = \begin{cases} c_1 + \sum_{i=1}^{p} \phi_{1,i} x_{t-i} + a_{1t}, & s_t = 1 \\ c_2 + \sum_{i=1}^{p} \phi_{2,i} x_{t-i} + a_{2t}, & s_t = 2 \end{cases}$$

其中,s_t 表示当前状态,在两状态的马尔可夫链中,其取值为 $\{1,2\}$,序列 $\{a_{1t}\}$ 和 $\{a_{2t}\}$ 为两个具有 0 均值和有限方差的独立同分布随机序列。同时,定义状态转移概率为

$$P(s_t = 2|s_{t-1} = 1) = w_1, \quad P(s_t = 1|s_{t-1} = 2) = w_2$$

在实际应用中,可能不知道不同变量之间确定的函数结构,因此,需要先讨论不同参数之间的函数关系。非参数估计的本质就是将变量平滑化。设有两个变量 X、Y,同时假设其具有如下关系:$Y_t = m(X_t) + a_t$。非参数估计的目标是高度依赖样本数据,拟合合理的函数 $m(X_t)$。常用于拟合不同变量之间函数的方法有核回归、局部最小二乘估计等。

表 3-4 总结了上述时间序列分析中介绍的模型,分别对其表达式、性质及仿真图进行展示。

表 3-4　时间序列分析常用模型及其仿真

模型类型	模型方法	模型表达式		模型性质
线性时间序列模型	AR	一阶：$r_t = \phi_0 + \phi_1 r_{t-1} + a_t$		$\|\phi_1\| < 1$ 弱平稳性、p 阶有限记忆性
		多阶：$r_t = \phi_0 + \phi_1 r_{t-1} + \ldots + \phi_p r_{t-p} + a_t$		
	MA	一阶：$r_t = c_0 + a_t - \theta_1 a_{t-1}$		$\|\theta_1\| < 1$ 弱平稳性、0 均值的 MA(1) 具有可逆性
		多阶：$r_t = c_0 - \theta_1 a_{t-1} - \ldots - \theta_q a_{t-q} + a_t$		
	ARMA	一阶：$r_t - \phi_1 r_{t-1} = \phi_0 + a_t - \theta_1 a_{t-1}$		$\|\phi_1\| < 1$ 弱平稳性、p 阶有限记忆性
		多阶：$r_t = \sum_{i=1}^{p} \phi_i r_{t-i} + a_t - \sum_{j=1}^{q} \theta_j a_{t-j}$		
	随机游走	$r_t = r_{t-1} + a_t$		不具有平稳性
	带漂移的随机游走	$r_t = r_{t-1} + \mu + a_t$		不具有平稳性
非线性时间序列模型	双线性模型	$r_t = c + \sum_{i=1}^{p} \phi_i r_{t-i} - \sum_{j=1}^{q} \theta_j a_{t-j} + \sum_{i=1}^{m} \sum_{j=1}^{s} \beta_{ij} r_{t-i} a_{t-j} + a_t$		考虑交互项影响、不具有平稳性
	阈值自回归模型	$r_t = \phi_0^{(j)} + \phi_1^{(j)} r_{t-1} + \ldots + \phi_p^{(j)} r_{t-p} + a_t^{(t)}$，其中 $\gamma_{j-1} < r_{t-d} < \gamma_j$		通常具平稳性、不满足时间可逆
	STAR	$r_t = c_0 + \sum_{i=1}^{p} \phi_{0,i} r_{t-i} + F\left(\dfrac{x_{t-d} - \Delta}{s}\right)\left(c_1 + \sum_{i=1}^{p} \phi_{1,i} r_{t-i}\right) + a_t$		通常具平稳性、函数具有平滑性
	马尔可夫转化模型	$r_t = \begin{cases} c_1 + \sum_{i=1}^{p} \phi_{1,i} r_{t-i} + a_{1t}, & s_t = 1 \\ c_2 + \sum_{i=1}^{p} \phi_{2,i} r_{t-i} + a_{2t}, & s_t = 2 \end{cases}$		隐藏的马尔可夫链的状态不可直接获得，不可判断平稳性

3.4.3　网络数据分析

事实上，现实世界是一个互联的网络世界。尤其近年来随着物联网的发展，获取数据的途径多种多样，每个领域都在积累大量的网络数据。从统计学的角度，不同领域的网络数据有共同的处理方法，并且可以广泛应用于实际问题的分析。因此，不论是网络数据的描述还是建模推断方法，都有重要的意义。本节将以网络架构为基础，研究分布在不同时间和节点中的数据。

1. 网络数据可视化与网络图的特征描述

数据的描述性分析是进行数据分析的第一步。对于网络数据而言，进行数据的可视化不仅有助于挖掘单个变量的性质，而且有助于进一步分析网络的结构和特征。因此，可视化的图是网络数据分析的核心技术。本节将以可视化的基本元素及其布局展开来介绍网络数据的可视化方法。

通常网络图由节点及表示某种组合结构的曲线构成，整个网络图结构可以通过 $G=(V,E)$ 表示。其中 V 表示节点集合，E 表示不同节点的关系集合。直观上就可看出，在网络图中，有无数种为点和曲线进行布局的方法，能够选择合适的方法充分表达我们需要的信息是网络图可视化的主要目标。因此，图的布局方式是网络图可视化的核心。常见的布局方法有以下几种。

最简单的一种布局方法是环形布局。等距的节点分布在一个圆的圆周上，节点之间的关系边穿过圆的内部进行绘制。图 3-3 展示了环形布局图和普通网状图对于同一网络数据的描述。除了直观描述的布局图，还有将图的关系结构与其他物像之间的关系进行类比，通常能够更有效地生成可视化图。

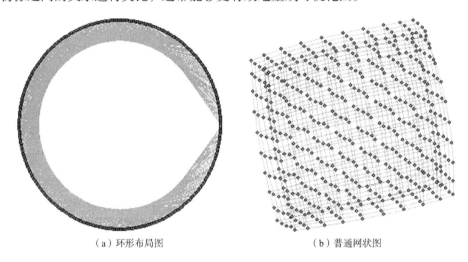

（a）环形布局图　　　　　　　　　　　　（b）普通网状图

图 3-3　环形布局图与普通网状图的对比

随着网络节点的增加，尤其当节点数量过百时，鉴于绘图空间和清晰度的限制，普通可视化的方法绘制出的图形会变得凌乱。因此，有一些专门为大型网络可视化而设计的布局算法，如 Vx-Ord 算法，使用了加强版的弹簧模型，试图在二维平面上，将节点布置在簇团之中。同时，该算法降低了计算时间，采用断边准则较好地权衡了局部和全局结构的细节。图 3-4 展示了普通算法图和 Vx-Ord 算法图对于同一网络数据的对比。

此外，当我们想通过网络可视化来表达特定信息时，可以通过只展示相关子图的方法来强调某个节点的局部结构。个体中心网可用于展示与特定节点直接相连的邻居及它们之间相连的边。

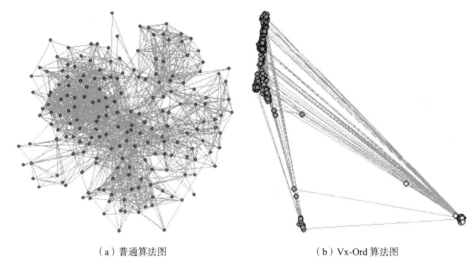

（a）普通算法图　　　　　　　　　（b）Vx-Ord 算法图

图 3-4　普通算法图与 Vx-Ord 算法图对于同一网络数据的对比

　　网络图的重要组成部分为节点和连接节点的边。因此，为了描述网络图的特征，分别从节点和边的性质来进行分析。对于节点而言，最重要的一个特征就是节点的度。对于网络图 $G=(V,E)$，节点 $v \in V$ 的度 d_v 指的是与 v 相连的边的数量，而 f_d 表示度 $d_v=d$ 的节点 v 所占的比例。$\{f_d\}_{d>0}$ 的集合称为 G 的度分布，在原始的度序列基础上对度的频率集合进行了缩放。除了度分布本身，还要关注度值不同的节点如何连接，可用节点邻居的平均度来衡量这一特征。

　　网络图中节点另一个重要性质为节点的中心性，用来量化节点的重要性。常见的量化中心性的方法有接近中心性、介数中心性和特征向量中心性三种。接近中心性定义为某个节点到其他所有节点之间距离之和的倒数，即

$$c_{CL}(v) = \frac{1}{\sum_{u \in V} \text{dist}(v,u)}$$

其中，$\text{dist}(v,u)$ 表示节点 v 和节点 u 之间的距离。介数中心性的定义如下：

$$c_B(v) = \sum_{s \neq t \neq v \in V} \frac{\sigma(s,t \mid v)}{\sigma(s,t)}$$

其中，$\sigma(s,t \mid v)$ 是节点 s 和 t 之间通过 v 的最短路径数量，而 $\sigma(s,t)$ 是节点 s 和 t 之间的最短路径的总数。特征向量度量中心性的方法有很多，典型的方法是通过 $c_{E_i}(v) = \sum_{\{u,v\} \in E} c_{E_i(u)}$ 度量。向量 $c_{E_i} = (c_{E_i}(1), \cdots, c_{E_i}(N_v))^{\text{T}}$ 是特征值问题 $Ac_{E_i} = \alpha^{-1} c_{E_i}$ 的解，A 是网络图 G 的邻接矩阵。其中，α^{-1} 的最优值是 A 的最大特征值，c_{E_i} 是对应的特征向量。通常中心性度量值是特征向量元素的绝对值。由于特征向量的

正交性，该值会介于 0 和 1 之间。

除了节点的特征，在整个网络结构中，还要综合考虑节点与边，以及一些与网络凝聚性相关的特征。如可以通过密度来表示不同子结构出现的位置与频率。其具体定义为：子图 $H = (V_H, E_H)$ 的密度为

$$\text{den}(H) = \frac{|E_H|}{|V_H|(|V_H|-1)/2}$$

$\text{den}(H)$ 的值介于 0 和 1 之间，提供了一种 H 与团（一类完全子图，集合内所有节点都有边相互连接）的接近程度的度量。若 G 图为有向图，则密度的定义变为

$$\text{den}(H) = \frac{|E_H|}{|V_H|(|V_H|-1)}$$

2. 网络图的数学模型和统计方法

本节主要介绍网络数据分析中的模型构建和使用方法。所谓的网络图模型，实际指的是集合 $\{P_\theta(G), G \in g : \theta \in \Theta\}$。其中，$g$ 是所有可能的图的集合，P_θ 是 g 上的一个概率分布，θ 是参数构成的向量，其所有可能的取值是 Θ。网络图建模的丰富性很大程度源于对于概率 $P(\cdot)$ 的选择，选择的方法主要集中于数学视角定义和统计视角定义模型两类。数学模型倾向于使用更加简单、容易进行数学分析的分布，而统计方法主要根据数据进行拟合。以这两类概率选择方法为标准进行逐一分析。

根据概率 $P(\cdot)$ 的不同选择方法，常用的数学模型有经典随机图模型、广义随机图模型、基于机制网络图模型。经典随机图模型通常指给定了一个集合 g，以及 g 上的均匀分布 $P(\cdot)$ 的模型。Erdős 和 Rényi（1960）确立了经典随机图模型理论：令 N_v 和 N_e 分别表示节点的数量和连接节点边的数量，对于给定的图 $G = (V, E)$ 和集合 g_{N_v, N_e}，令 $N = C_{N_v}^2$ 来表示不同节点对的总数，规定每个 $G \in g_{N_v, N_e}$ 的概率为 $P(G) = \dfrac{1}{C_N^{N_e}}$。Gilbert（1959）提出了实践中更常用的变体，定义了集合 g_{N_v, N_e}，表示所有阶数为 N_v，且不同节点之间独立以概率 $p \in (0,1)$ 存在边的图 G，也称为伯努利随机分布模型。

应用更广泛的是广义随机图模型。通过定义图的集合 $G \in g$，并为每个图的 $G \in g$ 分配相同的概率。除此之外，固定度序列方法也较常用，即定义为具有事先给定的度序列的所有图 G，度序列按照顺序记为 $\{d_{(1)}, d_{(2)}, \cdots, d_{(N_v)}\}$。对于某个固定的节点数 N_v，固定度序列的随机图的集合全部都有相同的边 N_e。如图 3-5

为指定 8 个节点对应的度序列为 $\{1,2,2,3,3,4,4,5\}$ 生成的随机图。

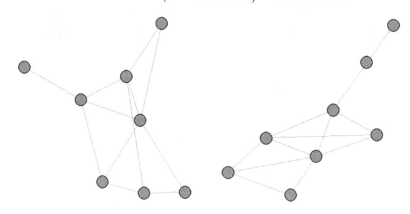

图 3-5　指定节点度序列的异构随机图

此外，常用的数学模型还有基于机制的网络图，实现了从传统的随机图模型转向明确用于"现实世界"的特征模型。以下主要介绍几种常见模型。

"小世界"网络模型，主要用于解决现实网络世界的很多网络有很高的聚集性的问题，对多数节点之间的距离很短的问题进行建模。

优先连接模型。许多网络模型考虑了随时间增长或演化的过程，这些模型通常会考虑一些简单的机制。如节点偏好、适应性、复制和老化等概念在给定时间内的变化，进而决定了网络中的优先连接，来解决在实际网络中发现的较宽的度的分布问题。

除了纯数学方法，也有很多统计模型用于网络图的建模。较经典的模型有指数随机图模型（exponential random graph model，ERGM）、网络块模型和潜变量模型。

指数随机图模型与广义线性模型类似。其一般的形式为，对于一个随机图 $G=(V,E)$，令二元随机变量 $Y_{ij}=Y_{ji}$ 表示 V 中两个节点 i 和 j 之间是否存在边 $e \in E$。由此，可以得到随机的邻接矩阵 $Y=\left[Y_{ij}\right]$。指数随机图模型运用指数族分布来定义 Y 中元素的联合分布。指数随机图模型的基本形式如下：

$$P_\theta(Y=y)=\left(\frac{1}{\kappa}\right)\exp\left[\sum_H \theta_H g_H(y)\right]$$

其中，H 为 G 的一个节点子集中节点之间可能的边的集合。$g_H(y)=\prod_{y_{ij}\in H} y_{ij}$，若 H 出现于 y 中，则为 1，否则为 0。非零 θ_H 表示在给定剩余部分图的条件下，y_{ij} 与 H 中所有节点对 $\{i,j\}$ 一一对应的概率。$\kappa=\kappa(\theta)=\sum_y \exp\left(\sum_H \theta_H g_H(y)\right)$ 是归一化常

数。指数随机图模型对于所有可能的 H 进行了定义,同时在选定一个函数 $g_H(y)$
及其系数 θ_H 后,给定网络中本质性的内在关系,表明 Y 中元素之间存在特定的独
立或者相依结构。

网络块模型假设 $G=(V,E)$ 的每个节点 $i \in V$ 属于 Q 个类别 $\ell_1,\ell_2,\cdots,\ell_Q$ 中的一
个。假设已知每个节点 i 的类标签 $q=q(i)$。G 的"块模型"规定在给定节点 i 和 j
的类标签 q 和 r 的条件下,邻接矩阵 Y 的每个元素 Y_{ij} 是一个概率为 π_{qr} 的独立二项
分布随机变量。然而现实中,节点类别已知的假设往往不成立,因此更常见的块
模型都是随机块模型(stochastic block model,SBM)。

潜变量模型的创新点是以节点类别的形式引入了潜变量。所谓潜变量是指模
型含有但未被观测到的变量,而这些变量在决定节点之间的连接时起到重要的作
用。潜变量模型的一个自然假设是节点之间可以交换。因此,邻接矩阵的每一个
元素 Y_{ij} 可以表达为以下形式:

$$Y_{ij} = h\left(\mu,\mu_i,\mu_j,\varepsilon_{ij}\right)$$

其中,μ 是常数,μ_i 是独立同分布的潜变量,ε_{ij} 是独立同分布的成对效用。在可
交换的假设下,任意的随机邻接矩阵都可以写成一个潜变量的函数形式。

3. 网络拓扑结构推断

通过上面的分析可知,网络图的构建方式多种多样,构建的完善程度也各有
不同。在很多应用场景中,两个节点之间是否存在某种连接关系几乎是可以完全
确定的,并且还可以通过数据来分析一对节点的关联情况,如社交媒体的好友网
络就可以通过数据直接观察并确认。但是对于其他一些情况,直接观察和描述节
点之间的关系可能无法实现,只能获取网络中部分潜在的状态信息。有些情况甚
至无法直接确定边是否存在,而只能通过网络中节点或边的属性进行测量,在某
种程度上预测边的存在状态。因此,从可以观察的数据中构建网络图的方法可以
视为一种统计推断的过程。

上述问题可通过网络图的概念用数学表示。定义节点属性 $\boldsymbol{x}=(x_1,x_2,\cdots,x_N)^{\mathrm{T}}$
或特定边的二元属性 $y=\left[y_{ij}\right]$。同时定义潜在网络图 G 的集合 g。网络拓扑结构
的推断运用统计建模和推断的方法,从 g 中选择出一个最有可能的元素,能够代
表系统最基本的状态。接下来主要介绍链路预测、关联网络推断和层析拓扑结构
推断三类问题。

链路预测实质上就是预测网络中一对节点之间"潜在的边"是否存在。令 Y
为网络图 $G=(V,E)$ 的($N_v \times N_v$)随机二元邻接矩阵。假定只能观察到二元邻接
矩阵 Y 的部分元素,而其他元素缺失。记 Y 中能够观测到的元素和缺失元素分别

为 Y^{obs} 和 Y^{miss}。则链路预测问题就是在给定 $Y^{\text{obs}} = y^{\text{obs}}$ 的基础上，结合各类节点属性的变量值 $\boldsymbol{X} = x = (x_1, x_2, \cdots, x_{N_v})$ 预测 Y^{miss} 中的元素，也就是通过观测到的边的存在状态子集和相关节点的信息来预测观测不到的边的存在情况。

链路预测可以应用在各种不同的领域，但是最关键的问题是 Y^{miss} 中的元素为什么缺失以及如何缺失。有些缺失是基于时间的缺失，即在某个时间之前不会存在，但是之后会出现。而在更多的案例中，边的存在和缺失与时间无关，可能取决于采样和数据收集的过程，在这种情况下，明确边缺失的底层机理就尤为重要。

在研究中，最常用的假设是边的存在信息为随机缺失。这就意味着边的变量 Y_{ij} 被观测到的概率本质上只依赖其他边的变量被观测到的概率，而与其本身的值无关。当给定一个 X 和（$Y^{\text{obs}}, Y^{\text{miss}}$）的恰当模型，目标是利用模型预测 Y^{miss} 中的元素，即找到 $P(Y^{\text{miss}} \mid Y^{\text{obs}} = y^{\text{obs}}, X = x)$。与多边预测相比，对于单条边的预测相对容易处理，一定程度上可以简化问题。如上面介绍的潜变量模型，就可以预测单条边存在的概率。除了通过模型对边的存在概率进行预测，基于评分函数的方法也具有良好的预测效果。

评分方法预测边的状态通过设定某个阈值 s^* 并与评分相比较，或对评分进行排序后保留固定的前 n^* 个节点对的值。相关研究中，已有很多评分方法。一般而言，这些方法用来评估与 $Y^{\text{obs}} = y^{\text{obs}}$ 有关的网络图 $G^{\text{obs}} = \left(V^{\text{obs}}, E^{\text{obs}}\right)$ 的特定结构特征。下面介绍几种简单的评分机制。

一种最简单的评分通过距离实现：$s(i, j) = -\text{dist}_{G^{\text{obs}}}(i, j)$，负号是为了让较大的评分表示边有较大的可能存在。此外，还可通过可观测到的节点的邻居数量来定义连接的可能性。假设能够直接观测到的节点 i 和 j 的邻居通过 N_i^{obs} 和 N_j^{obs} 来定义。常用的一种方法是基于共同邻居的数量来评分：$s(i, j) = \left| N_i^{\text{obs}} \cap N_j^{\text{obs}} \right|$，通常用于社交媒体网络的预测中。在此基础上，还有其他类似的可选评分统计量，如 Jaccard 系数 $\dfrac{\left| N_i^{\text{obs}} \cap N_j^{\text{obs}} \right|}{\left| N_i^{\text{obs}} \cup N_j^{\text{obs}} \right|}$ 和对基本概念进行拓展后的变体形式 $\displaystyle\sum_{k \in N_i^{\text{obs}} \cap N_j^{\text{obs}}} \dfrac{1}{\log \left| N_k^{\text{obs}} \right|}$，这个变形后的评分对 i 和 j 非紧密相连的共同邻居赋予更大的权重。

当某个数据集通过网络图表示时，定义边的规则通常是相邻两个节点某些属性所具有的关联程度，称为关系网络推断。关系网络推断应用较广泛，如科学论文之间的引用网络、参演电影的演员网络等。这些网络通常不借助统计学的规则来定义。在关系网络的定义中，假设每个节点 v 都与一个向量 x 对应。向量包含 m 个节点属性，$x = \left\{x_1, x_2, \cdots, x_{N_v}\right\}$。关系网络推断的核心是判断 $\text{sim}(i, j)$ 的值，来表

示节点 i 和 j 之间的关联。实践中，对于不同节点之间关联 $\mathrm{sim}(i,j)$ 的测量方法多种多样，最常见的两种方法为相关与偏相关。

记 X 为一个与 V 中节点某些特征属性相对应的、能够直接被观察到的随机变量。最常见的度量节点相似性的方法是衡量其特征属性的相关性，即 $\rho_{ij} = \mathrm{corr}\left(X_i, X_j\right) = \dfrac{\sigma_{ij}}{\sqrt{\sigma_{ii}\sigma_{jj}}}$，定义为 X_i 和 X_j 之间的皮尔逊相关系数，使用节点属性随机向量 $\left(X_1, X_2, \cdots, X_{N_v}\right)^{\mathrm{T}}$ 的协方差矩阵元素 $\Sigma = \{\sigma_{ij}\}$ 表示。确定了相似性之后，定义 i 和 j 之间存在关联的一个简单标准是 ρ_{ij} 非零。对应的关联图 G 记为 (V, E)，其中边的集合为 $E = \left\{\{i,j\} \in V^{(2)} : \rho_{ij} \neq 0\right\}$，该图常称为协方差（相关）图。

当给定 X_i 的观测值集合后，推断关联网络图的过程可以视为推断节点相关性零集合与非零集合的过程。通常实现的方法是对相关系数进行假设检验：

$$H_0 : \rho_{ij} = 0 \;;\quad H_1 : \rho_{ij} \neq 0$$

假设节点 $i \in V$ 对于 X_i 的 n 个独立观测值为 $x_{i1}, x_{i2}, \cdots, x_{in}$。通常选择经验相关系数 $\hat{\rho}_{ij} = \hat{\sigma}_{ij} / \sqrt{\hat{\sigma}_{ii}\hat{\sigma}_{jj}}$ 作为统计量。在假设检验的过程中，常用经过费希尔变换后的检验统计量：$z_{ij} = \mathrm{arctanh}\left(\hat{\rho}_{ij}\right) = \dfrac{1}{2}\log\left(\dfrac{1 + \hat{\rho}_{ij}}{1 - \hat{\rho}_{ij}}\right)$。费希尔变换是一种有效的方差稳定变换。如果一对变量服从二元正态分布，则在原假设成立的情况下，当 n 足够大时，z_{ij} 的概率密度可以用一个均值为 0、方差为 $\dfrac{1}{n-3}$ 的高斯随机变量很好地近似。因此，可以通过对样本相关系数进行转换并与正态分布进行对比计算 P 值，与既定的显著性水平进行比较进而判定是否拒绝原假设 H_0。

当基于皮尔逊相关系数方法构建关联网络时，要明白相关关系并不一定直接决定因果。两个节点可能有很强的直接影响而具有高度相关的属性，也可能是因为第三个节点对两者都有影响。若构造网络图仅为了推断节点之间的直接影响而非间接影响，则需要考虑偏相关系数。确切地说，考虑节点 $k_1, k_2, \cdots, k_m \in V \setminus \{i, j\}$ 的属性 $X_{k_1}, X_{k_2}, \cdots, X_{k_m}$，节点 $i, j \in V$ 的属性 X_i 和 X_j 的偏相关定义为 X_i 和 X_j 在修正了 $X_{k_1}, X_{k_2}, \cdots, X_{k_m}$ 对两者的共同效应之后的相关性。令 $S_m = \{k_1, k_2, \cdots, k_m\}$，定义 X_i 和 X_j 对 $X_{S_m} = (X_{k_1}, X_{k_2}, \cdots, X_{k_m})^{\mathrm{T}}$ 修正后的偏相关系数为

$$\rho_{ij} \mid S_m = \frac{\sigma_{ij} \mid S_m}{\sqrt{\sigma_{ii} \mid S_m \, \sigma_{jj} \mid S_m}}$$

其中，$\sigma_{ij} \mid S_m$、$\sigma_{ii} \mid S_m$ 和 $\sigma_{jj} \mid S_m$ 分别是 2×2 协方差矩阵的非对角元素和对角元素，$\Sigma_{11|2} = \Sigma_{11} - \Sigma_{12}\Sigma_{22}^{-1}\Sigma_{21}$，$\Sigma_{11}$，$\Sigma_{22}$ 和 $\Sigma_{12} = \Sigma_{21}^{\mathrm{T}}$ 是通过分块协方差矩阵定义的：

$$\mathrm{Cov}\begin{pmatrix} W_1 \\ W_2 \end{pmatrix} = \begin{bmatrix} \Sigma_{11} & \Sigma_{12} \\ \Sigma_{21} & \Sigma_{22} \end{bmatrix}$$

其中，$W_1 = (X_i, X_j)^{\mathrm{T}}$ 和 $W_2 = X_{S_m}$。

基于偏序关系，可以定义关联网络图 G。若对于任意给定的 m，以其他任意 m 个节点为条件，X_i 和 X_j 之间均相关，则对应两节点之间存在一条边：

$$E = \left\{ \{i, j\} \in V^{(2)} : \rho_{ij} \mid S_m \neq 0, \text{对于所有 } S_m \in V_{\backslash \{i, j\}}^{(m)} \right\}$$

其中，$V_{\backslash \{i, j\}}^{(m)}$ 是 $V \backslash \{i, j\}$ 中所有 m 个不同节点的无序子集集合。与皮尔逊相关系数方法类似，也可以通过对样本相关系数 $\hat{\rho}_{ij}$ 进行费希尔转换，构造统计量 $z_{ij} \mid S_m = \dfrac{1}{2}\log\left(\dfrac{1 + \hat{\rho}_{ij} \mid S_m}{1 - \hat{\rho}_{ij} \mid S_m}\right)$ 替代偏相关系数。当样本量较大时，该统计量服从均值为 0、方差为 $\dfrac{1}{n - m - 3}$ 的正态分布。

偏相关系数有一种特殊情况，若 $m = N_v - 2$，且节点的属性可以假设为多元正态分布。节点 $i, j \in V$ 之间的偏相关系数记为 $\rho_{ij} \mid V \backslash \{i, j\}$。基于正态分布的假定，当且仅当 X_i 和 X_j 在给定其他所有属性后条件独立时，节点 $i, j \in V$ 的偏相关系数为 0，此时边的集合为 $E = \{\{i, j\} \in V^{(2)} : \rho_{ij} \mid V \backslash \{i, j\} \neq 0\}$ 的图称为条件独立图。模型中包括了多元正态分布和图 G，因此称为高斯图模型，其偏相关系数可以定义为

$$\rho_{ij} \mid V \backslash \{i, j\} = \frac{-\omega_{ij}}{\sqrt{\omega_{ii}\omega_{jj}}}$$

其中，向量 $(X_1, X_2, \cdots, X_{N_v})^{\mathrm{T}}$ 的协方差矩阵为 Σ，而 ω_{ij} 为协方差矩阵 Σ 的逆矩阵 $\Omega = \Sigma^{-1}$ 的第 (i, j) 个元素。

与上述两种方法相似，可以通过判定两节点的偏相关系数是否为 0 来判定节点之间是否有边存在。由于节点属性的正态性，对于节点 i 的属性 X_i，给定剩余节点的属性值 $X^{(-i)} = (X_1, \cdots, X_{i-1}, X_{i+1}, \cdots, X_{N_v})^{\mathrm{T}}$ 后，其条件期望有

$$\mathrm{E}\left(X_i \mid X^{(-i)} = x^{(-i)}\right) = \left(\beta^{(-i)}\right)^{\mathrm{T}} x^{(-i)}$$

其中，$\beta^{(-i)}$ 是一个长度为 $X_{N_v} - 1$ 的参数向量。$\beta^{(-i)}$ 的元素可以表达为 Ω 元素的形式，即 $\beta^{(-i)} = -\omega_{ij} / \omega_{ii}$。进一步可证明，向量 $\beta^{(-i)}$ 是以下优化问题的解：

$\min\limits_{\tilde{\beta}:\tilde{\beta}_i=0} \mathrm{E}\left[\left(X_{i-1}-\tilde{\beta}^{(-i)\mathrm{T}}x^{(-i)}\right)^2\right]$。为了防止出现 $n\ll N_v$ 的情况，采用 Lasso 回归进行降维。则可以得到 $\beta^{(-i)}$ 为 $\min\limits_{\tilde{\beta}:\tilde{\beta}_i=0} \mathrm{E}\left[\left(X_{i-1}-\tilde{\beta}^{(-i)\mathrm{T}}x^{(-i)}\right)^2\right]+\lambda\sum\limits_{j\neq i}\left|\beta^{(-i)}\right|$ 的解。

网络的层析拓扑结构推断类比层析成像，是利用部分"外部"节点得到的数据，推断网络"内部"的节点和边的构成。在只能使用外部节点测量得到信息时，推断网络层析拓扑结构一般难度很大，这是因为很多内部的网络拓扑结构都可以生成给定的外部测量集合。因此当没有进一步约束时，选出最有效合理的解就会成为问题。因此，必须通过模型假设的方式将待推断的内部结构整合到问题中。一种重要的结构简化是将待推断的内部网络限制为树的形式。该方法在实际中应用广泛。

网络的层析拓扑推断问题界定如下：假设有一个含有 N_l 个节点的集合，对随机变量 $\{X_1,X_2,\cdots,X_{N_l}\}$ 有 n 次独立的观测。假设这些节点可以使用树 T 的叶节点 R 进行表征，目标则是从所有 N_l 个标记为叶节点的二叉树集合 $\mathcal{T}_{N_l}$ 中选出最能够解释数据的树 $\hat{T}$。如果节点是 r，则所有的 $\mathcal{T}_{N_l}$ 中的树根节点均为 r。在某些研究中，也可能针对推断树 $\hat{T}$ 分支的权重进行探索。这种方法主要应用在生物学领域和计算机网络分析与逻辑拓扑结构的识别。树拓扑结构的层析推断主要有基于层次聚类和基于似然估计的方法，这些方法用 R 语言均可通过基础拓展包实现。

4. 主成分分析和因子模型

含有众多变量的数据集会为研究和应用提供丰富的信息，但是也在一定程度上增加了数据采集的工作量。更重要的是在很多情形下，许多变量之间可能存在相关性，从而增加了问题的复杂性。因此需要找到一种合理的方法，在减少需要分析指标的同时，尽量减少原指标信息的损失，以达到对所收集数据进行全面分析的目的。由于各变量之间存在一定的相关关系，因此可以考虑将关系紧密的原变量变成尽可能少的新变量，使这些新变量间两两不相关，那么就可以用较少的综合指标分别代表存在于原变量中的各类信息。主成分分析与因子分析就属于这类降维算法。

主成分分析法是一种使用最广泛的数据降维算法。主成分分析法的主要思想是将 n 维特征映射到 k 维上，这 k 维全新的正交特征称为主成分，是在原有 n 维特征的基础上重新构造出来的 k 维特征。主成分分析法的工作就是从原始空间中找一组相互正交的坐标轴，新坐标轴的选择与数据本身是密切相关的。其中，第一个新坐标轴是原始数据中方差最大的方向，第二个新坐标轴是与第一个坐标轴正交的平面中方差最大的方向，第三个新坐标轴是与第一和第二个坐标轴正交的平面中方差最大的方向。依次类推，可以得到 n 个这样的坐标轴。通过这种方式获得的新坐标轴，一般情况下大部分方差都包含在前 k 个坐标轴中，后面的坐标轴所含的方差几乎为 0。于是，可以忽略余下的坐标轴，只保留前面 k 个含有绝大部分方差的坐标轴，实现对数据特征的降维处理。

求解主成分常用的算法就是求特征值和特征向量，进而将数据转换到 K 个特征向量构建的新空间中。通常的步骤是：每一维特征减去各自的平均值，对数据集进行去中心化；计算不同变量的协方差矩阵 $\varSigma = \dfrac{1}{n}XX^{\mathrm{T}}$；用特征值分解方法求得协方差矩阵的特征值与特征向量；对特征值从大到小排列，选择其中最大的 k 个，将分别对应的 k 个特征向量作为列向量组成特征向量矩阵；通过特征向量矩阵将数据转化到新的 k 维空间中。

因子分析（factor analysis，FA）是统计学中另一种常用的降维方法，目的在于用更少的、未观测到的变量（因子）描述观测到的、相关的变量。更准确地说，因子分析假设在观测到的变量间存在某种相关关系，从观测变量的矩阵内部相关关系出发找到潜变量，从而使得潜变量和观测变量之间的关系成立。因子分析的实质是通过研究变量间的相关系数矩阵，把这些变量间错综复杂的关系归结成少数几个综合因子，并据此对变量进行分类的一种统计分析方法。因子分析的主要目的有三个：①在变量之间存在高度相关性时用较少的因子来概括其信息；②把原始变量值转化为因子得分后，使用因子得分进行其他分析，如聚类分析、回归分析等；③通过每个因子得分计算出综合得分，对分析对象进行综合评价。

通过将原始变量转变为新的因子，因子之间的相关性较低，而因子内部的变量相关程度较高。因子分析的步骤如下。

（1）判断数据是否适合因子分析。因子分析的变量要求是连续变量，分类变量不适合直接进行因子分析。KMO 检验统计量在 0.5 以下，不适合因子分析；在 0.7 以上时，数据较适合因子分析；在 0.8 以上时，说明数据极其适合因子分析。

（2）构造因子变量。假设原有变量 p 个，分别为 $x_1, x_2, \cdots, x_p$。现将每个变量用 k（$k < p$）个因子 $f_1, f_2, \cdots, f_k$ 的线性组合来表示。即 $x_i = a_{i1}f_1 + a_{i2}f_2 + \cdots + a_{ik}f_k + \mu_i$。

（3）确定因子载荷矩阵。求解原始变量的相关系数矩阵的特征值 $\lambda_1 \geqslant \lambda_2 \geqslant \cdots \geqslant \lambda_p$ 及其对应的特征向量 $u_1, u_1, \cdots, u_p$。则因子载荷矩阵为

$$A = \begin{bmatrix} a_{11} & \cdots & a_{1p} \\ \vdots & \ddots & \vdots \\ a_{p1} & \cdots & a_{pp} \end{bmatrix} = \begin{bmatrix} u_{11}\sqrt{\lambda_1} & \cdots & u_{1p}\sqrt{\lambda_p} \\ \vdots & \ddots & \vdots \\ u_{p1}\sqrt{\lambda_1} & \cdots & u_{pp}\sqrt{\lambda_p} \end{bmatrix}$$

得到因子模型为

$$x_i = a_{11}f_1 + a_{12}f_2 + \cdots + a_{1k}f_k$$

（4）选定合理的因子个数并得出样本的因子得分。因子选择的常用标准有：选择初始特征值大于 1 的因子、选择累积方差共享率达到一定水平的因子个数、碎石图的拐点对应的因子个数或依据对研究事物的理解而指定的因子个数等。在确定因子个数后，结合原变量的实际意义及其因子载荷，来分析不同因子的实际意义，通过载荷来计算每个样本个案的因子得分。

在网络数据分析的过程中，尤其在通过节点属性估计其相关边的概率分布时，考虑到节点属性往往是多个维度的，并且属性之间常常具有相关性。此时，主成分分析与因子分析可以分别从低维空间正交投影和隐变量的角度出发，将原始的节点属性数据进行降维，并同时消除节点属性之间的相关性。因此，经过主成分分析或因子分析的处理，在基本不改变节点重要信息的基础上，实现了相似特征的合并，降低了数据的维度。在节点数量很大的情况下，利用降维处理后的数据代入边的预测算法，能够增加算法运行速度，减少数据存储的空间。因此通常主成分分析和因子模型运用在网络数据特征的预处理过程中。

3.4.4　时空序列数据分析

本节综合考虑时间和空间数据网络架构，总结和分析了现有多元时间序列、时空序列的模型，并研究基于数据网络的建模与社会网络的演化建模。在物联网大数据的背景下，对复杂系统进行监控通常可以得到网络不同位置传感器的数据，同时，监控数据往往具有时间属性。因此，同时考虑横向的网络结构属性与纵向的时间属性在现实应用过程中尤为重要。

1. 多元时间序列模型

3.4.2 节针对一元变量介绍了几种常用的线性时间序列和非线性时间序列模型。本节针对多元变量的时间序列模型进行分析，介绍几种应用于多元场景的时间序列分析模型。首先，基于 3.4.2 节介绍的弱平稳性和自相关性，推广到多元时间序列的分析过程中。

若 k 维时间序列模型 $r_t = (r_{1t}, r_{2t}, \cdots, r_{kt})'$ 满足其一阶矩和二阶矩都不随时间 t 变化，则 k 维时间序列 r_t 具有弱平稳性。其中，定义弱平稳时间序列的均值和协

方差矩阵分别为 $\mu = E(r_t)$ 和 $\Gamma_0 = E\left[(r_t - \mu)(r_t - \mu)'\right]$。其中，均值向量即对每个元素 r_{it} 取期望。协方差矩阵 Γ_0 是 $k \times k$ 的矩阵，第 i 个对角线元素为 r_{it} 的方差。

类似于一元的自相关矩阵，定义交叉相关矩阵 D 为 $k \times k$ 的对角矩阵，其对角元素为 r_{it} 对应分量的标准差，即 $D = \text{diag}\left\{\sqrt{\Gamma_{11}(0)}, \cdots, \sqrt{\Gamma_{kk}(0)}\right\}$。在当前时刻，定义相关性系数矩阵 $\rho_0 \equiv \left[\rho_{ij}(0)\right] = D^{-1}\Gamma_0 D^{-1}$。其中，$\rho_0$ 第 (i,j) 个元素为 $\rho_{ij}(0) =$

$$\frac{\Gamma_{ij}(0)}{\sqrt{\Gamma_{ii}(0)\Gamma_{jj}(0)}} = \frac{\text{cov}(r_{it}, r_{jt})}{\text{sd}(r_{it})\text{sd}(r_{jt})}$$，即为元素 r_{it} 和 r_{jt} 之间的相关系数。在多元时间序列分析中，上述相关系数定义为瞬时相关系数，因为其仅考虑了在同一时刻不同分量之间的相关性。此外，可以得到一些关于 $\rho_{ij}(0)$ 的简单性质：$\rho_{ij}(0) = \rho_{ji}(0)$，$-1 \leq \rho_{ij}(0) \leq 1$，$\rho_{ii}(0) = 1$，即 $\rho_{ij}(0)$ 为对称矩阵，主对角线元素都为 1。

而考虑在不同时刻的相关性，交叉相关矩阵用于衡量时间序列线性相关的强度。在滞后期为 l 的条件下，可定义交叉协方差矩阵 $\Gamma_l = E\left[(r_t - \mu)(r_{t-l} - \mu)'\right]$。与同时刻的相关系数矩阵相类似，第 (i,j) 个元素表示 r_{it} 和 $r_{j,t-l}$ 的相关系数，即

$$\rho_{ij}(l) = \frac{\Gamma_{ij}(l)}{\sqrt{\Gamma_{ii}(0)\Gamma_{jj}(0)}} = \frac{\text{cov}(r_{it}, r_{j,t-l})}{\text{sd}(r_{it})\text{sd}(r_{jt})}$$。但是很显然，当 $i \neq j$ 时，$\rho_{ij}(l) \neq \rho_{ji}(l)$。因此，滞后期为 l 时，其协方差矩阵和相关系数矩阵均不是对称矩阵。但是，基于 $\text{cov}(x,y) = \text{cov}(y,x)$ 的性质，可得出 $\Gamma_{ij}(l) = \Gamma_{ji}(-l)$，进而有 $\Gamma_l = \Gamma'_{-l}$ 和 $\rho_l = \rho'_{-l}$。

基于上述平稳性和线性相关性的拓展，可以将一元时间序列的线性、非线性模型推广到多元的情况。对于一元自回归模型，在多元时间序列中，推广为向量自回归（vector autoregressive，VAR）模型。以一阶 VAR 为例，有 $r_t = \phi_0 + \Phi r_{t-1} + a_t$。其中 ϕ_0 为 k 维向量，Φ 为 $k \times k$ 的矩阵，$\{a_t\}$ 为满足均值为 0、方差为 Σ 的无相关性随机向量，Σ 为正定矩阵。以最简单的二元 VAR 为例（$k = 2$，$r_t = (r_{1t}, r_{2t})'$，$a_t = (a_{1t}, a_{2t})'$），VAR(1) 模型可以用以下方程组表示：

$$\begin{cases} r_{1t} = \phi_{10} + \Phi_{11}r_{1,t-1} + \Phi_{12}r_{2,t-1} + a_{1t} \\ r_{2t} = \phi_{20} + \Phi_{21}r_{1,t-1} + \Phi_{22}r_{2,t-1} + a_{2t} \end{cases}$$

基于弱平稳性，可得到 VAR(1) 模型的均值和协方差 $\mu = E(r_t) = (I - \Phi)^{-1}\phi_0$，

$$\text{cov}(r_t) = \Gamma_0 = \Sigma + \Phi\Sigma\Phi' + \Phi^2\Sigma(\Phi^2)' + \cdots = \sum_{i=0}^{\infty} \Phi^i \Sigma (\Phi^i)'$$。因为有 $\Phi^0 = I$，同时有性质 $\Gamma_l = \Phi^l \Gamma_0$。进一步定义 VAR(1) 的相关系数矩阵 $\rho_l = D^{-1/2}\Phi\Gamma_{l-1}D^{-1/2} = D^{-1/2}\Phi D^{1/2}D^{-1/2}\Gamma_{l-1}D^{-1/2} = Y\rho_{l-1}$，其中 $Y = D^{-1/2}\Phi D^{1/2}$。则有 $\rho_l = Y^l \rho_0$。

与 VAR(1)类似，VAR(p)模型的表达式为

$$r_t = \phi_0 + \phi_1 r_{t-1} + \cdots + \phi_p r_{t-p} + a_t$$

类似也可得到其均值和相关系数的性质：

$$\mu = E\left(r_t\right) = (I - \Phi_1 - \Phi_2 - \cdots - \Phi_p)^{-1} \phi_0 = \left[\Phi(1)\right]^{-1} \phi_0$$

相关系数矩阵

$$\rho_l = Y_1 \rho_{l-1} + \cdots + Y_p \rho_{l-p}$$

其中，$Y_i = D^{-1/2} \Phi_i D^{1/2}$。

向量滑动平均（vector moving average，VMA）模型的表达式为 $r_t = \theta_0 + a_t - \Theta_1 a_{t-1} - \cdots - \Theta_q a_{t-q} = \theta_0 + \Theta(B) a_t$。其中，$\Theta(B) = I - \Theta_1 B - \cdots - \Theta_q B^q$。与一元的 MA 模型相似，若 VMA($q$)具有弱平稳性，同样可以得到序列的均值 $E\left(r_t\right) = \theta_0$。基于 $\{a_t\}$ 的无序列相关性，可以得到以下结论：$\mathrm{cov}\left(r_t, a_t\right) = \Sigma$；$\Gamma_0 = \Sigma + \Theta_1 \Sigma \Theta_1' + \cdots + \Theta_q \Sigma \Theta_q'$；当 $l > q$ 时，$\Gamma_0 = 0$；当 $l > q$ 时，$\Gamma_l = \sum\limits_{j=l}^{q} \Theta_j \Sigma \Theta_{j-l}'$，其中，$\Theta_0 = -I$。

单变量 ARMA 模型也可以推广到处理向量时间序列中，称为向量自回归滑动平均模型（vector autoregressive moving average，VARMA）。但是在推广的过程中，VARMA 模型不像 VAR 和 VMA 模型一样可以直接进行多维推广，一个典型的问题是唯一性。因此，运用 VARMA 模型拟合给定数据的过程中，需要考虑唯一性的问题。有相关的研究针对 VARMA 的唯一性问题进行探索。

与 ARMA 模型类似，VARMA(p, q)的表达式为 $\Phi(B) r_t = \theta_0 + \Theta(B) r_t$。其中，$\Phi(B) = I - \Phi_1 B - \cdots - \Phi_p B^p$，$\Theta(B) = I - \Theta_1 B - \cdots - \Theta_p B^p$，均为 $k \times k$ 的多项式矩阵。为了更加直观地描述 VARMA 模型的非唯一性，以二元的 VARMA 模型为例，给出了两个变量之间的单向关系，有

$$\begin{bmatrix} \Phi_{11}(B) & \Phi_{12}(B) \\ \Phi_{21}(B) & \Phi_{22}(B) \end{bmatrix} \begin{bmatrix} r_{1t} \\ r_{2t} \end{bmatrix} = \begin{bmatrix} \Theta_{11}(B) & \Theta_{12}(B) \\ \Theta_{21}(B) & \Theta_{22}(B) \end{bmatrix} \begin{bmatrix} a_{1t} \\ a_{2t} \end{bmatrix}$$

在以上 VARMA 模型中，r_{1t} 和 r_{2t} 存在单向动态关系的充要条件是 $\Phi_{22}(B) \Theta_{22}(B) - \Phi_{12}(B) \Theta_{22}(B) = 0$ 且 $\Phi_{11}(B) \Theta_{21}(B) - \Phi_{21}(B) \Theta_{11}(B) \neq 0$。上述条件可以通过以下方式检验。令矩阵 $\begin{bmatrix} \Phi_{22}(B) & -\Phi_{12}(B) \\ -\Phi_{21}(B) & \Phi_{11}(B) \end{bmatrix}$ 的行列式为 $\Omega(B) = |\Phi(B)| = \Phi_{12}(B) \Phi_{21}(B) - \Phi_{11}(B) \Phi_{22}(B)$。重新表达二元 VARMA 模型

$$\Omega(B) \begin{bmatrix} r_{1t} \\ r_{2t} \end{bmatrix} = \begin{bmatrix} \Phi_{22}(B) \Theta_{11}(B) - \Phi_{12}(B) \Theta_{21}(B) & \Phi_{22}(B) \Theta_{12}(B) - \Phi_{12}(B) \Theta_{22}(B) \\ \Phi_{11}(B) \Theta_{21}(B) - \Phi_{21}(B) \Theta_{11}(B) & \Phi_{11}(B) \Theta_{22}(B) - \Phi_{21}(B) \Theta_{12}(B) \end{bmatrix} \begin{bmatrix} a_{1t} \\ a_{2t} \end{bmatrix}$$

对于 r_{1t}，可知其与 r_{2t} 和 a_{2t} 的历史值无关，而对于 r_{2t}，可知它会受到 a_{1t} 的影

响。因此，r_{1t} 和 r_{2t} 之间的关系是单向的。

在实际应用 VARMA 模型的过程中，也可以在时间序列向量中用边际 ARMA 模型来对某一维的向量进行分析。对于 k 维的 VARMA(p,q) 模型而言，其边际模型为 ARMA$(kp,(k-1)p+q)$。

在一元时间序列描述过程中，单位根过程是一个非平稳序列。但在多元时间序列分析中，有组合的单位根过程，单独分析每个维度的一元序列可能是非平稳序列，但如果在序列的不同维度具有高度相关性，且其线性组合可能并不是非平稳的单位根过程，则定义上述情况为协同整合。以二元模型 $\{X_t\}$ 为例，x_{1t} 和 x_{2t} 满足可协同整合的条件为：x_{1t} 和 x_{2t} 均含有不平稳的单位根过程，但存在其线性组合的序列为平稳序列。

以二元的 ARMA(1, 1)模型为例，若其模型表达满足

$$\begin{bmatrix} x_{1t} \\ x_{2t} \end{bmatrix} - \begin{bmatrix} 0.5 & -1.0 \\ -0.25 & 0.5 \end{bmatrix}\begin{bmatrix} x_{1,t-1} \\ x_{2,t-1} \end{bmatrix} = \begin{bmatrix} a_{1t} \\ a_{2t} \end{bmatrix} - \begin{bmatrix} 0.2 & -0.4 \\ -0.1 & 0.2 \end{bmatrix}\begin{bmatrix} a_{1,t-1} \\ a_{2,t-1} \end{bmatrix}$$

则对于 X_t 的任意分量，此 ARMA(1, 1)模型均含有非平稳的单位根过程，如图 3-6 所示。而对于其线性组合 $Y = 0.5X_1 + X_2$，其随时间的变化如图 3-7 所示。

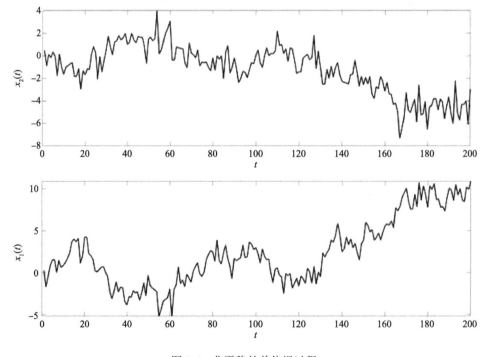

图 3-6 非平稳的单位根过程

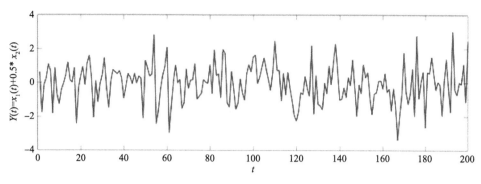

图 3-7　线性组合的平稳过程

为了更好地理解融合性，以考虑时间变化趋势的 k 维的 VAR(p) 时间序列模型 x_t 为例：$x_t = \mu_t + \Phi_1 x_{t-1} + \cdots + \Phi_p x_{t-p} + a_t$。其中，假设 a_t 服从多元正态分布，$\mu_t = \mu_0 + \mu_1 t$，μ_0 和 μ_1 都是 k 维的常向量。$\Phi(B) = I - \Phi_1 B - \cdots - \Phi_p B^p$，当 $|\Phi(B)|$ 的所有 0 元都在单位圆外时，x_t 是平稳的，也称为 $I(0)$ 过程。为了简化模型，考虑 $I(1)$ 过程，即 $(1-B)x_{it}$ 是单位根平稳的序列，而 x_{it} 本身不是。

定义 $\Phi_j^* = -\sum\limits_{i=j+1}^{p} \Phi_i$。其中，$j = 1, 2, \cdots, p-1$。同时，令 $\Pi = \alpha\beta' = -\Phi(1) = \Phi_p + \Phi_{p-1} + \cdots + \Phi_1 - I$。其中，$\beta' x_t$ 为单位平稳序列，β' 为序列 x_t 的整向量。则可以得到对于 VAR(p) 模型，有误差校正模型（error correction model，ECM）成立：$\Delta x_t = \mu_t + \Pi x_{t-1} + \Phi_1^* \Delta x_{t-1} + \cdots + \Phi_{p-1}^* \Delta x_{t-p+1} + a_t$。基于上述定义，显然以下两个等式成立：$\Phi_1 = I + \Pi + \Phi_1^*$，对于 $i = 2, 3, \cdots, p$，都有 $\Phi_i = \Phi_i^* - \Phi_{i-1}^*$，且 $\Phi_p^* = 0$。基于上述定义，对于包含单位根的序列，考虑以下三种情况下的 ECM 模型。

（1）当矩阵 Π 的秩为 0 时，说明 $\Pi = 0$，序列 x_t 是不可被协同整合的。误差校正模型退化为 $\Delta x_t = \mu_t + \Phi_1^* \Delta x_{t-1} + \cdots + \Phi_{p-1}^* \Delta x_{t-p+1} + a_t$。序列 Δx_t 为有确定性趋势 μ_t 的 VAR($p-1$) 序列。

（2）当矩阵 Π 的秩为序列 x_t 的维度 k 时，表示 $|\Phi(1)| \neq 0$，序列 x_t 中不包含单位根。误差校正模型不具有研究的信息价值，可以考虑直接研究序列 x_t。

（3）当矩阵 Π 的秩为 m 介于 0 和 k 之间时，可以根据定义将其写为 $\Pi = \alpha\beta'$。其中，α 和 β 的秩均为 m。误差校正模型可以写为 $\Delta x_t = \mu_t + \alpha\beta' x_{t-1} + \Phi_1^* \Delta x_{t-1} + \cdots + \Phi_{p-1}^* \Delta x_{t-p+1} + a_t$。这说明 x_t 可被协同整合为 m 个线性无关的协同整合向量 $w_t = \beta' x_t$，同时还有 $k-m$ 个单位根会以随机趋势影响序列 x_t。

经过判断是否可以进行整合，对于确定性函数 μ_t，其表达形式也会对多元序列产生影响。常见的 μ_t 的形式有以下五类。

（1）$\mu_t = 0$。此时，序列 x_t 为 $I(1)$ 过程，且其中的元素没有漂移，并且 $w_t = \beta' x_t$

为均值为 0 的平稳序列。

（2）$\mu_t = \mu_0 = \alpha c_0$。其中，$c_0$ 是 m 维的常向量。此时的 ECM 模型为 $\Delta x_t = \alpha(\beta' x_{t-1} + c_0) + \Phi_1^* \Delta x_{t-1} + \cdots + \Phi_{p-1}^* \Delta x_{t-p+1} + a_t$。序列 x_t 中的元素没有漂移，并且 $w_t = \beta' x_t$ 为均值为 $-c_0$ 的序列。

（3）$\mu_t = \mu_0 \neq 0$。此时，x_t 中存在漂移，并且 w_t 的均值一般情况下不为 0。

（4）$\mu_t = \mu_0 + \alpha c_1 t$。$c_1$ 为非 0 向量，此时的误差校正模型为 $\Delta x_t = \mu_0 + \alpha(\beta' x_{t-1} + c_1 t) + \Phi_1^* \Delta x_{t-1} + \cdots + \Phi_{p-1}^* \Delta x_{t-p+1} + a_t$，$x_t$ 是存在漂移 μ_0 的 $I(1)$ 过程，w_t 为关于时间具有线性趋势的序列。

（5）$\mu_t = \mu_0 + \mu_1 t$。其中 $\mu_0 \neq 0$，x_t 关于时间具有二次趋势，w_t 为关于时间线性变化的序列。

2. 多元时空模型

除了时间的维度，还可以从空间的角度对数据进行分析。在广义的空间模型中，不论是探索性分析还是描述性分析都依赖模糊的随机模型。同时，基于空间的观测数据可能是离散的或是连续的，它们可能是空间聚合或空间点上的观测，其位置可能是规则的，也可以是不规则的。因此，如果定义广义的位置信息：$s \in R^d$ 是 d 维的欧氏空间向量，并且假设潜在的数据 $Z(s)$ 是在位置 s 处潜在的数据量，则根据空间信息 s，可以生成多元的随机空间（随机过程）$\{Z(s): s \in D\}$。

在现有研究中，集合 D 和 Z 均为随机集合。由于随机集合可以进行度量，可从一个概率空间映射到一个 R^d 子集的度量空间。因此，根据集合 D 和 Z 不同的实现形式，可以将不同的空间模型归纳为以下四种类型。

（1）地理统计模型。D 是 R^d 空间上的确定性集合，在空间上表示为一个具有实际体积的多维立方体。$Z(s)$ 表示定义在 s 位置上的随机向量。

（2）网格数据模型。D 是 R^d 空间上的确定性的可数集合，$Z(s)$ 表示定义在 s 位置上的随机向量。

（3）点结构模型。D 是 R^d 或者其子集空间上的点过程，通常为空间点的标记。$Z(s)$ 表示定义在 s 位置上的随机向量。

（4）对象模型。D 是 R^d 或者其子集空间上的点过程，$Z(s)$ 本身就是一个随机集合，并不一定与 D 一一对应。这会产生类似于布尔模型的过程。

与时间序列相似，可以定义空间数据模型的内在稳定性。以典型的二元空间位置信息为例，对于任意点 $s \in R^2$，内在稳定性通过一阶差分进行定义：$E(Z(s+h) - Z(s)) = 0$，$\mathrm{var}(Z(s+h) - Z(s)) = 2\gamma(h)$。其中 $2\gamma(h)$ 为变差函数，

是地质统计学中的重要函数，经典估计为 $2\hat{\gamma}(h) = \dfrac{1}{|N(h)|} \displaystyle\sum_{N(h)} \left(Z(s_i) - Z(s_j) \right)^2$。其

中，在 $N(h)$ 上的求和为 $\left\{ (i,j) : s_i - s_j = h \right\}$，$|N(h)|$ 表示满足 $N(h)$ 中定义的元素
个数。此外，还可以定义空间序列的变差函数的其他表达形式。

（1）线性模型（linear model）：

$$\gamma(h;\theta) = \begin{cases} 0, & h = 0 \\ c_0 + b_l h, & h \neq 0 \end{cases}$$

其中，$\theta = (c_0, b_l)^\gamma$，且 $c_0 \geqslant 0$，$b_l \geqslant 0$。

（2）球状模型（spherical model）（在 R^1、R^2 和 R^3 中才有效）：

$$\gamma(h;\theta) = \begin{cases} 0, & h = 0 \\ c_0 + c_s \left(\dfrac{3}{2} \dfrac{h}{a_s} - \dfrac{1}{2} \left(\dfrac{h}{a_s} \right)^3 \right), & 0 \leqslant h \leqslant a_s \\ c_0 + c_s, & h \geqslant a_s \end{cases}$$

其中，$\theta = (c_0, c_s, a_s)^\gamma$，且 $c_0 \geqslant 0$，$c_s \geqslant 0$，$a_s \geqslant 0$。

（3）指数模型（exponential model）：

$$\gamma(h;\theta) = \begin{cases} 0, & h = 0 \\ c_0 + c_e \left(1 - \exp\left(-\dfrac{h}{a_e} \right) \right), & h \neq 0 \end{cases}$$

其中，$\theta = (c_0, c_e, a_e)^\gamma$，且 $c_0 \geqslant 0$，$c_e \geqslant 0$，$a_e \geqslant 0$。

（4）二次模型（quadratic model）：

$$\gamma(h;\theta) = \begin{cases} 0, & h = 0 \\ c_0 + \dfrac{c_r h^2}{1 + \dfrac{h^2}{a_r}}, & h \neq 0 \end{cases}$$

其中，$\theta = (c_0, c_r, a_r)^\gamma$，且 $c_0 \geqslant 0$，$c_r \geqslant 0$，$a_r \geqslant 0$。

（5）波形模型（wave model）（适用于 R^1、R^2 和 R^3）：

$$\gamma(h;\theta) = \begin{cases} 0, & h = 0 \\ c_0 + c_w \left(1 - \dfrac{a_w \sin\left(-\dfrac{h}{a_w} \right)}{h} \right), & h \neq 0 \end{cases}$$

其中，$\theta = (c_0, c_w, a_w)^\gamma$，且 $c_0 \geqslant 0$，$c_w \geqslant 0$，$a_w \geqslant 0$。

（6）幂模型（power model）：

$$\gamma\left(h;\theta\right)=\begin{cases}0, & h=0\\c_0+b_ph^\lambda, & h\neq0\end{cases}$$

其中，$\theta=(c_0,c_w,\lambda)^\gamma$，且 $c_0\geqslant0$，$c_w\geqslant0$，$0\leqslant\lambda<2$，是一个有效的半方差模型。

图 3-8 描述了不同模型的示意图。

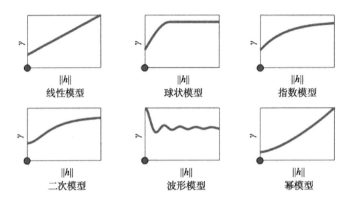

线性模型　　　　　　　　球状模型　　　　　　　　指数模型

二次模型　　　　　　　　波形模型　　　　　　　　幂模型

图 3-8　不同变分函数模型的示意图

上述定义都是仅通过空间信息进行的。然而在实际研究的过程中，还需要考虑时间和空间交互作用下的随机过程模型。时空过程可以定义为

$$\{Z\left(s;t\right):s\in D,t\in T\}$$

空间信息不同于时间，会有很多空间的特征变量。因此，可以通过空间中特定的点、直线或者其集合或者多边体来描述位置信息。对于一个特定的特征，在特定的时刻可能被记录一次或者多次。同时考虑时间和空间两个角度的信息，总结四种不同的数据分布形式如下。

（1）全时空网格（full grid layout）。全时空网格可以观测到的特征（包括点、线、多边形、网格元素）表示为 s_i。其中 $i=1,2,\cdots,n$，时间观测点为 t_j，$j=1,2,\cdots,m$。通过时空两个维度可以将数据观测点存储在 $n\times m$ 的网格中。

（2）稀疏时空网格（sparse grid layout）。稀疏的时空网格与全时空网格总体的架构布局相同，其测量数据分布在时空网格中，但是与全时空网格不同的是只有没有缺失的数据观测值 z_k 才会被存储。对于每一个 k，用唯一的 $[i,j]$ 来表示数据存储的空间属性 i 和观测时间点 j。稀疏时空网格的数据存储在有数据缺失或者时间、空间维度上取值有一定局限的情况下，往往是有效的。

（3）时空不规则数据（irregular layout）。时空不规则数据主要考虑实测值的时空点没有明显组织的情况。针对每一个观测值，都记录其时间和空间的信息。因此，时间和空间的信息不必是确定的值，但是可能发生多次重复的情况。这种

数据分布的缺点是没有结构化的布局，数据检索等需求只能通过间接方法获得，同时以时间或空间信息为指标的检索效率也会降低。

（4）时间间隔–空间移动轨迹数据（trajectory）。Güting 和 Schneider（2005）识别了几种典型的时空数据的类型，包括在瞬时时段且空间属性没有变化的事件数据、在一段时间内没有发生空间属性变化的数据和一段时间内有空间轨迹变化的数据。

图 3-9 描述了上述四种不同数据分布形式的示意图。

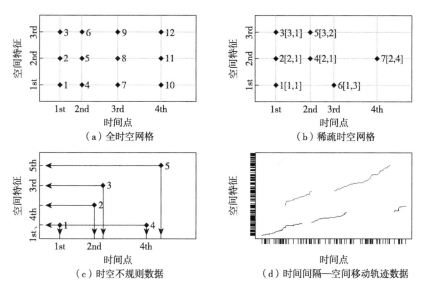

图 3-9　四种时空数据的分布示意图

时空数据分析广泛应用在各类选址（如家庭选址、企业选址）和空间特征预测等问题中。具体的建模方法以回归模型为主，包括考虑外部环境协变量和空间特征的自回归模型。

在计量模型中，常通过线性模型刻画空间环境中的协变量，进而用于选址问题的决策。如 Bhat 等（2014）提出了基于空间环境中的协变量的选址模型

$$y_{qs}^* = \beta_s x_q + \eta_{qs}$$

其中，y_{qs}^* 为对于空间位置的需求强度，x_q 为空间地域的相关属性，q 为地域属性的索引，s 为不同的部门或行业的索引，η_{qs} 为衡量未观测到的某些因素，但是能够影响行业 s 选址的需求倾向。

此外，Yang 和 Lee（2017）还根据空间自回归模型，基于多维的空间信息（内生变量），对于特定的观测变量进行预测。针对 m 个内生变量和 n 个观测值，有

$$Y_{nm} = W_n Y_{nm} \Psi_m + X_{nk} \Pi_{km} + V_{nm}$$

其中，W_n 为 $n \times n$ 的方阵，表示空间中相邻位置的信息。除此之外，预测模型还

考虑了除空间信息外的其他变量对于观测值的影响。X_{nk} 包含了 k 种外生变量，V_{nm} 为干扰矩阵。上述空间多元自回归模型综合考虑了其自身属性、外生变量和未观测到的其他因素的影响。

3. 网络图上的过程建模

在网络数据处理过程中，最重要的步骤是对系统元素之间的交互作用进行表征，然而元素之间的属性及其对于整个网络的动态影响是关注的重点。由于环境中的事物的属性往往会随着时间不断变化，不同事物之间的关系也会从本质上影响事物的属性。

随时间变化的属性可以看作定义在网络图上的随机过程，可以定义为在以网络图 $G = (V, E)$ 为索引的随机变量的集合 X。对于每个节点 $i \in V$，都有 $\{X_i\}$，当在一段时间 t 内，X_i 进行的连续或离散变化记为 $\{X_i(t)\}$。通常称 $\{X_i\}$ 为静态过程，而称 $\{X_i(t)\}$ 为动态过程。因此，下面主要针对这两类过程进行建模与预测。对于静态过程预测的问题，常用的建模方法有最近邻方法、马尔可夫随机场和核方法。对于动态过程建模预测的问题，下面介绍几种常见的传染病模型。

最近邻方法是用于生成局部预测的一种简单而有效的方法。就网络数据而言，最近邻方法的核心是对于给定的节点 $i \in V$，计算其最近邻的平均值 $\dfrac{\sum_{j \in N_i} x_j}{|N_i|}$，也就是节点 i 的邻居 N_i 的节点属性向量 X 的平均。其中，$|N_i|$ 表示节点 i 的邻居数量。因此，最近邻平均值对于网络上的节点 $i \in V$ 进行计算等价于对网络上的 X 进行最近邻平滑。最近邻方法可以进行严格概率化的预测，并进行模型的参数估计与检验。

除了最近邻方法，马尔可夫随机场也可对节点属性进行预测，并且在预测的同时考虑网络结构和其他外生效应，也有助于处理缺失数据。对于网络图 $G = (V, E)$，$X = (X_1, X_2, \cdots, X_{N_v})^{\mathrm{T}}$ 表示定义在 V 上的离散随机变量的集合，当且仅当 $P(X = x) > 0$ 对所有 x 的可能取值均成立，称 X 为一个 G 上的马尔可夫随机场。同时，$P(X_i = x_i \mid X_{(-i)} = x_{(-i)}) = P(X_i = x_i \mid X_{N_i} = x_{N_i})$。其中，$X_{(-i)}$ 表示除了第 i 个分量外，剩余的分量的集合，即 $(X_1, \cdots, X_{i-1}, X_{i+1}, \cdots, X_{N_v})^{\mathrm{T}}$，而 X_{N_i} 表示 $j \in N_i$ 时所有的 X_j 构成的向量。两个条件分别说明了变量联合分布的基础条件和马尔可夫条件（要求 X_i 在给定其邻居的值的条件概率与给定所有其他值的条件概率相同，即仅其邻居的性质决定节点本身的属性）。马尔可夫随机场可以看作马尔可夫链的一般推广。

在一定条件下，马尔可夫随机场和吉布斯随机场是等价的。吉布斯随机场的定义为

$$P(X = x) = \left(\frac{1}{k}\right) \exp(U(x))$$

其中，$U(\cdot)$ 为能量函数，$k = \sum_x \exp(U(x))$ 为配分函数。

还有一个重要的性质是能量函数可以分解为在 G 中所有的完全子图上的求和，即 $U(x) = \sum_{c \in l} U_c(x)$。其中，$l$ 表示 G 中所有尺寸的完全子图的集合，尺寸为 1 的完全子图就表示一个节点。在实践中，模型会利用同质性的假设对节点进行简化，这时假定不同的函数 $U_c(x)$ 在形式上不依赖 $c \in l$ 的特定位置。即通常只对优先尺寸的完全子图定义函数 $U_c(x)$，进而减少马尔可夫随机场模型的复杂性。

下面介绍用于网络分析的马尔可夫随机场的主要模型：自逻辑模型（auto-logistic model）。自逻辑模型通过在马尔可夫随机场中引入附加条件，只为尺寸为 1 或者 2 的完全子图定义函数 U_c，且条件概率仅通过指数族的形式进行定义，则能量函数形式为 $U(x) = \sum_{i \in V} x_i H_i(x_i) + \sum_{\{i,j\} \in E} \beta_{ij} x_i x_j$，式中包含函数 $H_i(\bullet)$ 和待定系数 $\{\beta_{ij}\}$。

为了简化模型，以二元随机变量为例（X_i 仅可以取得 0 或 1）。在合适的归一化条件下，令函数 $H_i(x_i) = \alpha_i$，则基于能量函数的表达式 $U(x) = \sum_{i \in V} \alpha_i x_i + \sum_{\{i,j\} \in E} \beta_{ij} x_i x_j$，定义条件概率有

$$P(X_i = 1 \mid X_{N_i} = x_{N_i}) = \frac{\exp(\alpha_i + \sum_{j \in N_i} \beta_{ij} x_j)}{1 + \exp(\alpha_i + \sum_{j \in N_i} \beta_{ij} x_j)}$$

即表示 x_i 对其邻居 x_j 的逻辑回归。

核方法可以有效地将传统回归范式拓展到各种非传统数据的情景中，也可以应用在网络数据的建模中。核方法通常可以分为一般形式和在一般形式上使用带惩罚项的回归方法。具体而言，对于网络图 $G = (V, E)$，节点属性的向量 $X = (X_1, X_2, \cdots, X_{N_v})^T$，目标是从数据中训练出一个从 V 映射到 R 的恰当函数 $\hat{h}$，来描述节点属性的差异。若给定一个核 K 及其特征值分解 $K = \Phi \Delta \Phi^T$，试图找到最优的 h：$H_k = \{h : h = \Phi \beta, \beta^T \Delta^{-1} \beta < \infty\}$，其中 h 是一个长度为 N_v 的向量。

通常为了能够找到合适的 h，同时能够避免过拟合，核回归中使用带惩罚项的回归方法来保证 $\hat{h}$ 既能接近观测数据，又具有足够的平滑性。可通过 $\min_{\beta} \sum_{i \in V^{obs}} \left(C(x_i; (\Phi \beta)_i) + \lambda \beta^T \Delta^{-1} \beta \right)$ 得到最优的 $\hat{\beta}$，进而得到 $\hat{h} = \Phi \hat{\beta}$。其中，$V^{obs} \subseteq V$ 表示具有观测值 $X_i = x_i$ 的节点 i 的结合。$C(\cdot;\cdot)$ 是一个凸函数，用于度量利用第二个参数预测第一个参数而造成的损失。$(\Phi \beta)_i$ 表示与 $i \in V^{obs}$ 对应的 $\Phi \beta$ 元素，λ 表示调节参数。此外，对于损失函数的选择方式也有很多种，如在 kernlab 中，ksvm 通过定

义损失函数为 $C(x;h) = [\max(0, 1 - \tilde{x}h)]^2$ 来实现核函数的估计。其中 $\tilde{x} = 2x - 1$，实现将 0 和 1 映射为-1 和 1，其对应的方法为 2-范数软间隔支持向量机。

除了静态模型，现实网络上多数过程都是动态的。如知识扩散、信息搜索、疾病传播。在概念上，可以将这样的过程看作以时间为索引的节点属性变化过程，确定性或者随机性的方法均常用于此类过程的建模。确定性模型通常通过差分和微分方程实现，而随机性模型则基于以时间为索引的随机过程来建模，通常为马尔可夫过程。

典型的一类动态过程为传染病过程模型。最常用的连续时间传染病模型是"易感-感染-移除"（susceptible-infected-removed，SIR）模型。一个封闭的群体有 $N+1$ 个元素，在任意时间点 t，存在数量随机的 $N_s(t)$ 个元素易受到感染（易感者），$N_I(t)$ 个元素已经感染（感染者）和 $N_R(t)$ 个元素康复并免疫（康复者）。模型开始从一个感染者和 N 个易感者开始，即 $N_I(0) = 1$，$N_s(0) = N$。令 s 和 i 分别表示易感者和感染者的数量，则假定三元组的演化遵循以下瞬时转化概率

$$P(N_s(t+\delta t) = s - 1, N_I(t+\delta t) = i + 1 \mid N_s(t) = s, N_I(t) = i) \approx \beta s i \delta t$$
$$P(N_s(t+\delta t) = s, N_I(t+\delta t) = i - 1 \mid N_s(t) = s, N_I(t) = i) \approx \gamma i \delta t$$
$$P(N_s(t+\delta t) = s, N_I(t+\delta t) = i \mid N_s(t) = s, N_I(t) = i) \approx 1 - (\beta s + \gamma) i \delta t$$

其中，δt 为无穷小时间间隔，$N_R(t)$ 的部分由于存在 $N_s(t) + N_I(t) + N_R(t) = N + 1$ 这个约束，因此可以省略。然而，传统的 SIR 模型忽略了人群中内在的自然结构，基于人群底层均匀分布的假设使得模型太过理想化。而实际疾病传染的过程中，可能有地理上的接近性、社会接触、人口统计学等特征，通常这些特征就会通过网络图的形式表示。

网络图 G 表示具有 N_v 个元素的群体接触结构，假设在 $t=0$ 时有一个节点感染，而其他节点均处于易感状态。感染节点保持感染状态的时间长度服从指数分布，参数为 γ，此后可以认为其康复。在感染期间，每个节点均以参数为 β 的指数分布与其每个邻居独立进行感染性接触，若另一个体为易感状态则受到感染。不妨设 t 时刻的节点 i 为易感、感染和移除的状态分别记为 $X_i(t) = 0, 1, 2$。假设感染过程在给定时间 t 的状态下，从 x 到 x' 的状态在很短的时间内最多仅有一个元素发生变化。以第 i 个元素为例，有如下概率转移：

$$P(X(t+\delta t) = x' \mid X(t) = x) \approx \begin{cases} \beta M_i(x) \delta t, & x_i = 0, x_i' = 1 \\ \gamma \delta t, & x_i = 1, x_i' = 2 \\ 1 - [\beta M_i(x) + \gamma] \delta t, & x_i = 2, x_i' = 2 \end{cases}$$

4. 社会网络演化建模

网络数据的建模方法广泛应用于社会理论和社交网络分析的过程中，文本数据是最常见的数据类型之一，也是调查人员了解用户偏好等重要信息的主要方式。

文本分析广泛应用于文化研究、媒体研究、大众传播甚至社会学和哲学等领域。同样在基于物联网的质量维保过程中，也涉及大量的文本数据。以车辆维保为例，在产品推荐或维保售后论坛中（如汽车之家、爱卡汽车网），就有大量的文本数据。通过挖掘用户的讨论数据，能够发现不同用户的产品偏好，以及不同用户之间的关系，不论对个性化的汽车产品推荐和营销，还是对于保险产品、延保产品的设计与优化，均有重要的支撑作用。

具体而言，文本分析就是通过文字记载获取被研究信息的一种特征方法。其目的通常是通过文本获取文本制造者对描述对象的看法，同时通过文本分析也可以分析文本内容的结构与功能，进而分析影响文本产生的相关变量和其对于受众所引发的冲击，也就是文本产生的前因与后果。

文本分析主要有三大类：修辞分析、互动分析和内容分析。修辞分析主要评估文本效果，阐明特定事件、情景与角色之间的复杂关系。互动分析主要指不同角色之间的信息交换过程。互动分析规则有规定性（行为性）和构成性（解释性）两种，规定性侧重于分析文本内容的适合性，构成性则表明角色能自主地在不同时空给予信息解释。内容分析以文本信息为研究对象，文本的取得通常是自然情况下传播而来的。内容分析主要有定性分析和定量分析两种，定性分析主要研究文本信息的相关意义，定量分析主要侧重发掘文本信息出现的频率与结构。内容分析主要的步骤有：确定研究问题——明确文本资料总体——选出代表性的样本——决定分析单位——指定测量表——内容数据译码——数据分析。

在译码过程中，对于同一文本资料，经不同的译码人分析得到数据结果的一致性，用信度系数衡量。如果信度系数没有达到满意的程度，则认为译码过程无效。其具体计算公式为 $2M/(N_1+N_2)$。其中 M 表示译码者之间看法的一致性系数，N_1 表示第一个译码者译码次数，N_2 表示第二个译码者译码次数。例如，两个译码者操作了相同的 50 个单位文本数据，一致归入类目的数量为 40 个，则信度系数为 0.8。此外，还通过效度表示译码的有效性和准确性。文本数据分析中，效度主要分为表面效度（内容效度，能够确定使用的分析类目代表了研究概念的内容属性）、语义效度（针对同义分析类目里字样的意义）、校标效度（使用的分析类目所得到的结果能够有效地作为未来行动的指标）和构建效度（与既存的测量工具在理论上有逻辑联系）四种。

在处理了自然语言后，最关键和核心的任务就是对译码后的数据进行建模。建模的标准可以基于语言模型、机器学习分类器和序列模型进行。语言模型常用的算法为有限状态机、马尔可夫模型、词义的向量空间模型；机器学习分类器有朴素贝叶斯模型、各类回归模型、决策树、支持向量机、神经网络等；序列模型有隐马尔可夫模型、递归神经网络、长短期记忆神经网络等。然而，在实际社交网络分析的过程中，大规模的社交网络用户给传统的网络表示方法带来了巨大的挑战。受到深度学习技术和自然语言处理词嵌入技术的启发，自动学习网络节点中的向量表示成为研究的热点。

网络表示学习，又名网络嵌入或图嵌入，旨在将网络中的节点表示成低维、实值、稠密的向量形式，使得到的向量形式可以在向量空间中具有表示以及推理的能力，同时可方便作为机器学习模型的输入，进而可将得到的向量表示运用到社交网络常见的应用中，如可视化任务、节点分类任务、链接预测以及社区发现等任务，还可以作为社交信息应用到推荐系统等其他常见任务中。总而言之，网络表示学习是一种分布式的表示学习技术，即寻找最优的方式表示网络结构中的信息。

网络表示学习的目标是将网络节点或节点之间的连接表示成向量的形式，构建了原始数据和网络结构的桥梁。而网络表示学习作为表示学习的一个典型分支，更加专注于社交网络的表示，旨在将网络中的节点以更加直观、更加高效的方式尽可能地还原原始空间中节点的关系。

传统的网络表示方法（如邻接矩阵）虽然简单方便，但是通常有着高维度和稀疏性的缺点，使得后续的统计机器学习变得非常困难。近年来，研究者开始研究如何从网络信息中学习到节点或链接的低维稠密的向量表示（即所谓的网络嵌入向量）。特别是一些基于神经网络的无监督网络表示学习方法，取得了非常好的效果。根据算法的侧重点，可以将网络表示方法分为基于网络结构的方法和结合外部信息的方法。表 3-5 总结了这两大理论结构下不同的网络表示方法、相关算法和关键假设。

表 3-5　常见的网络表示学习算法及其分类

类别	算法细分	算法名称	算法简单描述
基于网络结构	基于因子分解方法	局部线性嵌入算法	假设数据在较小局部是线性的，某一数据可由其邻域中的样本线性表示：$Y_i \approx W_{ij}Y_j$。算法基于线性关系的假设估计线性参数 $\phi(Y) = \sum_i \left| Y_i - \sum_j W_{ij}Y_j \right|^2$ 和数据降维
		拉普拉斯特征图	通过平滑项，使得原始空间中两个相似的节点在低维向量空间中有相近的表示：$\phi(Y) = \frac{1}{2}\sum_{i,j}(Y_i - Y_j)^2 W_{ij}$，其中 $W_{ij} = \exp(-\|x_i - x_j\|^2 / t)$
		特征分解图	通过对邻接矩阵进行分解得到节点的低维稠密实值表示，同时保证时间复杂度在 $O(|E|)$ 内完成：$\phi(Y, \lambda) = \frac{1}{2}\sum_{i,j \in E}(W_{ij} - Y_i, Y_j)^2 + \frac{\lambda}{2}\sum_i Y_i^2$
	浅层网络方法	深度游走	利用截断的随机游走序列来表示一个节点的近邻。然后结合得到的序列作为自然语言处理的句子，输入 word2vec，进而得到节点的向量表示
		Node2vec	在深度游走的基础上，定义了具有某种特性的偏移随机游走：如广度优先采样或深度优先采样。算法可通过调整节点之间转移和回访概率参数来调整广度优先和深度优先的倾向性
		LINE	为了缓解 1 阶近邻的稀疏性，算法考虑了更多未被直接观测的高阶（通常为 2 阶）近邻之间的相似性

续表

类别	算法细分	算法名称	算法简单描述
基于网络结构	深度学习方法	SDNE	通过深度学习模型刻画节点之间的高度非线性关系。SDNE 通过无监督学习方法 autoencoder 来自动捕捉节点的局部关系，将节点的二阶近邻作为输入来学习二阶近邻的低维表示。同时将 Laplacian Eigenmaps 作为 autoencoder 之后的输入，保证两个节点之间的一阶邻近关系，进而保证网络的全局结构信息
结合外部信息		TADW	Deepwalk 在生成节点向量过程中，只考虑了网络中的结构属性，然而网络外部也存在与节点相关的大量信息。TADW 为了弥补这一缺陷，同时考虑网络结构信息和节点产生的其他文本信息。因此它在矩阵分解的基础上，在邻接矩阵分解的过程中，同时用节点的文本表示矩阵作为约束，缓解网络结构的稀疏问题
		MMDW	MMDW 也同时考虑了网络内部结构属性和外部的节点文本信息，此外，MMDW 算法结合了最大间隔分类器，较适合处理社交网络的分类问题
		CANE	CANE 假设一个节点与不同节点之间具有不同的内嵌结构，因此提出了上下文敏感的网络节点表示学习模型，即某个节点的表示会根据邻接邻居的不同而有差异。算法在社会网络连接预测任务上表现较好

3.5　数据案例分析

茂名石化是大数据在油气生产行业应用的成功例子。作为一家老企业，基础仪表设施较为薄弱，导致数据自动采集率偏低。为此，该公司把改善基础仪表设施作为前期的重点工作，在 2013 年油品质量升级改扩建工程完成后，新增 17 套 DCS 装置共 13 000 多个生产过程数据采集点，使生产数据采集率达到 98.26%。同时，针对现有实时数据库系统点数不足、平台太多、接口复杂存在应用局限等问题，公司搭建了 10 万点的实时数据库，有效地满足了生产实时数据采集和应用需求，提高了生产数据采集的自动化水平。

在提高数据采集水平和质量后，茂名石化探索在不改变已知原料属性的情况下，实现在改进的传感器装置上提高汽油收率最高和汽油辛烷值最高的生产目标。采用大数据分析技术，收集了重整装置近三年的生产执行、卫生-安全-环保、实时数据库、腐蚀数据、透平压缩机综合控制系统数据、机泵监测数据、气象信息等数据，通过 Hadoop 建模，对重整原料历史数据进行主成分聚类分析，形成了典型的原料操作样本库，并据此快速确定每种原料类别下的最优操作方案。技术人员对近 4600 个批次的石油原料进行了分析建模，组成了操作样本库。通过该方法计算优化工艺操作参数，可使汽油收率从 89.88% 提高到 90.10%。

下面对大数据提高生产质量和产量的细节进行阐述，主要有 10 个过程。

1. 数据采集过程

导入操作数据、质量数据、腐蚀数据、成本数据、物料平衡数据和能源数据等所有历史数据到阿里云平台；完成相关系统与阿里云的接口，实现数据的实时导入。图 3-10 为数据采集过程。

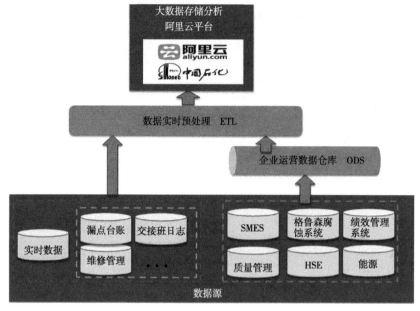

图 3-10　数据采集过程

2. 数据整定和标准化

数据整定由测量网络冗余性分析、显著误差检测和数据协调组成，解决问题的主要思想就是利用冗余信息，剔除原始数据中的显著误差，从而降低其对于测量值的影响，并设法估计未测量的变量。

本案例中，首先整定操作数据、质量数据、腐蚀数据、设备运行数据、成本数据、物料平衡数据和能源数据等多维度数据，运用整定算法将原始数据进行转化，其次按照时间维度对齐，然后进行数据滤波、异常值剔除和标准化处理。

3. 相关性分析计算

相关性分析是大数据分析中比较重要的一个分支，它可以在杂乱无章的数据中发现变量之间的关联。因此利用相关性分析算法可以挖掘传统经验之外的潜在因素，最终实现挖潜增效。3.2 节和 3.4 节介绍了不同变量之间的相关系数和同一变量基于时间序列的自相关系数。在衡量变量相关性的方法中，最常用的是皮尔逊相关系数。因此，本案例利用皮尔逊相关系数得到各个指标的相关系数矩阵，并提取与关键指标强相关的变量，包括正相关的变量和负相关的变量。相关结果如图 3-11 至图 3-16 所示。

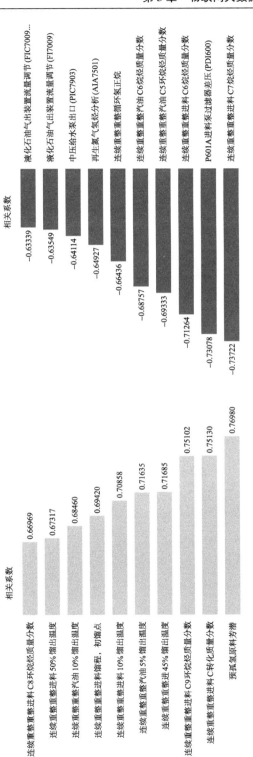

图 3-11　操作条件和原料性质对产品收率的影响

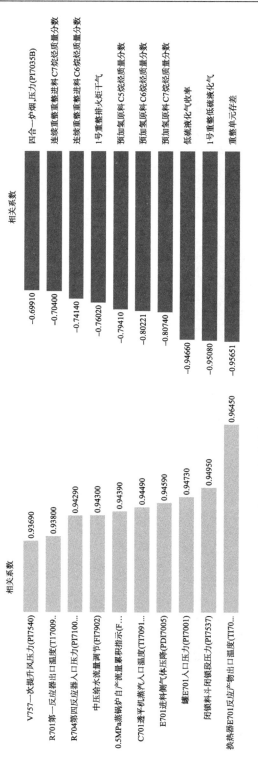

图 3-12　操作条件和原料性质对设备运行的影响

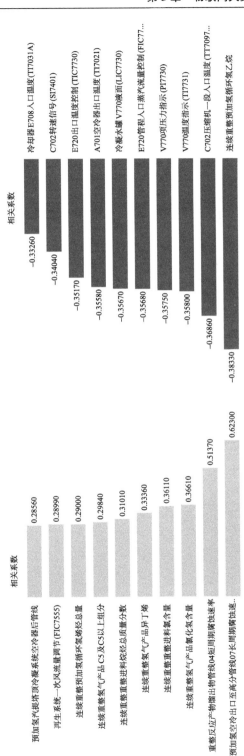

图 3-13　操作条件、原料性质和馏出口质量对设备腐蚀的影响

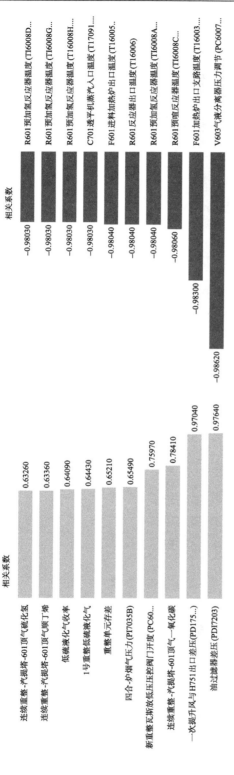

图 3-14 操作条件和馏出口质量对单位成本的影响

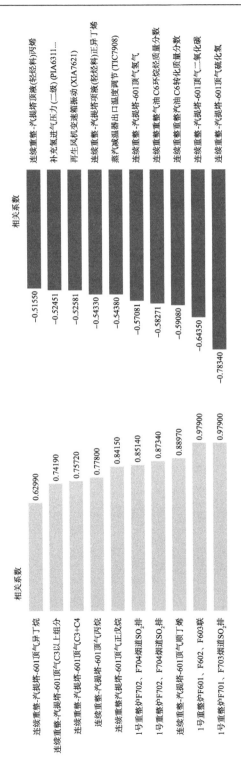

图 3-15 操作条件和馏出口质量对环保排放的影响

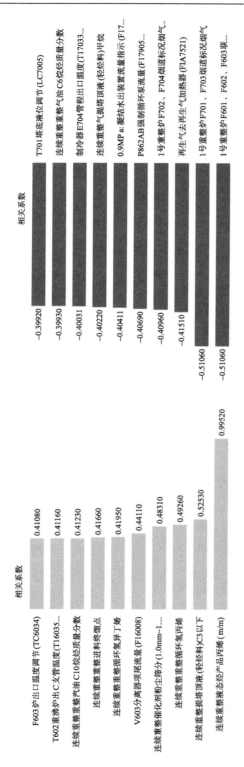

图 3-16　操作条件和原料性质对馏出口质量的影响

4. 预测模型搭建

筛选出与预测指标强相关且可调的操作变量作为支持向量机预测模型的输入，建立支持向量机预测模型，实现对七个关键指标的实时计算。

5. 单一指标异常判断

结合企业重点关注的指标，选取七个关键指标作为异常侦测的对象，其中辛烷值桶、能耗与芳差综合指标、纯氢产率和联合炉热效率是炼油达标考核指标，SO_2 排放量和外排污水 COD 是环保指标，单位成本是效益指标。使用箱线图算法对每个指标的值域进行计算，计算出每个指标的异常限。超过异常限的值，即判断该指标异常。从图 3-17 可以看到，能耗与芳差综合指标和外排污水 COD 两个指标的取值有很大的不稳定性，存在异常值。

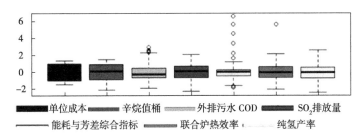

图 3-17　七个关键指标的箱线图分析

利用主成分算法抽取特征变量，抽离主要的、无关联指标，以实现用较少的变量去解释大部分的变量，达到降维的目的。

6. 聚类分析法异常点检测

提取主成分作为聚类的数据源，采用 k-means 算法进行聚类，以寻找异常值。计算某个观察样本与其所在的聚类中心的欧氏距离，当该距离大于某个阈值时，即可判断该样本异常，其中阈值根据历史数据统计选定。图 3-18 是聚类分析的结果。可以看到图中有明显的异常值出现，表明该样本为异常样本。

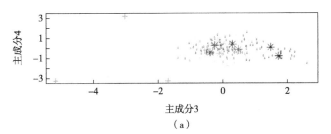

（a）

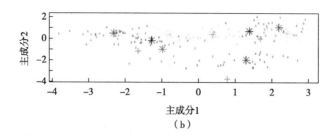

图 3-18　聚类法异常点检测结果

对样本统计得到表 3-6。样本 1（2014/11/11）单指标无异常，但多维分析存在异常趋势；样本 2、3 单指标异常，多维分析同样存在异常趋势。

表 3-6　对三个样本异常情况的统计分析

时间	单位成本	辛烷值桶	外排污水 COD	SO₂ 排放量	能耗与芳差综合指标	联合炉热效率	纯氢产率
2014/11/11	5427	71.3	57.4	0.34	0.1761	90.99	3.29
2015/3/7	3488	72.5	47.6	0.33	0.2211	90.65	3.13
2015/3/27	3372	71.0	80.4	0.36	0.2868	90.71	3.00
异常限	>6717	<68.0	>79.7	>0.49	>0.1806	<90.53	<2.69

7. 单一目标参数优化分析

在操作样本库中，搜索某类原料条件下目标的最优值及其对应的强相关的操作变量。可以挖掘历史上最好的操作经验并固化下来，且可与流程优化测算等优化软件互补使用。首先进行原料聚类分析。整理重整原料性质的历史数据，经过预处理和标准化、主成分降维和 k-means 聚类，输出聚类结果。其次建立原料分类模型。利用原料的聚类结果，建立支持向量机分类模型，并对模型的分类效果进行评估。当有了新的批次原料的性质数据，可以自动进行分类。随后形成操作样本库。将原料的类别和其对应的强相关的操作参数导入操作样本库中，以此作为参数寻优的样本。最后进行参数寻优。在操作样本库中，搜索不同类别原料条件下目标参数的最优值，以及对应的强相关的操作变量的取值。进而可以实现基于原料性质和优化目标来推荐操作参数。

8. 多目标参数优化分析

根据选择的多个优化目标及其优化方向，确定某类原料条件下每个目标的最优值，并以这些最优值和历史实际值分别作为多维空间中理论最优点和实际点的坐标。选择离理论最优点最近的实际点作为优化结果，用欧氏距离衡量。具体为：在操作样本库中，搜索不同类别原料条件下欧氏距离的最小值，以及对应的强相关的操作变量的取值。进而可以实现基于原料性质和优化目标来推荐操作参数。举例如表 3-7 所示。

表 3-7　对多个样本的欧氏距离统计表

样本点	原料类别	纯氢产率	低硫液化气收率	燃料气单耗	重整汽油收率	欧氏距离
2	a	4.036 214	0.408 051 453	0.050 288 3	90.230 352 55	0.479 166 8
3	a	3.969 784	0.340 080 972	0.051 629 2	90.186 220 53	0.578 984 5
4	a	3.912 133	0.356 683 345	0.051 493 4	90.150 264 47	0.635 410 4
1	a	3.830 809	0.311 651 179	0.050 302 6	90.463 764 59	0.647 438 1
6	a	4.126 400	0.503 603 403	0.054 528 6	89.818 787 64	0.709 388 3
7	a	4.094 592	0.577 457 54	0.052 688 8	89.762 946 47	0.769 286 6
5	a	3.939 812	0.494 639 028	0.048 057 0	89.846 404 57	0.783 815 0
8	a	4.127 642	0.503 931 38	0.057 834 8	89.707 529 19	0.810 905 0
9	a	4.417 204	0.530 840 676	0.056 266 0	88.803 086 45	1.657 665 1

得到推荐 a 类原料条件下，目标参数的最优值为：纯氢产率为 4.036 214；低硫液化气收率为 0.408 051 453；燃料气单耗为 0.050 288 3；重整汽油收率为 90.230 352 55。同时相应的推荐操作参数见表 3-8。

表 3-8　样本点 2 的操作参数

换热器 E701 石脑油流量调节	175.010 581 4
重整反应温度	525.179 978 7
R704 第四反应器入口压力	0.369 491 56
T701 稳定塔塔顶温度	58.261 972 32
T701 稳定塔塔底压力	0.802 657 51
F701 炉出口温度	527.430 493 7
F704 炉出口温度	535.890 526 5

9. 非结构化数据分析

对调度交接班日志进行文本挖掘分析，并关联重整汽油收率、产氢量和重整汽油芳含等结构化数据，挖掘出原油油种对重整汽油收率等技术经济指标的影响规律，指导原油采购。首先进行文本特征分析。导出历史的调度交接班日志，分析五套常减压的原油油种及加工量的文本特征，确定提取关键信息的规则。其次将非结构化数据转化为结构化数据。以天为单位，根据前面确定的文本特征，提取加工原油的油种及对应的加工量，并存储到数据库中。随后关联结构化数据。以天为单位，从 MES 和 LIMS 系统中提取汽油收率、产氢量和重整汽油芳含等数据，并与原油油种关联后存入数据库中。最后计算每种原油对应汽油收率等指标的加权值，并按照从大到小的顺序排列，以此结果指导原油的采购。

10. 基于原料性质的预测分析

在历史数据的基础上，建立原料性质与汽油收率、产氢量、汽油干点、烷烃转化率和环烷烃转化率的预测模型。输入原料性质数据，即可准确地预测上述五个指标的值以指导生产。首先进行模型训练，从原始数据中导出原料性质数据以及汽油收率等预测指标数据分别作为支持向量机模型训练的输入和输出，每天用新增的输入和输出对模型进行再训练，以保证模型的及时更新和预测的准确度。随后进行模型预测，输入重整原料的 31 个主要的化验分析数据，预测投用该批次原料后的重整汽油收率、产氢量和转化率等技术经济指标。

得到的基于原料性质的预测分析模型如图 3-19 所示。参考预测结果，技术人员可以根据生产计划调整相关的操作参数，如重石脑油的配炼量。此举可以节约宝贵的重石脑油资源。

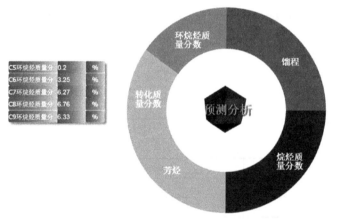

图 3-19　基于原料性质的预测分析模型

产品全生命周期质量管理策略篇

产品质量问题贯穿着人类社会的生产活动，随着规模化生产的进行，质量管理经历了从"质量检验"，到"统计质量过程控制"，再到"全面质量管理"的发展阶段，质量管理也从"事后把关"转变为"过程控制"。传统的质量管理主要关注在生产制造过程中的品控管理。事实上，产品质量不仅与生产制造过程有关，还与涉及的其他相关过程、环节和因素有关。物联网技术的发展为传统质量管理理论和方法的延伸提供了途径，物联网下的产品质量管理也因此延伸到包括产品设计开发、产品生产制造、产品维修保养的生命历程，形成完整的产品全生命周期。

本篇围绕产品全生命周期的设计开发、生产制造、运维服务三个阶段，基于物联网数据特征，详述产品全生命周期的各阶段质量管理在物联网环境下的新理论、新方法，并各自通过实例揭示物联网下产品生命周期质量管理的应用现状。

基于客户需求的产品模块化设计可有效提高产品开发效率和客户满意度，通过灵活整合现有资源，生产低成本、高质量和个性化的产品是产品模块化的发展趋势。物料清单（bill of material，BOM）用于以数据格式描述产品结构和所有涉及的物料。BOM 信息贯穿于产品的全生命周期，物联网技术的发展使得制造商可快速获取并组织生产所需的各种组件、零件及原材料。除了 BOM 包含的物料间层次结构关系，实际生产制造过程还需包含每种物料生产步骤和过程的工艺路线信息，尽可能提高生产效率。本篇将以汽车、手机、冰箱为例详细介绍产品的内部组成结构和工艺路线。

在物联网下各种实体和虚拟传感器广泛用于质量状态信息的感知，制造商需要利用信息集成方法综合各传感器数据，得到供决策者参考的质量状态综合信息，进而对整个产品生产全过程进行质量管理。后续章节将从过程控制的理论出发，结合现实案例，分析状态监控如何影响生产流程中的质量。

在产品的全生命周期中，服务质量往往是质量大数据的最后一环，它是指服务工作能够满足被服务者需求的程度。在工业领域，充分利用大数据能够从历史故障和设备告警等信息中主动发现可能会发生故障的点和原因,提前预防和处理,持续地为客户提供稳定、可靠的业务使用。服务质量数据量大,且爆发式增长;设施设备相互关联,关系复杂,因此需要特定的物联网技术与大数据技术。基于物联网大数据的预测性维护能够提高设备综合效率、降低维护成本以及提高投资回报。要实现以上目标,需要从运维的角度评估传感器网络的布局与传输能力,并且通过数据整合与增强智能的方法来放大、捕捉运维目标即将发生故障的信号。同时,供应链上的各个环节可以有效利用 RFID 等物联网传感器,对预测性维护建议做出直接的、敏捷的响应,去除冗余流程,使得维护过程并联化,提高维保效率。此外,构建组织能力与制度培养将成为影响预测性维护实施效果的重要变量,设备、人力、工作以及成本管理针对物联网大数据环境的改变缺一不可。本篇将通过半导体、石油和风电行业的企业案例来展示如何在物联网环境下实现服务质量提升与预测性维护。

第4章 物联网下产品开发设计的质量保证

对于企业来说，产品质量是企业的命脉，产品一切其他属性都建立在产品质量的基础上。随着我国供给侧改革、中国制造 2025 战略的深入推进，市场对于企业的产品质量提出了更高的要求。根据消费者的核心需求，进行产品个性化、定制化、模块化开发，加快新产品的开发步伐，并能提高产品质量和可靠性，成为企业提升产品核心竞争力的重点。产品开发需要从客户需求出发，优化产品模块化设计，通过提高模块质量来提升产品整体质量。对于结构复杂且零部件众多的复杂产品，产品结构的复杂程度以及生产工序的设计影响企业的生产运作效率，通常需要通过供应链上下游在产品试产阶段通力合作，对产品进行持续改进，以使产品尽快达到设计要求。

4.1 产品模块化设计与 BOM

产品模块化（product modularity）是指按照功能和结构，将产品拆分成多个独立的标准化模块（module），具有标准化、通用化、组合化的特点。通过自由组合、分解、替换，多个模块能组成不同功能或同功能不同性能的产品。图 4-1 给出了一个产品模块组合的例子。

产品模块化的发展可以追溯到我国古代的活字印刷术，但真正意义上的理论研究是在 20 世纪初，并逐渐在机床加工、汽车制造、家居生产和建筑等领域开始应用。例如，宜家的模块化家具 DELAKTING 系列模块沙发能够组合成单人、多人的沙发，甚至能组合成床的形式；iPhone 也由各种各样的模块组成，并根据内存和闪存大小有不同的型号供消费者选购。

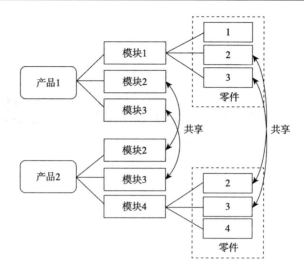

图 4-1　模块化产品结构示意图

　　与传统产品相比，模块化产品在技术和经济上都具有明显优势，包括降低生产成本、多样化功能组合、满足个性需求和生产灵活自由。产品模块化便于产品更新换代、新产品开发。在市场动态变化过程中，企业面对消费者快速的需求变化和激烈的市场竞争需要不断推陈出新。基于消费者的核心需求，将传统的产品开发模式转变为基于模块的产品开发模式，通过新功能模块的增加或更新等方式可以缩短新产品的开发时间，并能提高产品质量和可靠性。不同于整机测试和性能考核，模块化产品在每个单元上都是经过精心设计和反复试验的，提高模块性能和质量的同时也提高了产品的整体性能和质量。此外，产品模块化具有良好的可维修性，当产品出现问题时，可分模块进行排查提高产品的故障诊断时间；并且由于模块相对独立，便于拆卸更换，能简化维修工作从而提高维修速度和维修质量，如个人计算机中的 CPU、显卡、内存和磁盘等部件。

　　随着市场竞争的加剧，生产低成本、高质量和个性化的产品是产品模块化的发展趋势。因此，制造商需要通过优化产品结构，改善产品设计的不合理之处。生产中，模块化产品呈现树状结构，可以用树状图表示零部件所属关系和数量，如图 4-2 所示。

　　由图 4-2 可知，每件产品 A 由 3 个零件 B，2 个部件 C 和 1 个部件 D 组成；部件 C 由 2 个零件 E，2 个零件 F 和 2 个零件 G 组成；部件 D 由 2 个零件 F 和 2 个部件 H 组成；部件 H 又由 1 个零件 F 和 2 个零件 B 组成。0 层为最高层，1 层其次，以此类推，层数越大层次越低。

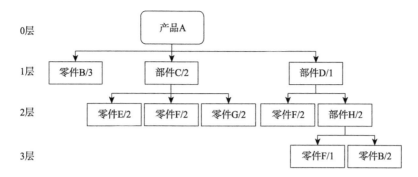

图 4-2　产品 A 的产品结构图

树状产品结构图虽然直观，但不便于计算机集成制造系统使用。对此，一般使用 BOM 来标记每种型号产品所使用的全部模块或零部件，形成产品结构的二维数据表。BOM 包括物料结构层次、物料编号、物料名称、规格等信息，主要表达了产品结构和产品零部件的构成关系。BOM 信息贯穿于产品全生命周期，任何部门都要从 BOM 文件中获取特定的数据，用以指导生产。例如，工程设计物料清单（engineering bill of materials，EBOM）、工艺计划物料清单（planning bill of materials，PBOM）、制造物料清单（manufacturing bill of materials，MBOM）、客户物料清单（customer bill of materials，CBOM）。

以图 4-2 中的产品 A 为例，其 BOM 信息如表 4-1 所示。

表 4-1　产品 A 的 BOM

产品标识代码：A 层次 0			
零件标识代码	装配数量	单位	层次
B	3	个	1
C	2	个	1
E	2	个	2
F	2	个	2
G	2	个	2
D	1	个	1
F	2	个	2
H	2	个	2
F	1	个	3
B	2	个	3

　　BOM 包含了产品在生产时所需的各种组件、零件及原材料的清单，能反映产品的物料构成项目以及项目之间的实际结构关系。在 BOM 中，每一个关系都可定义成"父项/从属子项"的形式，并且标注从属子项的数量。每个"从属子项"也可以在其他关系中充当"父项"。

　　一般情况下，产品结构树是不会改变的，但 BOM 会根据需求而有所改变。由于 BOM 关系到生产计划及其可行性，如何根据实际使用环境，灵活地设计合理有效的 BOM 显得十分重要。常用的 BOM 有如下八种形式。

　　（1）单级 BOM。单级 BOM 结构（简称 SBOM）采用"单父单子"的数据结构，只记录各父项和所属子项之间的对应关系。

　　（2）多级 BOM。多级 BOM 结构采用"单父多子"的数据结构，能详细地记录产品结构信息。即便是同样的零部件，只要存在于不同产品中，需要被再次记录。多级 BOM 的优点是各产品之间的数据记录没有交叉，方便维护，产品分解时的算法也比较简单；缺点是数据冗余，无法清晰显示产品的树状结构。

　　（3）汇总展开 BOM。汇总展开 BOM 列出组成最终产品的所有物料，反映最终产品所需的各种零件数，而不是每个层级所需的零件数，有利于产品成本核算，采购和其他有关的活动。

　　（4）单层跟踪 BOM。单层跟踪 BOM 显示直接使用某物料的各上层物料。

　　（5）汇总跟踪 BOM。汇总跟踪 BOM 指出某物料在所有高层物料中的使用情况，可用于查找直接或间接使用该物料的所有高层物料和产品。

　　（6）矩阵式 BOM。矩阵式 BOM 是对具有大量通用零件的产品系列进行数据合并后得到的一种 BOM。可用来识别和组合一个产品系列中的通用零件。缺点是不能用于指导多层结构产品的制造过程。

　　（7）加减 BOM。加减 BOM 是指以标准产品为基准，规定可以增加或者删除某些零件来产生一个特定的产品。

　　（8）模块化 BOM。模块化 BOM 是指按产品的模块或系列排列的清单，常用于由许多通用零件制成的并有多种组合的复杂产品。

　　下面以汽车制造为例介绍多级 BOM。在汽车制造业中，装配一辆汽车可选择不同的发动机、车身、内饰、装潢以及其他东西，不同的选择可组合成不同的汽车类型。表 4-2 是汽车多级 BOM 示例。

　　在平台划分、模块划分、配置体系建立的基础上，多级 BOM 的构建原则包括：①必须包含零件数量和零件使用情况等信息；②当零件功能或者数量不同时，必须逐条记录，并用"使用情况"进行区分；③对于整车中的非必选零件可依据其在整车中所处位置的模块进行划分；④当某一零件具有多功能时，可采用符号"|""&""!"表示或、且、非的逻辑关系（袁群超等，2013）。

表 4-2　汽车多级 BOM 示例

平台	数量	适用配置	模块
1000 发动机总成			
100100 发动机总成模块			发动机模块 BOM
100100-1 发动机	1	1.2L	
100100-2 1.6L 发动机	1	0.6L	
……			
1700 变速器总成			
1701100 变速器总成模块			
1701100-1 变速器	1	手动	
1701100-2 变速器	1	自动	变速器模块 BOM
Q1841620 六角头螺栓	6	自动	
Q1841620 六角头螺栓	5	手动	
……			
2804 后保险杠总成			
2804100 后保险杠总成模块			
2804100-1 后保险杠	1	倒车雷达	后保险杠模块
2804100-2 后保险杠	1	无倒车雷达	BOM
3603001-1 防撞雷达探头	4	倒车雷达	
……			
5701 顶盖总成			
5701001 顶盖外板模块			
5701001-1 顶盖外板	1	天窗	
5701001-2 顶盖外板	1	无天窗	顶盖总成模块
5701002 顶盖加强梁模块			BOM
5701002-1 顶盖加强梁	1	阅读灯	
5701002-2 顶盖加强梁	1	无阅读灯	
……			
6800 驾驶员座椅总成			
6800100 驾驶员座椅模块			
6800100-1 驾驶员座椅	1	电动调节	驾驶员座椅总成
6800100-2 驾驶员座椅	1	手动调节	模块 BOM
Q1841215 六角头螺栓	4		
……			

4.2　产品内部结构和工艺路线

BOM 规定了产品所用到的零部件,用于描述物料是按怎样的层次结构连在一起的。在实际制造过程中,各项工序存在先后之分,某些工序甚至可能是同时进行的，目的是尽可能提高生产效率。本节将要讨论的工艺路线（routing）则是详细描述每种物料的生产步骤和过程，以汽车、手机、冰箱为例详细介绍产品的内部组成结构和工艺路线。它们分别代表了交通载具、数码产品和家电产品这几大类产品。

工艺路线是描述物料加工、零部件装配的操作顺序的技术文件，是多个工序构成的序列。在企业信息系统中，工艺路线涉及以下信息：零部件代码（与 BOM 关联）、工序编号（与加工顺序有关）、说明、工作中心代码、排队时间、准备时间、加工时间、等待时间、传送时间、最小传送量、是否外协（非本地加工）、是否检验等字段。基于工艺路线可以计算物料的提前期、能力需求计划、加工成本、标准工时等数据，进一步制订车间作业计划并跟踪在制品。

以汽车为例。一辆普通汽车通常由一万多个零部件组成，为方便了解车辆结构，通常将其划分为发动机、底盘、车身、电气设备四大部分，如图 4-3 所示。发动机是指汽车的动力装置，主要包括发动机、差速器、变速器、主减速器，用于驱动汽车行驶。底盘包括转向系统、悬架系统、制动系统、行驶系统，是汽车整体造型的基础。车身是安装在底盘上的车架，包括车门、车窗、顶盖、围板、翼板、座椅。电气设备主要包括电源和用电设备，其中电源包括蓄电池和发电机，用电设备包括起动机、点火系统、信号装置以及各种仪表。

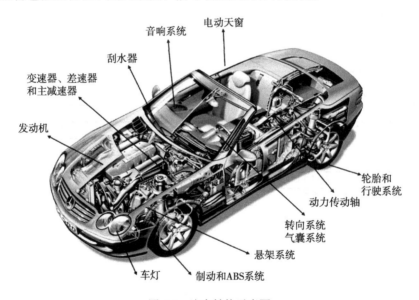

图 4-3　汽车结构示意图

　　汽车的制造工艺主要有冲压、焊装、涂装、总装。冲压是指将材料通过分离或成形得到制件。焊装是指将冲压好的车身零件用焊接的方式进行接合。涂装是指将涂料涂覆在车辆表面，能减缓汽车腐蚀，增加汽车美观性。总装是指将车身、发动机、车架、车灯等零部件装配成车，经过检验测试后完成生产。图 4-4 为汽车总装的工艺路线。

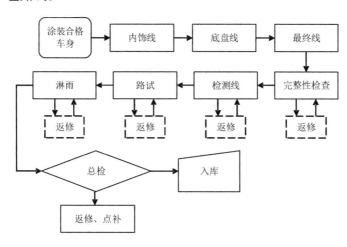

图 4-4　汽车总装的工艺路线

　　以手机为例。手机的零部件可分为射频模块、基带模块和外围部分模块，如图 4-5 所示。射频模块负责信号之间的转换，如将低频小功率信号转换成适合在空间传送的高频大功率信号。基带模块负责把声音信号转成电信号。外围部分模块负责完成手机和人之间的功能转换。

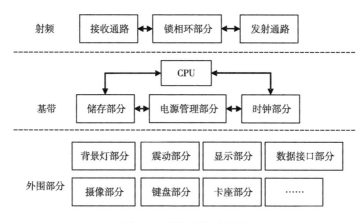

图 4-5　手机结构示意图

手机的生产流程通常包括四个主要过程：SMT（surface mounted technology，表面贴装技术）制程、测试制程、组装制程和包装过程。其中 SMT 是指将无引脚或短引线表面组装元器件安装在印制电路板的表面或其他基板上，通过再流焊或浸焊等方法加以焊接组装的电路装连技术，是电子组装行业里最流行的一种技术和工艺，包括丝印、点胶、贴装、回流焊接、清洗、检测等加工工序。PCB 板是各种零部件功能的集合，是手机的主要构件。一般情况下一台手机会有两块 PCB 板。主 PCB 板上有 Wi-Fi 模块、摄像头、耳机座接口以及各种排线。副 PCB 板上会有扬声器、麦克风以及连接两个 PCB 板的排线。PCB 的加工工序包括开料、图形转移、内层蚀刻、层压、脱模、防腐涂饰。图 4-6 展示了手机制造的工艺路线。

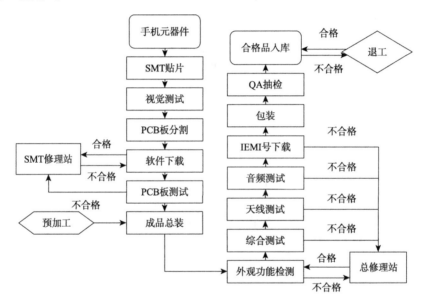

图 4-6　手机制造的工艺路线

以家用冰箱为例。家用冰箱主要包括箱体、制冷系统和温度控制装置三个部分，如图 4-7 所示。箱体的基本作用是隔热，提高冰箱的保温性能，包括外壳、内衬、绝热层、台面等。制冷系统通过制冷剂经过内部气化吸热、外部液化放热来达到制冷目的，包括压缩机、冷凝器、蒸发器和毛细管四部分。温度控制装置主要是当制冷效果达到要求时，通过压缩机停止制冷系统工作，让冰箱内部保持所需温度。

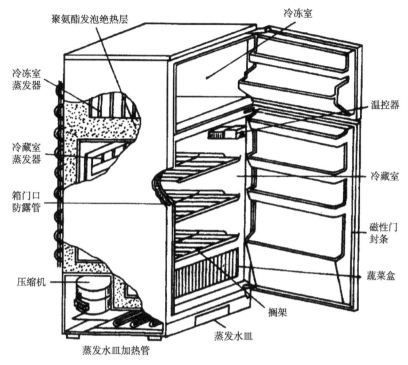

聚氨酯发泡绝热层

冷冻室

冷冻室蒸发器

温控器

冷藏室蒸发器

冷藏室

箱门口防露管

磁性门封条

蒸菜盒

压缩机

搁架

蒸发水皿

蒸发水皿加热管

图 4-7　冰箱内部结构

　　冰箱生产的工艺路线如图 4-8 所示。喷粉是指将粉末利用静电吸附原理经过高压处理后吸附在工件表面。高压发泡是指按一定工艺将发泡设备注入冰箱门体或箱体，能提高冰箱的粘结性能和保温性能。管路加工主要包括冷凝器生产、主蒸发器生产、加热管生产。总装焊接是指将各种冰箱材料及半成品通过焊接的方式连结在一起，组装成一台完整的冰箱。

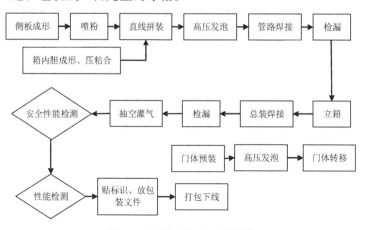

图 4-8　冰箱生产的工艺路线

4.3　产品结构对产品质量的影响

2015 年 5 月 19 日，国务院印发的《中国制造 2025》明确提出了"质量为先"基本方针，加快形成以质量品牌为标识的竞争新优势。ISO 8402 标准定义质量管理是指有关确定质量方针、目标和职责，有关质量体系中的质量策划、质量控制、质量保证和质量改进的所有管理职能活动。质量管理的核心是质量保证和质量控制活动，如产品结构的复杂程度以及生产工序的设计会影响这两类活动的难度，进而影响企业的生产运作。

以汽车制造为例，汽车结构复杂且零部件众多。为适应市场需求的变化，提高生产效率以及缩短产品研发周期，大多数汽车制造商采用模块化设计的生产方式，即汽车主机厂负责研发生产发动机以及最后的装配，而全球众多供应商提供其他汽车零部件。根据统计，国产汽车零部件采购成本占汽车总成本的 70%～80%，而由零部件导致的汽车故障高达 80%，零部件的质量状态不仅仅影响整车质量，也加剧了售后维修的困难。

因此，对于如汽车、飞机、高档数控机床、电子元器件等复杂产品的质量状态管控，不仅需要严格监控和管理外购零部件的质量，还要加强整体的供应链质量管理水平，在产品生产过程中对影响质量的工艺、材料、制造环境等因素进行全面的监管和控制。物联网技术可以用于质量状态监控，企业可以构建物联网平台系统对质量管理中的数据信息进行全面监控分析，实现质量信息的可追溯性。

传统的生产运作管理普遍假设（或在事实上认为）产品零部件的质量状态是相互独立的，也较少涉及工序逻辑对生产的影响。某一零部件损坏，替换该零部件即可，不考虑拆解过程对其他零部件的影响，也不考虑其他零部件可能会干扰该零部件的拆解，具体表现为：产品完全模块化，可以被完全拆解，零部件的质量状态互相独立；虽然零部件有多种型号，但认为各型号的装配、修理操作无差异；忽略装配逻辑，不考虑零部件的拆解、装配顺序、逻辑关系等因素；忽略拆解风险，即只要决定再利用，旧零部件就可以用于再制造。

事实恰恰相反，在产品生产和使用的维修实践中，零部件之间的质量状态存在关联性，工序也要遵循工艺路线的逻辑。在拆解过程中，一些零部件可以徒手取下，拆解过程产生不可逆损伤的可能性较小，在模型中可以忽略；但对于某些焊接零部件的拆解，需要借助热风枪、焊台、焊炉等设备进行操作，可能因人为操作失误，影响其他模块乃至整个主板。如果将其忽略，极有可能导致估计成本低于实际制造成本。此外，不同熔点的焊连材料有不同的"装配-拆解逻辑"。使用排线连接的零部件的安装基座材质为塑料或橡胶，而使用锡焊连接的零部件的安装基座（焊盘）材质为焊锡或铜，前者的熔点总体低于后者。装配时，通常先贴片和锡焊（熔点高），再安装排线座（熔点低）；拆解时，取下锡焊类零部件的操作温度会高于排线类零部件安装基座的熔点，因此需要做好保护措施并且评估风险。

如果研究假设不适用于现实生产环境，即使模型在数学上是成立的，其现实意义也会被制约。表 4-3 总结了一些生产实践以及相关理论研究中的简化假设。4.4 节将为物联网环境下的产品质量状态监控引入一种编码方法，支持制造商做出符合现实的、可预期的再制造决策。

表 4-3　比较现实情况与研究假设

	现实情况	常见的研究假设
产品是模块化的	是	是
产品的可拆解性	部分可拆解	完全可拆解
旧产品入库的原因	有质量问题或无理由退货	有质量问题或是二手
旧产品与全新品的差异	有差异，在各方面进行区分	通常认为无差异
旧产品能否用于再制造	不一定，取决于模块的质量状态	全部或一定比例可以
退回品的质量状态	精确到每个模块，质量状态各异	将整体质量近似于某种分布
产品结构对成本的影响	有较大影响，取决于零部关联情况和工序逻辑	一般忽略或简化处理

4.4　产品开发过程的质量持续改进

在产品开发过程中，试产阶段的质量提升是整个质量管理流程的第一步，也是产品全生命周期质量管理的重中之重。质量提升过程，实际上可看作学习过程，又称为质量学习。企业生产中的学习效应分为多个方面，既包含操作性学习的部分，即通过不断制造进行生产力提升，也包括概念性学习，即通过概念性学习进行生产力提升。

图 4-9 给出了一个复合质量学习框架，学习效应通过两条路径发挥作用。第一条路径为数量累积提高质量的路径，即在制造过程中，随着产品制造数量的积累，制造者会变得更加熟练，从而减少错误与浪费，提升产品的质量。第二条路径为概念性学习提高质量的路径，概念性学习的举措包括对于机器设备的更新调整、专业人员的培训等，也可以是生产流程，或生产工具，概念性学习的引入使得质量提升的机理更加清晰。操作性与概念性的质量学习都可视作质量提升所做出的质量努力。

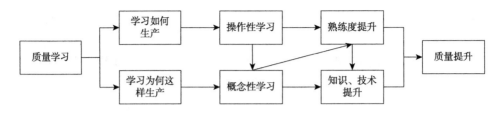

图 4-9　质量学习的作用路径

以富士康为例,富士康公司通过"富士康生产系统"(Foxconn production system, FPS)来推动产品质量提升,其目标是追求高效率、零不良及价值链成本最低,提升客户满意度。富士康通过建立由企业高管组成的 FPS 推动委员会,确保各方面资源的获取,并对各个重点问题分别成立小组进行改善,改善项目一般需要三个月到半年的持续投入。华为作为中国领先的通信设备生产商,在其生产制造过程中,通过持续投入建立集成产品开发(integrated product development, IPD)体系,更新其产品质量的管理理念,实现产品开发过程管理保证和产品质量改进。

在生产企业开始实施全面质量管理的阶段,关于质量提升过程的量化模型被不断探索。近年来,研究发现质量提升的过程可以使用学习曲线进行拟合建模。这类质量学习模型被生产商用作生产效率的量化模型,构建学习与经验积累的关系。以较为常用的 Pegels 指数型学习曲线为例,其形式为

$$C_p = C_f + C_{p0}k^{\alpha x}$$

其中,C_f 为在生产过程中无法由学习或经验累积所减少的部分,C_{p0} 为产品未进行学习努力之前的平均生产成本。

当质量提升过程中有多个因素共同作用时,结合生产过程提升以及质量相关成本减少过程中的学习效用,产品最终平均生产成本与其质量努力之间的关系可表示为

$$C = C_f + C_0 e^{-\sum_{i=1}^{n} \alpha_i x_i}$$

其中,C 为生产商在经过质量学习阶段后的平均单位生产成本,由生产成本以及质量问题成本两部分组成,即 $C = C_p + C_q$。C_f 为生产每一件产品的必须投入,$C_0 = C_{p0} + C_{q0}$ 为生产商在进行学习前的生产成本及质量问题成本,该初始成本 C_0 在经过学习后变为 $C_0 e^{-\sum_{i=1}^{n} \alpha_i x_i}$,$x_i$ 为生产商为质量提升所付出的第 i 项努力。例如,进行批量试产、人员培训、设备调整、技术更新等,此处使用其投入资金金额进行描述。α_i 为对应的每一项努力的学习效率,在相同投资金额的情况下,更高的学习效率能够带来更好的质量学习效果,即最终生产成本更低。图 4-10 给出了一

个质量学习效果的示例。

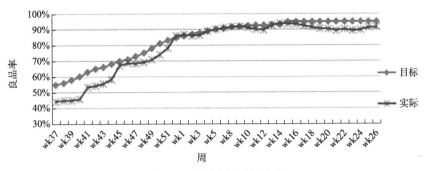

图 4-10　良品率随时间变化

　　图 4-10 的良品率数据来源于生产商 P 的某产品在其产品生产初期的 10 个月目标良品率和实际良品率数据。生产商 P 是业界领先的电子产品代工生产商，为包括苹果在内的多个电子产品企业进行产品代工。易见，该产品在引入初期，良品率大约在 40%，在 10 个月时间内，通过不断地努力改进产品质量，产品良品率最终达到 90% 左右。

第5章 物联网下生产制造过程的质量监控

通过引入软件、硬件、数据库、传感器等相互连接的物联网，制造商能监控生产过程中物理设备、原料、半成品和产成品的质量状态，将各生产环节数字化，把虚拟的数据中心当作物理的仓库，把虚拟的数据位当作物理的包装盒，把虚拟的网络带宽当作物理的运输车辆，最终形成全环节的数字供应链（Büyüközkan and Göçer，2018）。借助数字供应链，制造商可以透过数据流分析生产状况、评估质量状态、支持质量管理。时效性优势让生产系统可以对动态变化的质量状态及时做出反应，有利于质量控制和生产排程。生产制造过程是影响产品质量的决定性因素。为了使产品质量满足国家、行业和企业标准，符合消费者的预期，有必要在生产制造过程对产品进行质量监控。如第4章所述，基于物联网，制造商可将质量监控精细到零部件级。运用恰当的采集策略和质量状态编码方法，收集的过程质量数据能够被制造环节有效利用。

5.1 基于统计质量控制的数据采集策略

5.1.1 统计质量控制

统计过程控制（statistics process control，SPC）是一种借助数理统计方法的过程控制工具。它对生产过程进行分析评价，根据反馈信息及时发现系统性因素出现的征兆，并采取措施消除其影响，使过程维持在仅受随机性因素影响的受控状态，以达到控制质量的目的。它认为，当过程仅受随机因素影响时，过程处于统计控制状态（简称受控状态）；当过程中存在系统因素的影响时，过程处于统计失控状态（简称失控状态）。由于过程波动具有统计规律性，当过程受控时，过程特性一般服从稳定的随机分布；当过程失控时，过程分布将发生改变。统计过程控制正是利用过程波动的统计规律性对过程进行分析控制。因而，它强调过程在受控和有能力的状态下运行，从而使产品和服务稳定地满足客户的要求。

实施统计过程控制的过程一般分为两大步骤，第一步是用统计过程控制工具对过程进行分析，如绘制分析用控制图等；根据分析结果采取必要措施，可能需要消除过程中的系统性因素，也可能需要管理层的介入来减小过程的随机波动以满足过程能力的需求。第二步是用控制图对过程进行监控。

控制图是统计过程控制中最重要的工具。目前在实际中大量运用的是基于休哈特原理的传统控制图，将统计方法应用于生产中，实现了对产品不合格率的监测。但这是一种一元质量控制的方法，近年来又逐步发展和开发了一些先进的控制工具，发展出了各种可以用于监测多维数据的控制图。例如，对小批量多品种生产过程进行控制的比例控制图和目标控制图；对多重质量特性进行控制的控制图等。详细内容会在 5.3 节描述。

5.1.2 数据采集策略

生产制造过程中，如 2.3 节所述的传感器采集和报告的数据是反映质量状态的主要依据。对传感器数据采集方法的研究大多基于事件触发，以能耗利用率最高和网络运营周期最长为目标，且多偏重传感器或者传感网的技术层面。传感器通常基于特定的目的广泛散布在不同位置，在以往传感器通过有线方式连接用于数据传输和供能，但有线方式连接的传感器受环境的扰动容易出现失能问题，且受制于环境因素可能维护异常困难。在无线传感网中，每个传感节点由电池驱动，彼此间通过无线的方式通信，且均有收集数据的功能。无线传感网在现实中有广泛的应用，包括野生动物生活习性监控、环境研究、火山监控、水体监控、森林野火预测和识别等。

通常来说，传感器收集的数据或信息都会在局部进行处理，并存储在某些节点中，并可被其他节点查询。但是，对于企业应用来说，需要传感器的所有感知数据能准确无误地通过基站传送到企业决策系统，这也使得传统的数据融合等提升网络整体性能的技术在分布式网络的数据中应用困难。数据采集过程的主要负荷位于多对一模式下的数据传输，如果处理不当可能引起整体传感网络高度不均衡和能量消耗低效。目前传感网中传感数据采集调度的方法通常有分时多址调度和面向动态交通模式两种。

对于无线自组织传感器网络，其数据通过合作的方法进行采集，通过构建以网络运营周期最长为目标的传感器调度模型，并需要设计近似求解算法得到相应的采集策略。若以道路监测传感器为研究对象，研究者发现一种传感器节点"休眠-苏醒"自适应调度机制可在保证传感器网络感知覆盖和连通性的条件下，延长传感器网络的运营生命周期。传感器自适应数据采集还可通过贝叶斯压缩感知框架来进行，该框架不仅有效降低了计算复杂度，还提高了传感器网络的能耗效率。对于特定类型的无线传感器网络，基于移动基站的传感器网络数据采集机制，将现有的调度机制分为三类，比较分析了每一种机制在传感器运营周期、数据延迟和网络稳定性方面的优缺点。当传感器网络数据采集过程中遇到随机事件问题时，常用时隙调度机制和树形信息算法处理。

目前，针对质量监控数据采集的方法还不多，特别是在物联网大数据背景下，数据的高维特征也使得相应的质量数据采集策略难以评估其性能。现代质量控制过程常安装包括分布式感知网络、图像感知设备等在内的物联网设备用于获取系统整体的质量状态，此时构建能够实时在线处理高维数据流的处理系统变得尤为重要。实际中，即便能够实时处理海量数据，伴随着数据量的急剧增加和数据的超高维，中心监控系统常因传输带宽受限、有限的传输量和处理能力等问题陷入监控失效的风险，此时需要系统在部分数据流可观下做出相应的决策。如何在有限资源下构建有效的数据采集策略使得整体系统具有相当的质量监控能力而又不陷入资源崩溃，成为物联网下质量管理的研究热点。

为了应对有限资源下的质量监控问题，可以构建两种直观的数据采集策略。

第一种策略是随机地或有目的地选择固定的数据流进行监控。显而易见，这种方法强烈依赖所选数据流能否有效覆盖可能出现质量问题的数据流，因此此种策略存在不能检测系统质量问题的风险。举例来说，假定需要同时监控 1000 个数据流，其中 5 个数据流出现了质量问题，那么从 1000 个数据流中随机选择的 5 个数据流与出问题数据流存在交集的概率只有 0.0248。随着数据流总数的增加，这个交集的概率迅速下降。当存在质量问题的数据流未知时，第一种采集策略在高维数据流下是无效的。

第二种策略是在监控的每个时刻均随机选择数据流。显然随着抽样的进行，随机所选的数据流与出现问题的数据流定存在无穷多次的交集，因此会被监控系统捕捉到。奇怪的是，这种很直观的采样策略从未在过程监控理论和应用中开展研究，究其原因，在该采样策略下，出现问题的数据流被捕捉的概率稍纵即逝，当监控系统不能对故障及时发出警告时，下一个被捕捉到的时刻变得遥遥无期，使得质量监控方法的性能变得很不理想。

因此，需要将上述两种数据采集策略的优点加以整合，构建更加智能化的数据采集策略，在不需要预先知道出现质量问题数据流位置的情况下，自动对采集对象进行调整。一个可行的方案是在采样过程中加入自适应的思想，对所有数据流均单独构造监控统计量，但并不对所有数据流采样，不被采样的数据流会添加惩罚因子，以补偿受控过程在长期无观测下的影响。

假定数据流 k 在 t 时刻的双边局部监控统计量为 $W_{k,t}$，其中 $W_{k,t} = \max(W_{k,t}^{(1)}, W_{k,t}^{(2)})$，分别用于检测正向和负向的偏移。受资源约束影响，假定每个时刻只能对 q 个数据流进行抽样，对于被抽样的数据流，可以用累积和方法对统计量进行更新，即

$$W_{k,t}^{(1)} = \max\left(W_{k,t-1}^{(1)} - u_{\min}X_{k,t} - \frac{u_{\min}^2}{2}, 0\right)$$

$$W_{k,t}^{(2)} = \max\left(W_{k,t-1}^{(2)} - u_{\min}X_{k,t} - \frac{u_{\min}^2}{2}, 0\right)$$

其中，初始统计量 $W_{k,0}^{(1)} = W_{k,0}^{(2)} = 0$，$u_{\min}$ 为需要被检出的最小目标偏移量，若数据流的实际偏移量预先已知，可以用相应的偏移量代替。对于未被抽样的数据流，引入补偿系数 $\Delta \geq 0$，使得 $W_{k,t}^{(1)} = W_{k,t-1}^{(1)} + \Delta$，$W_{k,t}^{(2)} = W_{k,t-1}^{(2)} + \Delta$。

基于 top-r 的思想去计算模型的准确率，根据每个时刻所有数据流的统计量 $W_{k,t}$ 的值来动态地选择数据流计算全局监控统计量。在对 $W_{k,t}$ 从大到小排序后，可以得到 $W_{(1),t} \geq W_{(2),t} \geq \cdots \geq W_{(m),t}$，当全局监控统计量超出控制界限 $\sum_{i=1}^{r} W_{(i),t} \geq d$ 时，整个抽样监控过程停止，对可能出问题的数据流进行检视。当全局监控统计量未超出控制界限时，可选择当前局部统计量值最高的 r 个数据流，作为下次抽样的目标。若有若干个数据流的统计量均在临界值上，可从中随机选择相应的数据流。

很显然，上述自适应监控方法的性能依赖参数 $u_{\min}$、Δ、r 和 d 的选取。这里 $u_{\min}$ 通常由工程技术人员基于领域相关知识确定，例如，在产品设计和过程设计阶段，相关变量的容忍范围便已给出，工程技术人员可用该范围来确定相应的最小偏移量。调节参数 Δ 衡量采样资源被重新分配的频率，当 Δ 太小时，不被采样的数据流有很大的可能性一直不被采样，使得动态采样的策略趋于静态化。而当 Δ 太大时，整个采样资源重分配的策略将由 Δ 主导，导致不管有没有出现异常，数据流均会被随机地重定向采样。值得注意的是，自适应的采样策略不一定要将所有采样资源用尽，即采样的数据流个数 r 可小于采样资源数 q。事实上，工程人员应当在采样的初始阶段保留部分资源，否则全局统计量可能会加总一些未出现问题的数据流，导致整体监控性能降低。理想情况下，采样的数据流个数 r 应当近似等于出问题数据流的个数，当此数目未知时，通常选取较小的 r 值监控效果会更稳健。d 是停止整个监控过程的阈值，通常通过蒙特卡罗仿真和 bootstrap 确定。

需要注意的是，上述采样策略仅适用于近似正态的数据，当数据分布偏离正态分布时，上述方法的效果可能难以令人满意。有学者利用非参数统计方法提出

了非参数的数据自适应采集策略，并从理论上给出并证明了一系列性质，包括：①当数据流都受控时，所有数据流都可能被分配到资源进行数据采集；②当数据流出现问题时，失控的数据流有非零的概率被不断采集到数据。

上述描述了数据采集所用到的策略，但在物联网下，为了采集到有效且有用的数据，需要对数据的编码进行处理。

5.2　物联网下产品质量状态数据的编码

5.2.1　物联网编码标准

对于通信和信息科学，代码（code）是指一套转换信息的规则系统。例如，人类所使用的语言就是一种广义上的代码，它将一个人看到、听到、闻到、尝到、触摸、思考的事物转换为声音的形式，而上述转换的过程即为编码（encoding）；相反，将代码还原为源头信息的逆向过程，称为解码（decoding）。

早在 19 世纪就有了著名的莫尔斯电码。作为一种早期通信编码，莫尔斯电码在各个领域尤其是军事领域发挥了重要作用。20 世纪 40 年代，电子计算机诞生，在往后数十年出现了各种各样的编码理论，如字符编码、图像编码、声音编码、视频编码、通信编码和加密编码。

随着物联网的发展，适用于物联网环境的编码出现了。与其他信息通信技术相比，物联网更注重与现实世界的交互，这意味着任何物品可通过物联网实现互联互通。因此，物联网编码常用于识别、标记和追踪物品。注意，此处"物品"既可以是实际的物体也可以是虚拟的服务。但是，无论是哪一类，在连入物联网之前都需要报告自己的身份信息。而编码的目的，就是使用唯一的标识给物品贴上标签（tag）。通过扫描该标签，就可在数据库中匹配物品的身份属性，知晓其功能用途，从而避免因信息混乱带来的一系列问题。

物品编码技术包括标识编码、分类编码和属性编码，是物联网实现物品数字化的基础。国际知名的物品编码标准有 EAN/UCC 条码、EPC 和 Ucode（UID）。中国也于 2018 年颁布了名为 Ecode 的物联网标识体系。

1970 年，通用商品代码（Universal Production Code, UPC）被制定，并在 1973 年交由美国统一编码委员会（Universal Code Council, UCC）管理。1977 年，国际物品编码协会的前身，欧洲物品编码协会（European Article Numbering Association, EAN）成立，并于同年制定与 UPC 兼容的 EAN 条码。2002 年，EAN/UCC 条码正式成为全球统一的物品编码标准。当前，全球几乎所有的商品都在包装上印有 EAN/UCC 条码，图 5-1 给出了一个 EAN-13 条形码的示例。

图 5-1　EAN-13 条码示例

　　EAN/UCC 条码虽然普及率最高，但其只使用一维条形码，只能存储一小串字符信息。由于出现了对全部产品的单品实施独立编码的需求，1999 年， EPC 被提出，适用于基于 RFID 技术的场景，成为商贸产品信息识别和来源追溯的主要编码标准。EPC 标签主要包括系列化全球贸易标识代码（SGTIN），厂商识别、指标符和商品项目代码（SGTIN-96），系列货运包装箱代码（SSCC），系统化全球位置码（SGLN）和全球可回收资产标识符（GRAI）五种信息。相比 EAN/UCC 条码，EPC 标签可以做到"一物一码"，信息量更丰富，识别时也无须处于静止状态。更重要的是，与 EAN/UCC 条码只读不同，EPC 标签支持读写。图 5-2 给出了一个 EPC 标签示例。

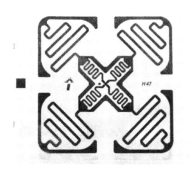

图 5-2　EPC 标签示例

　　2002 年，EAN 合并 UCC，2005 年更名为 GS1（Globe Standard 1），成为欧美地区乃至全球在供应链管理和商贸领域的标准化组织，而 EPC 正是由 GS1 负责管理和推广的。与此同时，日本也联合厂商成立了 UID Center（泛在识别中心），并提出了与 EPC 类似的 UID 方案。UID 使用 Ucode 编码，支持条码、二维码、

RFID 标签等多种方式存储，既兼容日本已有的标准，也面向全球提供物体识别、跟踪和共享服务。

中国的物联网物品编码 Ecode（Ecode Entity Code，参见国家物联网标识管理中心官方网站）以国家标准的形式颁布和推行。2015 年 9 月 11 日，《物联网标识体系 物品编码 Ecode》（GB/T 31866—2015）首先规定了物联网物品编码 Ecode 的数据结构（图 5-3），用于信息采集和交换。2018 年 9 月 17 日，《物联网标识体系 Ecode 解析规范》（GB/T 36605—2018）进一步规定了 Ecode 解析体系架构和功能要求。2018 年 12 月 28 日，《物联网标识体系 总则》（GB/T 37032—2018）规定了物联网标识体系的总体框架和基本原则。

物品编码 Ecode			最大总长度	代码字符类型
V	NSI	MD		
（0000）$_2$	8 比特	≤244 比特	256 比特	二进制
1	4 位	≤20 位	25 位	十进制
2	4 位	≤28 位	33 位	十进制
3	5 位	≤39 位	45 位	字母数字型
4	5 位	不定长	不定长	Unicode 编码
（0101）$_2$ ～（1001）$_2$	预留			
（1010）$_2$ ～（1111）$_2$	禁用			
注 1：以上 5 个版本的 Ecode 依次命名为 Ecode-V0、Ecode-V1、Ecode-V2、Ecode-V3、Ecode-V4。 注 2：V 和 NSI 定义了 MD 的结构和长度。 注 3：最大总长度为 V 的长度、NSI 的长度和 MD 的长度之和。				

图 5-3　Ecode 的编码结构

除了物品编码，也有用于记录事件的编码，用于消息传递的编码等，但这些编码并没有国际通行标准。物联网下的编码主要解决的是事务层级（transaction level）的问题，尚有较大的发展空间，特别是如何利用物联网编码解决生产运作和质量管理中的问题。有学者甚至认为，物联网标准的不健全制约了物联网内信息流的快速传递（Främling and Maharjan，2013）。

5.2.2　产品质量状态的编码表示

近年来，由于政策要求和产业链整合，制造商不仅参与从原材料（或零部件）到产成品的制造过程，也负责从消费者（或回收商）处取得旧产品（也称退回品、二手产品），经质量检查、零部件补充和修复、外观翻新等环节，重新包装为翻新品（也称再制品）的再制造（remanufacturing）过程。图 5-4 描述了一个模块化产品的制造和再制造过程。

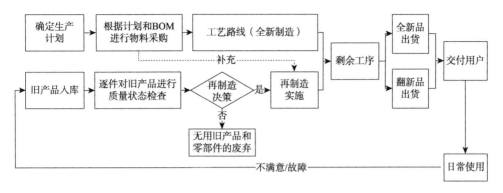

图 5-4　模块化产品的制造和再制造过程

在上述过程中，制造商需根据旧产品的质量状态，从可用的处置手段中择优选择。如果旧产品数量较多并且 BOM 较复杂，制造商则需要使用某种方式存储这些信息，供再制造决策使用，以达成如旧产品利用率最高、生产成本最低、废弃物最少等预期目标。同时，使用恰当的方式表示旧产品的质量状态将有助于制造商做出科学的再制造决策。

由于退回品及其零部件的质量状态各异，代表性的表示方案主要有：① 使用连续实数表示质量状态，并划定阈值区分不同的质量状态；② 使用离散数字指代若干个价值不同的质量状态；③ 将退回品的质量状态表示为全新品的一定比例；④ 使用低、中、高三种质量状态来描述产品价值；⑤ 直接使用完全损坏、部分损坏和未损坏三种质量状态。

物联网为企业的精细化管理提供了可能（Dweekat et al.，2017），特别是允许制造商对单个退回品进行决策（Branstetter et al.，2019），这意味着决策可以变得更加细粒度，将更多质量因素纳入考虑范围。例如，参考模块化产品的 BOM、组成结构和工艺路线的信息，分析产品的再制造选项以及特有再制造环节，提出一种更有针对性、更能利用物联网优势的编码方案。5.2.3 节将基于 BOM 和工艺路线，使用传感器所采集的物联网平台数据，给出一种用于电子产品的质量编码方法。

5.2.3　一种电子产品的质量状态编码方式

电子产品一般采用模块化设计，即一款产品由 BOM 定义的模块装配而成。通过模块化装配，零部件和原材料的采购事项得以简化，生产效率和良品率相应提高；同时，由于各国政府普遍将电子废弃物列为重点管控对象，借助对模块的维修、替换和补充操作，制造商可以将回收的旧产品还原为可重新销售的翻新品，执行更加有效和可预期的再制造。例如，Apple 就有翻新的 iPhone 外壳和电池模块，以官翻品的形式上架销售。

虽然再制造已成为电子产品制造商非常关切的问题，涉及这一主题的产品质量状态编码方案却不能很好地反映生产实际。这是因为，通常做法是将研究对象假定为完全模块化的产品，即模块可以直接装配为产品，产品也可以随时还原为模块。而与这一理想假设相反，iPhone 的各个功能模块通过排线或锡焊连接至主板（PCB），形成了"PCB-模块关联"。如果尝试替换 PCB，锡焊的模块会受到牵连，包含着"拆解-装配"逻辑。

以上现象将带来两方面的影响。制造商的决策依据是每件退回品的质量状态，决策粒度显著降低（精细化）；成本分析需要考虑回收选项和拆解风险，不再是简单加和各工序的成本（具体化）。因此，在物联网驱动的再制造背景下，本小节将着眼于电子产品的再制造问题，提出一种二进制的模块级质量状态编码，以及编码的演进规则，基于产品结构、零部件关联性、再制造工序等刻画退回品的质量状态。

该编码被命名为物联网质量状态编码，即 IQSCT（IoT Quality Status Code）。IQSCT 的初始长度为 2 位，定义了模块的四种基本质量状态，如下所示。其中 0b 为标识二进制的前缀，无实际意义。

（1）缺失（未发现该模块）：0 b 0。

（2）状态正常（无须处理）：0 b 1。

（3）状态异常，可以修复：0 b 1 0。

（4）状态异常，不可修复：0 b 1 1。

模块的类别有以下三种。

（1）PCB：0 b 0。

（2）A 类：0 b 1。

（3）B 类：0 b 1 0。

在这里，PCB（0b0）是零部件的安装基板，提供插座或排线座，供 A 类零部件（0b1）用排线连接，如液晶屏、驱动装置、锂电池等；同时设有透孔和焊盘，供 B 类零部件（0b10）以 thru-hole（穿孔）、SMT（表面贴装）等方式固定，如处理器、存储芯片、电源 IC 等。

引入记号 $\mathrm{flag}_{s_i, j \mapsto g} \in \{0,1\}$，表示退回品 s_i 中模块 j 的状态是否为 g；另引入记号 $\mathrm{type}_{i, j \mapsto h} \in \{0,1\}$，表示 i 型 SKU（stock keeping unit，库存保有单位）中模块 j 的种类是否为 h。$\mathrm{flag}_{s_i, j \mapsto g}$ 和 $\mathrm{type}_{i, j \mapsto h}$ 的表达式如下所示：

$$\begin{cases} \text{flag}_{s_i,j \mapsto g} = 0\text{b1} - (\text{flag}_{s_i,j} \ ^\wedge \ g \ \text{and} \ 0\text{b1}) \\ \text{type}_{i,j \mapsto h} = 0\text{b1} - (\text{type}_{i,j} \ ^\wedge \ h \ \text{and} \ 0\text{b1}) \end{cases}$$

其中，"$^\wedge$"为"按位异或"运算符，"and"为"逻辑与"运算符。

利用二进制编码在逻辑运算方面的特性，可以描述电子产品的"PCB-模块关联"。如果检测到 PCB 出现了不可修复的损伤（如明显裂纹或部分折断），虽然 PCB 的部分模块还能正常工作,但事实上产品已无法通过再制造达到出库的标准。此时，除了拆解 A 类模块备用（作为其他退回品的备件），将该退回品其余部分废弃。上述过程可通过 IQSCT 的编码演进（code evolution）描述。除了缺失状态，将 B 类模块的状态调整为损坏，并在该退回品的模块中添加"PCB 已损坏"这一信息，操作运算如下所示。

$$\text{flag}_{s_i,j}^{'} \leftarrow \text{flag}_{s_i,0 \mapsto 0\text{b11}} \cdot [\ \text{type}_{i,j \mapsto 0\text{b10}} \cdot \left(\text{flag}_{s_i,j} \ \text{and} \ 0\text{b11} + 0\text{b100} \right)$$
$$+ \text{type}_{i,j \mapsto 0\text{b1}} \cdot \left(\text{flag}_{s_i,j} + 0\text{b100} \right)] + \left(0\text{b1} - \text{flag}_{s_i,0 \mapsto 0\text{b11}} \right) \cdot \text{flag}_{s_i,j}$$

其中，$1 \leqslant j \leqslant J_i$，$1 \leqslant s_i \leqslant S_i$，$\text{flag}_{s_i,0 \mapsto 0\text{b11}}$ 判断 PCB 是否不可修复，$\text{type}_{i,j \mapsto 0\text{b10}}$ 识别 B 类模块，"$\text{flag}_{s_i,j} \ \text{and} \ 0\text{b11} + 0\text{b100}$"调整模块质量状态并添加 PCB 不可修复的信息，$\text{type}_{i,j \mapsto 0\text{b1}}$ 识别 A 类模块，"$\text{flag}_{s_i,j} + 0\text{b100}$"添加 PCB 不可修复的信息，$\left(0\text{b1} - \text{flag}_{s_i,0 \mapsto 0\text{b11}} \right) \cdot \text{flag}_{s_i,j}$ 对可修复的 PCB 保留原始二位编码。

输入值和相对应的输出值如表 5-1 所示。

表 5-1　三位编码的演进规则

类别	PCB 状态	输入值	输出值	备注
A	0b1, 0b10	0b0, 0b1, 0b10, 0b11	无变化	无须调整
A	0b11	0b0, 0b1, 0b10, 0b11	0b100, 0b101, 0b110, 0b111	添加 PCB 损坏信息
B	0b1, 0b10	0b0, 0b1, 0b10, 0b11	无变化	无须调整
B	0b11	0b0	0b100	保留模块的缺失状态，只添加 PCB 损坏信息
B	0b11	0b1, 0b10, 0b11	0b111	调整模块状态为损坏，并添加 PCB 损坏信息
PCB	0b1, 0b10, 0b11	不适用		

使用表 5-1 的输出值，制造商可以计算预期的再制造成本，决定保留原 PCB 与否。当更换 PCB 的再制造成本（$C_{si,d}$）小于以现有 PCB 再制造的成本（$C_{si,a}$），保留 PCB，否则弃用并更换 PCB。$C_{si,d}$ 和 $C_{si,a}$ 的表达式由模块的采购成本、装配成本、拆解成本、修理成本、废弃成本等组成，需要考虑再制造工序的影响。由于表达式因产品结构而异，此处省略，在 5.2.4 节以具体的案例展开讨论。

对于不再利用的 PCB，写入弃用信息，将编码演进至四位。

$$\text{flag}''_{s_i,j} = \left(0b1 - z\right) \cdot \left[\text{type}_{i,j \mapsto 0b10} \cdot \left(\text{flag}'_{s_i,j} \wedge 0b100 \text{ and } \text{flag}'_{s_i,j} \text{ and } 0b11 + 0b1100\right) \right.$$

$$\left. + \text{type}_{i,j \mapsto 0b1} \cdot \left(\text{flag}'_{s_i,j} + 0b1000\right) \right] + z \cdot \text{flag}'_{s_i,j}$$

其中，$1 \leqslant j \leqslant J_i$，$1 \leqslant s_i \leqslant S_i$，$z = \text{bin}\left[\text{round}\left(\dfrac{1}{1 + e^{C_{si,a} - C_{si,d}}} \right) \right] = \begin{cases} 0b0, C_{si,a} > C_{si,d} \\ 0b1, C_{si,a} \leqslant C_{si,d} \end{cases}$，

round($\cdot$)为向下取整函数，bin($\cdot$)为从十进制到二进制的进制转换函数。$\text{type}_{i,j \mapsto 0b10}$ 识别 B 类模块，"$\text{flag}'_{s_i,j} \wedge 0b100 \text{ and } \text{flag}'_{s_i,j} \text{ and } 0b11 + 0b1100$" 调整模块的质量状态以及添加废弃 PCB 信息，$\text{type}_{i,j \mapsto 0b1}$ 识别 A 类模块，"$\text{flag}'_{s_i,j} + 0b1000$" 添加废弃 PCB 信息。

输入值和相对应的输出值如表 5-2 所示。

表 5-2 四位编码的演进规则

类别	PCB 再利用	输入值	输出值	备注
A	是	0b0, 0b1, 0b10, 0b11, 0b100, 0b101, 0b110, 0b111	无变化	无
A	否	0b0, 0b1, 0b10, 0b11, 0b100, 0b101, 0b110, 0b111	0b1000, 0b1001, 0b1010, 0b1011, 0b1100, 0b1101, 0b1110, 0b1111	添加弃用 PCB 的信息（表明来自被弃用的 PCB）
B	是	0b0, 0b1, 0b10, 0b11, 0b110, 0b111	无变化	无
B	否	0b0, 0b100	0b1100	添加弃用 PCB 的信息，保留模块缺失的信息
B	否	0b1, 0b10, 0b11, 0b111	0b1111	添加弃用 PCB 的信息，调整模块状态为不可修复

使用表 5-2 的输出值，制造商可针对各个回收品，更换全新 PCB 或沿用原 PCB 完成再制造，从而降低生产成本。根据需求，IQSCT 可继续演进至更高位，从更丰富的可用选项中优选处置选项。

IQSCT 使用二进制的布尔代数运算作为编码演进的实现方式，避免了传统再制造决策方法的如下缺点：如果遍历所有可能的质量状态组成方式，对于包含模块众多、结构复杂的电子产品，成本分析是指数级的运算过程，效率低且不符合物联网低能耗的目标；如果按照再制造所实际执行的操作进行成本分析，回收品收集、成本分析和再制造实施工作将不可并行，会因为实时的补货需求产生延迟，导致生产效率的下降；如使用常见的"0-1 变量"建立生产计划模型，存在信息冗余、含义模糊和可拓展性差等缺点，难以应用于实际生产环境。

根据再制造流程，IQSCT 的编码长度可从 2 位拓展为 3 位、4 位直至 n 位。

编码越长，IQSCT 编码值所包含的信息越丰富。在物联网驱动的生产环境下，IQSCT 可以与二维码、WSN、NB-IoT 等物联网技术相集成，以较低的数据带宽需求和较小的能源消耗实现编码识别、编码传输和编码演进等功能。

5.2.4　编码应用案例——iPhone 再制造

本节以 iPhone 11 为例应用质量状态编码 IQSCT。从本质上看，有许多产品的结构类似于 iPhone，特别是电子产品，因此本例很容易推广至其他产品。

iPhone 11 Pro Max 512GB（A2161）由各种模块组成，主要包括 6.5 英寸显示屏，后置三摄像头，64GB /256GB/512GB 闪存和堆叠 4GB RAM 的 A13 Bionic 芯片。以上物料的成本占总物料成本的一半，其中大多也兼容于 iPhone 11 Pro，但显示屏除外（尺寸不同）。iPhone 11 Pro 和 iPhone 11 Pro Max 这两种 SKU 构成了本例的按订单组装（make-to-order）的系统。

关于产品结构，iPhone 11 Pro/Pro Max 中几乎所有的模块都连接至主板（即 PCB）。为了更好地说明 5.2.3 节对模块的分类，将 iPhone 11 Pro Max 的各类模块（A 类、B 类、PCB）列在图 5-5 中，iPhone 11 Pro 与之类似。

图 5-5　iPhone 11 Pro Max 中的模块实例

图 5-5 中，每种模块分配的数字 0～12，对应 5.2.3 节定义的模块编号 j，类

别分别为{PCB, A, A, A, A, A, A, A, B, B, B, B, B}。其中，模块 0 指 PCB，模块 1 指后壳，模块 2 指显示屏，模块 3 指锂电池，模块 4 指震动马达，模块 5 指扬声器，模块 6 指前置摄像头，模块 7 指后置摄像头，模块 8 为 Wi-Fi 和蓝牙芯片，模块 9 为 LTE 基带芯片，模块 10 为 SoC，模块 11 为内存芯片，模块 12 为 NAND 闪存芯片，其余模块以及辅助材料（元器件）省略。

编号 i 表示 SKU，iPhone 11 Pro 和 iPhone 11 Pro Max 64GB/256GB/512GB 分别对应编号 0~5。假设在 iPhone 11 Pro Max 256GB 的回收品中，第 420 件入库品的屏幕已碎，电池进入保护状态，Lightning 接口接触不良，可将相关模块的质量状态编码为：$flag_{419,2} = 0b11$，$flag_{419,3} = 0b10$，$flag_{419,12} = 0b10$。随后，如果发现 PCB 也存在损伤，按照 5.2.3 节定义的规则，$flag_{419,0 \to 0b11} = 1$ 将触发编码演进，$flag_{419,2} = 0b11$ 会被更新为 $flag'_{419,2} = 0b111$，$flag_{419,3} = 0b10$ 会被更新为 $flag'_{419,2} = 0b110$，$flag_{419,12} = 0b10$ 则会被更新为 $flag'_{419,12} = 0b111$。结果，该入库品的 PCB 被放弃，原 PCB 的 Lightning 接口虽然能被修复，一并被弃用，再制造将基于新 PCB 进行。但是，电池在激活和重置后得到再利用。

以上完成了初始编码赋值和三位编码演进，输出的模块质量状态编码蕴含了 PCB 的质量状态信息。接下来，四位编码演进基于再制造成本，确定是否弃用原 PCB。如 5.2.3 节所述，成本表达式因产品结构而异，本例将工序逻辑和拆解风险纳入考虑，即 B 类模块安装时先于 A 类模块，拆解时后于 A 类模块。

如图 5-6 所示，A 类和 B 类模块分别通过电缆或锡焊连接到 PCB，所以在拆卸任何 B 类模块之前，需要先从 PCB 上拆下 A 类模块，即从插座上拔下排线（图 5-6（a））。接下来，需要使用脱焊工具，如热风枪，以拆卸 B 类模块（图 5-6（b））。因此，A 类和 B 类模块的拆解成功率存在差异。

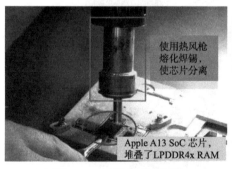

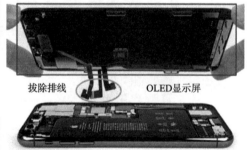

（a）拆卸 OLED 显示屏（A 类模块）　　　　　（b）拆卸堆叠芯片（B 类模块）

图 5-6　两类模块的拆解过程

为简便处理，可将 A 类和 B 类模块的拆解成功率定义为 1 和 $1-\varphi$，意味着拆解 A 类模块一定成功（因为拔出排线的风险是可以忽略的），而 B 类模块有 φ 的概率失败,导致焊盘脱落、PCB 损伤等意外后果(这在生产中是时有发生的事件),使得该回收品的再制造必须更换 PCB 才能完成。如果存在多个 B 类模块需要拆解,成功率下降到 $\varphi(1-\varphi)^{q-1}$,其中 q 表示不可修复的 B 类模块的数量。

由此,在进行成本计算时,可以包含潜在的成本项,指拆解失败后不得不采取的补救工序,将各种结果与其发生概率合成,可以得到期望的再制造成本。如果该成本大于更换 PCB 的成本(后者无须拆解 B 类模块,因此无潜在成本项),那么直接更换 PCB 以完成再制造更经济。将上述分析结果写入原 2~3 位 IQSCT 编码,从而将编码演进到 4 位。

记 c_j、a_j、d_j、r_j 和 w_j 分别表示零部件 j 的单位采购成本、单位装配成本、单位拆解成本、单位修理成本和单位废弃成本,Q_{si}($0 \leqslant q \leqslant Q_{si}-1$)表示回收品 si 中不可修复的 B 类零部件的数量,则可以给出 $C_{si,d}$ 和 $C_{si,a}$ 的表达式。

$$C_{si,d} = \sum_{j=0}^{J_i} C_{si,j,d}$$

式中,$0 \leqslant j \leqslant J_i$,$1 \leqslant s_i \leqslant S_i$,$C_{s_i,j,d} = \text{type}_{i,j \mapsto 0b0} \cdot (c_j + w_j) + \text{type}_{i,j \mapsto 0b10} \cdot [(\text{flag}_{s_i,j \mapsto 0b0} + \text{flag}_{s_i,j \mapsto 0b100}) \cdot (c_j + a_j) + (0b1 - \text{flag}_{s_i,j \mapsto 0b0} - \text{flag}_{s_i,j \mapsto 0b100}) \cdot (c_j + a_j + w_j)] + \text{type}_{i,j \mapsto 0b1} \cdot [\text{flag}_{s_i,j \mapsto 0b0} + (c_j + a_j) + (\text{flag}_{s_i,j \mapsto 0b1} + \text{flag}_{s_i,j \mapsto 0b101}) \cdot (d_j + a_j) + (\text{flag}_{s_i,j \mapsto 0b10} + \text{flag}_{s_i,j \mapsto 0b110}) \cdot (d_j + r_j + a_j) + (\text{flag}_{s_i,j \mapsto 0b11} + \text{flag}_{s_i,j \mapsto 0b111}) \cdot (c_j + a_j + w_j)]$。$\text{type}_{i,j \mapsto 0b0} \cdot (c_j + w_j)$ 识别 PCB 并计算替换成本,由采购成本和废弃成本组成;$\text{type}_{i,j \mapsto 0b10}$ 识别 B 类模块,$(\text{flag}_{s_i,j \mapsto 0b0} + \text{flag}_{s_i,j \mapsto 0b100}) \cdot (c_j + a_j)$ 识别并计算缺失模块采购和装配成本,$(0b1 - \text{flag}_{s_i,j \mapsto 0b0} - \text{flag}_{s_i,j \mapsto 0b100}) \cdot (c_j + a_j + w_j)$ 识别并计算非缺失模块的采购、装配和废弃成本;$\text{type}_{i,j \mapsto 0b1}$ 识别 A 类模块,$(\text{flag}_{s_i,j \mapsto 0b0} + \text{flag}_{s_i,j \mapsto 0b100}) \cdot (c_j + a_j)$ 识别并计算缺失模块的采购、装配成本,$(\text{flag}_{s_i,j \mapsto 0b1} + \text{flag}_{s_i,j \mapsto 0b101}) \cdot (d_j + a_j)$ 识别并计算正常工作模块的拆解、装配成本,$(\text{flag}_{s_i,j \mapsto 0b10} + \text{flag}_{s_i,j \mapsto 0b110}) \cdot (d_j + r_j + a_j)$ 识别并计算异常可修复模块的拆解、修理和装配成本,$(\text{flag}_{s_i,j \mapsto 0b11} + \text{flag}_{s_i,j \mapsto 0b111}) \cdot (c_j + a_j + w_j)$ 识别并计算不可修复模块的拆解、装配和废弃成本。

$$C_{s_i,a} = (1-\varphi)^{Q_{s_i}} \cdot \sum_{j=0}^{J_i} C_{s_i,j,as} + 1 - (1-\varphi)^{Q_{s_i}} \cdot C_{s_i,af}$$

其中,$0 \leqslant j \leqslant J_i$,$1 \leqslant s_i \leqslant S_i$,$C_{s_i,j,as} = \text{type}_{i,j \mapsto 0b0} \cdot \text{flag}_{s_i,j \mapsto 0b10} \cdot r_j + (\text{type}_{i,j \mapsto 0b1} + \text{type}_{i,j \mapsto 0b10}) \cdot [\text{flag}_{s_i,j \mapsto 0b0} \cdot (c_j + a_j) + (\text{flag}_{s_i,j \mapsto 0b10}) \cdot r_j + (\text{flag}_{s_i,j \mapsto 0b11}) \cdot (c_j + d_j + a_j + w_j)]$。$\text{type}_{i,j \mapsto 0b0} \cdot \text{flag}_{si,j \mapsto 0b10} \cdot r_j$ 识别异常可修复的 PCB 并计算修理成本,

$(\text{type}_{i,j \mapsto 0b1} + \text{type}_{i,j \mapsto 0b10})$ 识别 A 类或 B 类模块, $\text{flag}_{s_i,j \mapsto 0b0} \cdot (c_j + a_j)$ 计算缺失模块的采购和装配成本, $(\text{flag}_{s_i,j \mapsto 0b10}) \cdot r_j$ 计算异常可修复模块的修理成本, $(\text{flag}_{s_i,j \mapsto 0b11}) \cdot (c_j + d_j + a_j + w_j)$ 为不可修复模块的采购、拆解、装配和废弃成本。

$$C_{s_i,af} = C_{s_i,d} + \sum_{q=0}^{Q_{si}} [\varphi(1-\varphi)^{q-1} \cdot q \cdot Q_{s_i}^{-1} \cdot \sum_{j=0}^{J_i} (\text{type}_{i,j \mapsto 0b10} \cdot \text{flag}_{s_i,j \mapsto 0b11} \cdot d_j)] + \sum_{j=0}^{J_i} \text{type}_{i,j \mapsto 0b1}$$

$\text{flag}_{s_i,j \mapsto 0b11} \cdot d_j$, $\varphi(1-\varphi)^{q-1} \cdot q \cdot Q_{s_i}^{-1} \cdot \sum_{j=0}^{J_i} (\text{type}_{i,j \mapsto 0b10} \cdot \text{flag}_{s_i,j \mapsto 0b11} \cdot d_j)$ 为成功拆解 s_i 上第 q 件不可修复的 B 类模块的期望成本（前提是第 1 次至第 $q-1$ 次拆解都成功实施）, $\text{type}_{i,j \mapsto 0b10} \cdot \text{flag}_{s_i,j \mapsto 0b11} \cdot d_j$ 为拆解不可修复的 A 类模块的成本。

将计算结果代入 5.2.3 节的四位编码演进表达式, 即可完成四位编码演进。制造商只需读取经过上述基础赋值和编码演进操作的 IQSCT 编码输出值, 即可进行再制造决策, 由此采取针对性的处置选项, 并可提前准备零部件补货（如有零部件需要替换）, 实现高效率、高利用率和低成本的目标。

表 5-3 比较了基于 IQSCT 编码的再制造以及传统的处理方式。可以看到, 使用编码更符合电子行业的生产实际, 充分利用了物联网的特性。借助 IQSCT, 制造商可以根据电子产品质量状态的个体差异, 同步开展事前的、精确的、具体的成本分析, 并将生产过程中的风险因素纳入考虑范围, 从而在再制造开始之前满足可能的补货需求, 实现平稳可预期、高效低成本的物联网生产模式。

表 5-3　基于编码和传统方案的再制造模式

	编码方案	传统方案	案例中的应用
适用产品结构	完全模块化或不完全模块化	只适用完全模块化	再制造实施之前, 一般很少将电子产品拆解成最小的模块化组件, 尤其是不便于拆解的 B 类模块
工序逻辑	纳入考虑	被忽略或简化	大多数情况下, 进行任何脱焊操作之前, 应先拆解 A 类模块排线, 这会产生额外的成本, 不应被忽略
再制造决策	取决于模块级的质量状态	按比例粗略处理	对于电子产品, 再制造是一事一议的, 意味着根据质量状况对每种回收品采取相应的回收选项
质量状态刻画	IQSCT 编码	等级、语言描述、打分等	iPhone 的物料成本最高可达 450 美元, 其中几个主要模块成本占一半以上, 因此质量状态刻画应精确到模块级

5.3　物联网大数据环境下制造环节质量状态监控

生产过程的质量控制, 指从原材料、生产设备、工艺操作直至产品出厂都应在受控状态下进行, 使产品生产的全过程处于严格控制之下, 达到稳定、可靠、优质的管理，以保证产品质量全面符合客户和合同的要求（黄彤军等，2007）。

当前工业制造处于关键时期，发展的重点是推动新一代信息技术与制造技术融合发展，促进工业物联网、云计算、大数据在企业研发设计、生产制造、经营管理、销售服务等全流程和全产业链的集成应用。传统的制造业在向智能化生产迈进的过程中需要采用大量的传感设备，构建企业物联网，这使得当前数据增长比以往任何一个时期都要快，增长速度迅猛；由传感设备收集到的数据涉及整个生产过程中各工序原料质量情况、过程操作参数的取值、设备运行状态、操作和检验人员的经验及其工作状态等知识信息运用科学的方法进行收集、编码和存储，数据量将远多于传统的业务数据。物联网所创造数据，描绘的是工厂设备、物质运动的规律、状态变化的规律等，更加真实、可靠、有价值，可以从中挖掘出更丰富、更有用的知识（孟小峰和慈祥，2013）。

在考虑进阶的质量控制手段之前，需要先简单回顾一些经典的生产控制理论，从而找出传统方法与新兴实践之间的空白部分。统计过程控制是工业过程监控中常用的方法之一，它应用统计方法对生产过程中的任一阶段进行实时监控和分析，确保过程处于受控的状态，从而保证产品与服务符合规定要求。由于生产过程中存在两种因素会使产品参数产生波动，即随机因素和系统因素。随机因素是随机产生、大量存在并且无法消除的，它通常只是使产品参数产生细微的波动不会影响产品整体质量，而系统因素是使产品出现质量问题的罪魁祸首，需要快速发现并加以消除。统计过程控制方法认为，当生产过程仅仅受到随机因素影响时，过程处于受控状态，反之当生产过程在除随机因素影响外还有系统因素的干扰时，过程便偏离可控而进入失控状态。在可控状态时，系统保持稳定且服从一定统计分布，该分布确定下来以后，质量特性的数学模型就确定下来了。当生产过程发生变异时，系统分布则发生了相应变化。统计过程控制即研究系统分布特点来判断生产过程处于何种状态，从而为生产的有效性提供有力依据。运用统计学的知识是监控生产过程的一种方法，它可以做到两个方面的工作：一是可以运用统计过程控制的方法来监控生产过程中的过程质量，发现监控过程中可能的问题并产生信号，还可以提供分析监控过程的持续质量性能；二是可以评价生产过程中的质量能力，计算出过程满足要求的程度并分析过程能力指数。统计过程控制有几个主要工具：直方图，检查表，帕累托图，因果图，缺陷集中图，散点图，控制图。目前控制生产过程的主要方法为控制图监控法，通过控制图直观分析可以对过程做出可靠的评估，设置比较适当的控制界限来判断生产过程受控和失控的状态。

控制图的研究已有很长的历史。1875 年，泰勒首先提出科学管理原则来改善制造品质。1924 年，休哈特最早提出统计过程控制方法，即休哈特控制图法。休哈特控制图有多种类型，如 X-R、X-s、np、c 型、u 型等控制图，其中一般运用 X-R 控制图来监控均值和方差的变化，该控制图的上下控制线由样本均值加减 k 倍的极差

（一般 k 的取值为 1.5 或者 3）来确定。由于休哈特控制图简便实用，它一直是运用最多的统计过程控制方法。1956 年，西屋电气公司提出四点建议原则来改进休哈特控制图的运用。控制图在发展的过程中也诞生了新的控制图法，如 EWMA、GWMA 和 CUSUM 控制图，它们进一步利用了历史数据，针对过程中的微小偏移有更大的灵敏度。然而，传统的控制图多是针对单个变量的监控而提出的，当代工业更具数字化特点，产品全生命周期中采集的数据量更大，质量指标更多，不同指标之间的关系更复杂，这对基于数据进行的质量监控提出了更高的要求。数据维度高，数据分布未知，变量相关性未知以及受控样本少，这些特征使单变量控制图暴露了它的局限性。下面将针对上述高维数据的特点进行逐一讨论。

1. 数据维度高

当前产品结构的日益复杂和多工序生产模式的推广优化使得质量指标的数量急剧上升。因此同时对多个质量指标进行监控是大势所趋。以上汽乘用车的生产制造为例，由于车身制造工艺非常复杂，需要通过上百道工序，将几百个零部件拼接成一个完整的白车身。每一道工序，每一个零件都有很多尺寸参数。检验车身尺寸精度质量是一项复杂、系统的工作，影响着整车零部件安装、四轮定位、匹配、密封等一系列的功能。据统计，整车 80% 的质量问题都是由于尺寸精度。为了得到足够的质量数据进行监控，上汽乘用车在各个生产过程中部署多种测量设备：在线激光检测设备、现场检具测量设备、三坐标设备等。这些测量设备布置在车身制造的各个环节，全方面收集制造过程中的产品数据。如何利用收集的高维数据进行质量监控，就是当前多元控制图研究的重点领域。

2. 数据分布未知

传统的控制图都是基于正态分布的假设进行设计的。因为过去产品较为单一，且生产批量大，这样的数据可以满足正态性假设。但是随着科学技术的高速发展，产品功能越来越丰富，结构也更加复杂。3D 打印等新技术的广泛使用，满足了客户多样性的需求，在小批量生产的情况下，正态性假设很难得到满足。在生产制造和其他工业过程中，存在很多非正态分布的数据，如分类数据、计数数据和寿命数据等。半导体制造业中的晶圆缺陷数即计数数据，在使用中经常被假设为服从泊松分布。用于监控的非正态分布还有重尾分布（如拉普拉斯分布）和偏态分布（如伽马分布），很多服从这些分布的数据并不适合采用为正态分布数据设计的控制方法，因此对于非正态分布数据的监控也是当前的研究热点。

3. 变量相关性未知

智能制造的技术基础是赛博物理系统（Cyber physical system，CPS）的搭建。

该系统联合传统工业中自动化和信息化的各种方式,以此对整个企业进行监测与控制。在工业生产过程中,因为很多过程的物理化学性质,许多过程变量具有相关性。以发电机运行过程为例,在运行过程中收集到 27 个过程变量的数据,包括定子线圈槽温度、发电机电流、冷氢温度、大气压力等。其中定子线圈槽温度与发电机电流有极强的相关性,同时,定子线圈槽温度与大气压力并不相关。但当前很多研究仍然以各变量相互独立作为假设条件来设计控制图,其效果并不理想。因此越来越多的研究人员开始关注变量相关性未知下控制图的设计,提高控制图的鲁棒性。

4. 受控样本少

技术水平的提升和需求响应速度的加快带来了产品更新换代的加速。现在的产品生命周期越来越短,留给设计的时间相应缩短,这样可以获得的样本数就显得不足。同时,当对生产过程进行改进时,企业希望高效验证改进方案的有效性,所能提供的样本有限。但很多需要参数估计的控制图在受控样本较少的情况下,参数的估计存在偏差,造成控制效果不佳。以传统的休哈特 $\bar{X}$ 控制图为例,中心线 $\mathrm{CL}=\bar{X}$,上控制限 $\mathrm{UCL}=\bar{X}+3\sigma$,下控制限 $\mathrm{LCL}=\bar{X}-3\sigma$,根据受控样本得到样本均值 $\bar{X}^*$,样本标准差 σ^* 。用 $\bar{X}=\bar{X}^*$, $\sigma=\sigma^*/\sqrt{n-1}$ (n 为受控样本量)估计总体的均值和标准差。若受控样本较少,会造成样本均值和样本标准差估计的不准确,进而增大两种错误的概率。因此很多研究人员尝试运用非参数的方法代替参数估计来解决受控样本少的问题。

5.3.1　多元数值型数据控制图设计

多元数值型数据可以分为连续型和计数型两种类型,连续型数据又可以细分为正态型和非正态型。针对多元正态数值型数据的控制图的发展已经比较成熟,最先提出的是霍特林 T^2 控制图,它简便易用,同时也是最经典的多元控制图之一。该控制图构造了统计量 $T^2=n(X-m)'S^{-1}(X-m)$,当 T^2 超出了控制线则判断生产过程出现异常,其中 n 为多维样本的数量, m 为均值向量, S 为样本协方差矩阵。霍特林 T^2 控制图可以有效监测出系统中较大的波动,但是对小偏移并不敏感。为了解决小偏移量的监测问题,Crosier(1988)提出了基于累积和控制图(CUSUM)的多元累积和控制图(MCUSUM)。Lowry 等(1992)对一元指数加权移动平均(EWMA)控制图也进行了多元扩展,提出了多元指数加权移动平均(MEWMA)控制图,它在性能上与 MCUSUM 相似,构造过程更加方便简捷。

霍特林 T^2 控制图,以及在此基础之上改进的多元累积和控制图、多元指数加权移动平均控制图是目前最常用的三种多元控制图。然而,这三类控制图都存在一定的应用局限性，那就是它们都无法处理非正态型的数据。非参数控制图的出现为这一问题提供了解决方案。通过设计秩统计量，打破原有控制图在变量分布上的限制（Bakir，2006）。只要监测数据的分布是连续且对称的，该控制图就可以保证监测过程的稳定检测率。Graham 等（2011）构造了一个双向的 EWMA 控制图，使用马尔可夫链来确定控制图的链长分布和控制图参数，并且证明了其在受控过程中的稳定性。Qiu（2008）使用对数线性模型建立了不限分布的多变量 CUSUM 控制图。Zou 等（2012）通过一种自启动算法也实现了对非正态变量的有效监测。

随着大数据时代的到来，数据挖掘算法也常应用于多元连续型数据控制图的设计中。Sun 和 Tsung（2003）通过支持向量的方法计算观测点离受控数据内核中心的距离，以此来判断观测点的异常程度。He 和 Wang（2007）设计了一种基于 KNN 的多变量统计故障检测方法，解决了传统主成分分析法故障监测方法无法很好处理的半导体制造过程中的非线性和多模态化问题。但是该方法在计算距离时使用的是欧氏距离，无法准确描述变量之间相关时的场景，Verdier 和 Ferreira（2011）使用马氏距离来代替欧氏距离，提出了一种自适应的基于马氏距离的故障监测方案，用于监测集成电路制造的光刻过程。Tuerhong 等（2014）则是根据监测点到局部观测点的距离以及其到近邻构成的凸壳的距离来计算监测点的混合得分统计量，构造了一个加权指数混合得分控制图。Sukchotrat 等（2009）将分类问题的思路扩展到统计过程控制中，将控制图的统计量定义为数据的异常程度，提升了控制图在阶段 I 和阶段 II 的分析性能。Yu 和 Xi（2009）将神经网络集成技术应用于多元控制图的设计中，使用计数粒子群算法实现了对失控信号源的准确分类。Kim 等（2012）使用人工神经网络、支持向量回归和多变量自适应回归样条算法，实现了对过程均值的监测。他们利用数据挖掘模型的残差构建多变量累积和控制图，并且证明基于数据挖掘模型的控制图表比传统的基于时间序列模型的控制图更好。

数值型数据还有一种类型，就是计数型。例如，某网站需要对每日到达该网站的人次、点击各类广告的人次进行统计，以维持网站的正常运营。这个监测问题就是一个多维计数型数据监测问题。常见的计数型数据一般服从二项分布或者泊松分布。对于一维计数数据来说，一般采用 p 控制图或者 np 控制图来监测。这两类控制图主要用于判断生产过程中的不合格品率是否保持在所要求的统计受控状态。该过程形成的任何单位产品不合格品的概率为常数 p，或者不合格品的数量为 np。对于符合泊松的数据，则选择 c 控制图或者 u 控制图。其中 c 为不合格品的总数目，u 为单位产品的缺陷数目。但是在现实监测场景中，监测变量往往是多维的，采用多个一维控制图对每个变量进行单独监测往往是不合理的。

解决该类问题的一种思路是降维，将多维计数型数据转化成一维计数型数据。Lu（1998）使用加权求和的方法对计数型变量进行归一，构造了一种多变量 NP 图（MNP 图）。Chiu 和 Kuo（2007）推导出了多个泊松变量和的概率分布，构造出了 MP 控制图，并且证明了当变量之间存在相关性时，MP 图比休哈特控制图表现更好。Ho 和 Costa（2009）针对二元泊松数据 $X = (X_1, X_2)$ 构建了三个统计量，证明了在大多数情况下，新方案比两个独立 c 图的监测效果更好。但是随着数据维度的增加，采用这类简单降维的方法可能无法保证监测的准确度。有些统计学家选择用正态近似的方法（Box et al.，2011）将计数型数据监测问题转化为连续型数据监测问题。但是这种方法只适用于泊松分布的参数比较大时，在应用时有很强的局限性。当数据维度不断增加时，多元泊松数据就转化成了高维甚至超高维泊松数据，如在半导体制造业，有时需要同时监测印刷电路板上多个位置的发生分层的次数。当监测变量较多时，使用正态近似或者估计分布函数的监测效果都很差。Wang 等（2016a）提出了一种独立多元泊松数据的混合控制图，将此类高维数据监测问题转化成了数据异源监测问题，采取分段监控的思想，改善了各环节的监控效果。多元控制图是解决同时监控多个质量指标问题的方法之一。

5.3.2　多维混合型数据控制图设计

针对多维数值型数据的控制图发展已十分成熟，但是在实际应用中，需要考察的数据可能不仅仅只有数值型变量，往往还包括顺序型变量。例如，优良中差分等级的变量。在钻石的品控环节，需要监测钻石的品质是否达标，这个过程可以视为一个多元统计过程控制问题。其中高品质的钻石可视为受控数据，低品质的钻石可以视为失控数据。钻石的属性不仅包括宽高比、台宽比、长、宽、高这类数值型变量，还需要监测切工分级、颜色分级、净度分级这些有明显等级特征的顺序型变量。除了每个变量的特征不同，各个变量之间往往还有一定的相关性，如宽高比和宽。具体钻石的案例见 5.3.3 节。如何处理顺序型变量，同时有效利用各变量之间的相关性，是混合型数据监测的一个重要研究课题。

有些统计学家认为顺序型变量可以通过潜在的连续变量确定（Li et al.，2014）。Li 等（2014）通过秩变换将顺序型数据和连续型变量都转化成区间在[0, 1]上的数值，然后结合多元指数加权移动平均（MEWMA）控制图进行数据监测。这种处理方式有两个问题。第一，MEWMA 控制图对非正态的数据监测效果可能不是很好。第二，原本的连续性数据在被秩变换的过程中可能会丢失一部分的属性，这种处理方式对于连续型数据的信息利用率不高，可能会影响控制图的监测准确性。

还有的研究是将顺序型变量用自定义数值型来代替，然后结合数据挖掘的算法解决此类问题。他们将混合型数据监测问题视为一个包含受控数据和失控数据的两个类别的分类问题，在阶段 I 中，使用部分受控数据作为训练集。在阶段 II 中，使用剩余受控数据作为测试集来确定控制图的控制界限。Ning 和 Tsung（2012）

提出了一种基于密度的混合型数据控制图。

Copula 函数利用变量属性值之间的秩相关性，将每个变量的边缘分布函数与它们的联合分布函数连接，可以有效地描述变量间的相关关系，这为含顺序型变量的混合型数据建模提供了新的突破口。Song 等（2009）使用二元 Gaussian Copula 构建了一个含有计数和连续型变量的双变量模型。Gaussian Copula 函数具有对称结构，但是它不适用于描述如金融数据这种具有非对称相关结构的数据。Student-t Copula 也是常用的二元 Copula 模型。其函数也具有对称性，且其尾部分布更厚，更适宜描述尾部相关性强的变量，如上述提到的金融数据。当问题从二元延伸到多元时，二元 Copula 被多元 Copula 结构所代替。Verdier（2013）提出了一种基于非参数核密度估计方法的多元 Copula 控制图，证明了其相对于霍特林 T^2 控制图在监测多维非正态数据上的优势。Kosmidis 和 Karlis（2016）使用多元 Copula 混合模型成功建立了一个三维聚类模型。然而，随着数据维度和变量类型的增加，使用二元 Copula 将会因为函数中的参数估计问题导致巨大的计算负担，而多元 Copula 函数种类较少，且在描述多元变量之间的相关性时，缺乏灵活性和通用性。Vine Copula 模型的出现解决了上述问题，它将高维 Copula 函数分解为多个二元 Copula 函数的结合，大大提高了模型的拟合度。其中，不同的分解方式代表不同的 Vine Copula 结构。在众多 Vine Copula 结构中，最早提出的是 R-Vine 结构（Bedford and Cooke，2002）。但是这种结构不固定，没有广泛应用。随后出现许多研究，改进了此结构。

除了顺序型变量，还有另一类类别型变量，那就是名义型变量。例如，在信用卡业务中，银行需要根据客户的个人信息评估其申请资格。当待评估的客户数量很多时，该过程可以视为一个统计过程监测问题。其中，有资格的客户可以视为受控状态，无资格的客户可视为失控状态。客户的信息通常包括很多变量，其中有数值型变量，如客户的年龄和银行卡余额。有一些带有明显等级特征的顺序型变量，如学历等。还有一些属于名义型变量，如信用卡申请目的。信用卡的申请目的可能包括商业、购车或者教育等，与顺序型变量不同，这些属性值没有等级上的区别，不能使用数值特征描述。在这种情况下，传统的数值型控制图已不再适用。Tuerhong 和 Kim（2014）使用分类算法的思路来解决含名义型变量混合型数据的监测问题。这类方法的重点在于数据间距离的衡量和数据异常程度的定义。通过计算测试受控数据的统计量，用重复采样的方法确定每类控制图的控制界限。

5.3.3　钻石质量数据集的算例分析

本小节将以钻石质量为案例背景，分别使用 RVC（R-Vine Copula）控制图、基于密度的控制图（Ning and Tsung，2012）、多元 Copula 控制图进行监测，然后比较这三类控制图对多维混合型数据（即 RVC 控制图）的监测效果。

Gaussian Copula、Student-t Copula 的分布函数如表 5-4 所示。Vine Copula 模型则灵活地将不同种类的二元 Copula 函数按照变量的相关性结构连接在一起，从而建立多变量的联合概率密度函数，完成对多维数据的建模。本案例将在混合型数据监测过程中引入 Vine Copula 模型，建立一种新的多维混合型数据控制图，即 RVC 控制图。

表 5-4　常见的二元 Copula 函数介绍

二元 Copula	分布函数	参数
Gaussian	$C(u,v;\theta)=\int_{-\infty}^{\Phi^{-1}(u)}\int_{-\infty}^{\Phi^{-1}(v)}\frac{1}{2\pi\sqrt{1-\theta^2}}\exp\left(\frac{-\left(x^2-2xy\theta+y^2\right)}{2\left(1-\theta^2\right)}\right)\mathrm{d}x\mathrm{d}y$	θ
Student-t	$\int_{-\infty}^{T_v^{-1}(u)}\int_{-\infty}^{T_v^{-1}(v)}\frac{1}{2\pi\sqrt{1-\rho^2}}\left[1+\frac{t^2+s^2-2\rho ts}{\upsilon\left(1-\rho^2\right)}\right]\mathrm{d}t\mathrm{d}s$	ρ

本案例使用的钻石质量数据集共有 5 万条数据，每条数据记录了一颗钻石的信息。该信息由克拉数、切工分级、颜色分级、净度分级、宽高比（冠部高度/平均直径×100%）、台宽比（台面宽度/平均直径×100%）、价格、长、宽、高等属性组成。钻石的价值由多个属性决定，即使在克拉数一定的情况下，不同钻石的价值也各不相同。选取了克拉数同为 0.3 克拉的 2604 条钻石数据作为实验数据，研究在克拉数固定的情况下，钻石质量的控制方案。钻石的质量可以由钻石的价格反映，将价格前 90% 的钻石视为正常品质钻石，即控制图中的受控数据。价格后 10% 的钻石视为低品质钻石，即控制图中的失控数据。在构建控制图的过程中，对受控数据进行随机划分，选取 75% 的数据作为控制图的训练集，剩余 25% 的数据作为测试集。因此，该算例是一个 8 维混合型数据监测问题，其中这 8 维变量中包含 5 个数值型变量（宽高比、台宽比、长、宽、高）和 3 个顺序型变量（切工分级、颜色分级、净度分级）。顺序型变量的具体信息见表 5-5。图 5-7 展示了该数据集各变量的边缘概率密度函数，其中，图 5-7（a）～（c）表示 3 个顺序型变量的概率质量函数，横坐标的数字对应变量不同等级的属性值。图 5-7（d）～（h）中灰色部分表示各连续型变量的不同属性值分布直方图，带透明度的橙色部分表示使用核密度估计法求得的变量边缘概率密度函数图。

表 5-5　钻石质量数据属性信息

变量类型	变量名称	属性值（等级由低到高）
顺序型	切工分级	一般、良好、非常好、高级、理想
	颜色分级	J、I、H、G、F、E、D
	净度分级	I3、I2、I1、SI2、SI1、VS2、VS1、VVS2、VVS1、IF、FL

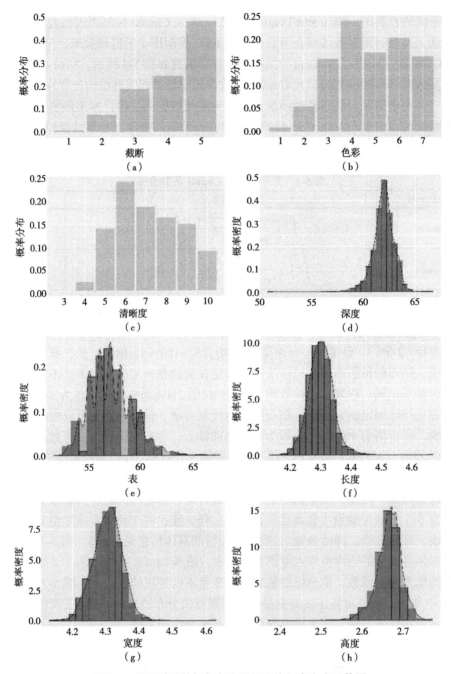

图 5-7　钻石质量数据集各变量的边缘概率密度函数图

　　根据测试数据构建一个 8 维的模型，将模型的概率密度函数与各变量的边缘概率密度函数结合，就可以得到模型的联合概率密度函数，确定控制图的统计量值。计算测试集中受控数据的值，基于第一类错误的值选取相应的静态概率密度分位数，就可以确定控制图的控制界限，完成控制图阶段 I 的构建。表 5-6 列出了在一些给定情况下，钻石数据集控制图的控制界限。

表 5-6 在给定第一类错误情况下的控制图控制界限 H

α	0.03	0.05	0.10	0.15	0.20	0.25	0.30	0.50	0.70	1.00
H	0.003	0.018	0.127	0.279	0.590	1.167	1.796	5.738	18.902	382.693

在阶段 II 中，如果测试数据统计量小于 H，即代表该数据为异常点，发出系统报警信号。图 5-8 展示了钻石数据集下测试数据中受控数据和失控数据的统计量箱线图，从图中可以看出，受控数据（normal）的统计量总体上大于失控（outlier）数据，说明受控数据对应的联合概率密度值大于失控数据，属于异常点的概率更低。

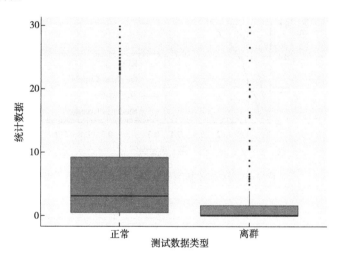

图 5-8 测试数据中受控数据和失控数据的统计量箱线图

同时基于钻石数据集构造了基于密度的控制图、多元 Gaussian Copula 控制图、多元 Student-t Copula 控制图和 RVC 控制图并对比了这四种控制图的表现。选取的衡量指标是模型 ROC（receiver operating characteristic）曲线。ROC 曲线常用于检验二分分类器的性能，在给定模型的情况下，输入一组正负数据，通过原数据与模型预测结果的对比衡量模型的准确度。本算例选取命中率为横坐标，敏感度为纵坐标构建 ROC 曲线。命中率等于控制图的第一类错误，表示控制图监测受控数据的效果。敏感度反映了控制图在阶段 II 中对异常数据的监测效果。ROC 曲线下的面积取值越大，表示控制图的监测性能越好。

图 5-9 展示了 RVC 控制图、基于密度的控制图、多元 Gaussian Copula 控制

图和多元 Student-t Copula 控制图的 ROC 曲线。从图中可以看出，在钻石质量案例中，在第一类错误值α较小时，RVC 控制图相比其他混合型数据控制图有明显的监测优势。这四种控制图的综合表现由好到差依次为：RVC 控制图，多元 Gaussian Copula 控制图，基于密度的控制图，多元 Student-t Copula 控制图。这表明 RVC 控制图比其他现有基于 Copula 模型的控制图表现效果更好。除此之外，从 RVC 控制图和基于密度的控制图的对比中也可以看出，在某些场景下，利用秩相关性来处理顺序型变量的处理方式可能比直接用自定义数值来替换顺序型变量的效果更好。

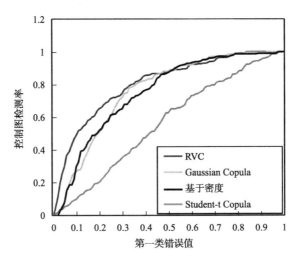

图 5-9　RVC 控制图与其他控制图的比较

第6章 物联网下的运维服务

6.1 产品的服务质量状态监控

随着科技的进步，我们也正步入一个新的时代。在新常态下，由重视数量到更注重质量，以创新作为推动力，互联网+、工业 4.0、中国制造 2025 以及大数据、云计算科技迸发出全新活力。以人为本，智能连接、智能服务、智能制造，"连接一切，充分感知"是这个智能时代的特征。服务质量的提升实质上也是运维技术的提升。

服务质量是质量大数据的最后一链，从产品的设计、研发、生产、供应到客户手中，企业提供的售后服务决定了用户的最终使用体验。一个企业能够通过提供合适的售后服务以及应用恰当的运维模式去预防、修正产品的问题，是这个企业竞争力的体现。在产品质量同质化的情况下，如何通过紧跟技术发展的趋势，智能运维，提升服务质量，也是工业界迫切需要解决的命题。

本节将分别从利用大数据技术提升服务质量与如何进行大数据运维展开。

6.1.1 生命周期中的服务质量大数据

1. 服务质量定义

服务质量（service quality）是指服务能够满足规定和潜在需求的特征及特性的总和，是指服务工作能够满足被服务者需求的程度，是企业为使目标客户满意而提供的最低服务水平，也是企业保持这一预定服务水平的连贯性程度。

由于本书的立足点是工业方向，我们所探讨的服务质量是基于售后服务和维护模式进行的，服务行业的服务质量不在本书探讨。

在产品的整个营销运营过程中分为三个阶段，每个阶段提供一种服务：售前服务，售中服务以及售后服务。整个服务过程环节紧扣，目的是满足客户需求，增加客户的忠诚度。产品销售的售前服务旨在了解客户需求，通过向客户介绍并且展示优秀产品而使得客户对产品建立信心的一系列服务行为。售中服务是在客户向供应商提供需求订单到交付产品使用前这一阶段企业提供的服务，在售中服务过程中通过企业组织提供资源为客户进行安装、培训等系列服务。而售后服务则是指产品交付于客户后至产品使用一定时间所承担的保证该产品无故障工作的一系列服务内容。实际上最早的售后服务概念可追溯到工业革命时期。经济学家菲利普·科勒定义售后服务为："售后服务是企业能够向客户提供任何与产品相关的活动或者利益，这些活动和利益本质上是无形的且不会产生所有权纠纷（吴兆龙和丁晓，2005）。"

从客户购买产品到产品生命终结的周期内，客户会拥有以下三种成本。

（1）固定成本。固定成本是与产品出现问题而需要维修的维护成本。

（2）变动成本。指其成本随着业务量的增减而发生变动的成本，如原材料成本、制造费用、销售成本等。

（3）混合成本。介于固定成本和变动成本之间，其总额既随业务量变动又不成正比例的那部分成本。

售后服务是客户与企业的满意关系纽带。客户希望得到低价格、安全可靠的售后服务支持。企业同时也依靠客户的满意来维持销售额与获取利润。缺失良好的售后服务，企业的产品很难销售出去。企业完善的售后服务体系可以增加客户的满意度和忠诚度，为企业提供超越竞争对手的客户价值，从而产生有利于企业的软信誉与绩效，形成无形的竞争优势。售后服务体系相对完善的行业是汽车行业。两种代表性的售后服务模式是：一种是四位一体式的 4S 服务体系，该模式指的是整车的出售、车辆失效维修、汽车零配件维修供应与故障反馈四个环节，环环相接形成售后服务体系；另一种是连锁性经营模式，该模式是企业联合供应商建立连锁式零配件销售与维修点，形成汽车保养、维修于一体的综合性服务商（肖丽娜，2016）。

客户在接受商家售后服务的过程中或者在接受服务之前，会对商家服务或产品产生预期感受或实际感受，也就是客户对售后服务的满意程度。如果客户对产品或者企业的满意程度达到或超过预期，客户对企业就会满意，心理层面上也会认为该企业或者该企业的产品服务质量较高；反之，客户则在心理层面上会感觉到自身接受到较为低质的服务。而服务质量管理就是要通过对企业的售后服务进行有效的督促和控制，以此来保证高质量的售后服务，或针对不良售后服务进行及时的补救，以争取到客户较高的售后服务满意度。使之不低于客户对售后服务的期望水平。以设备厂商为例，现阶段的售后服务现状总的目标就是让客户对其售后服务不低于预期值，其售后服务体现出如下三个显著特征。

（1）服务管理科学化、信息化。一些起步较晚或者实力较弱的设备厂家在售后服务管理上较为落后。目前主要的售后服务内容就在客户需要售后服务时被动派遣维修服务队伍或者一个维修工程师到场检测，不能够有效而且让人满意地提供一套完善的服务流程。所以这类售后服务管理相对落后。

而资金雄厚的厂商已经建立起一整套信息作业流程。MT 公司利用六西格玛理论来管理其售后服务质量（魏想明，2005）。主要是根据得到的数据进行 SIPOC 分析，识别客户（内部客户和外部客户），确认客户的需求；识别关键客户的需求，对其服务需求进行分析排列，匹配其服务质量类型；进行评估与测量，分析给出服务流程措施。上海交通大学的曹勤提出用层次分析法来决策售后服务。首先运用层次分析法将问题分为独立子问题，这些独立的子问题构造判断矩阵后经过算法一致性检验后输出售后服务模式结构图，包括决策分析、维修方式的决策评价标准（曹礼和，2006）。

（2）建立服务管理体系。目前主流的设备厂商在售后服务点上基本满足了大众服务的需求，实现城市点的专业售后服务团队；甚至有些大众设备的大厂商已经将自己的服务体系扩散到乡镇，由顶至底地筑建相对完善的服务点，同时在售后服务效率与态度上得到了很大的改善，提高了客户对售后服务的满意度。一些厂商为了有针对性地提升服务质量，实行差异化服务定价（曾立裘，2007）。差异化并不是指服务内容与服务质量差异，而是服务定价。经济实力强的客户愿意付更多的钱购买令他们放心的服务，所以针对该类客户要专门研究其售后服务需求。同时要优化调整配件供应、售后队伍力量。

（3）发挥员工的主观能动性。主要的设备厂商都从整体来策划与客户关系的策略，将售后服务关系管理、售后服务质量管理理念体现于每项业务流程中；在员工培训方面培养员工以客户服务为中心的理念。做得较好的企业有华为、富士施乐。富士施乐认为员工是创造客户价值的主体，要使得客户对企业的售后服务质量满意首先要发挥员工的主观能动性（Lovelock，2001）。具体做法是：第一，招聘具有良好潜质与奉献精神的员工，让员工接受系统的入职培训，通过持续性的理论实践结合，培养员工服务精神；第二，建立完善、合理的激励制度，使得员工的付出有收获而又给员工提供一个良好的发展平台，合理地运用物质利益、归属感与成就感来调动其主观能动性。这些措施都是为了让员工更好地为客户服务。

2. 利用大数据提升服务质量

提升服务质量、提高客户的满意度，关键是客户的业务使用体验好，能够持续地为客户提供稳定、可靠的业务使用，一旦业务故障，能够根据业务等级要求快速解决故障。对于供应商而言，难点就是如何持续性地监控网络和设备的运行情况，找出并解决潜在的各种故障隐患，同时，对于出现的故障，如何快速地处理以缩短故障处理时间（刘国强，2016）。

提升服务质量包含以下两方面的内容。

（1）提升日常维护质量。目前日常维护大部分是出现故障后再处理故障，这是被动式的维护，给用户带来的体验并不好，需要转变维护方式，变被动为主动，将部分故障隐患提前发现和解决，减少故障发生的概率。

（2）提升故障处理速度。提升故障处理速度、缩短故障处理时间，最大限度缩短影响客户业务使用的时间，也是提升服务质量的有效方法。

实现上述两个方面的关键在于利用物联网技术采集设备的运行状态，并应用大数据技术实现设备状态的实时监控与健康状态分析。主要包括以下三个步骤。

（1）搭建物联网数据平台，采集设备运行数据。首先，在影响设备质量的关键部件安装传感器，采集运行参数。常见的参数类型有振动信号、温度信号、压力信号等。这个过程非常依赖设计工程师对设备的机械结构、故障特性的理解，传感器类型、数量与安装部件的选择直接影响后续故障预警的效果。其次，搭建物联网数据平台，将采集到的设备运行数据统一传输到平台数据库中，为后续分析提供数据来源。

（2）利用历史运行数据，建立设备状态监控模型。物联网平台数据库中存储了大量设备的历史运行数据，这些数据可以反映设备故障与运行参数之间的关系，可用于构建设备的状态监控模型，实现设备的故障预警。常用的状态监控方法分为两类：统计学方法与数据驱动方法，统计学方法包括运行参数的多元控制图、设备寿命的退化模型等，数据驱动方法包括一系列机器学习和深度学习方法，如神经网络、支持向量机等。

（3）实时监控设备的运行状态，进行故障预警。在设备的日常运行中，状态监控模型对实时数据进行监控，分析设备的健康状况，对异常状况实时报警，为设备的服务质量提供决策支持。

6.1.2　大数据运维

1. 运维的含义

运维，一般理解为信息系统的运行维护，也可以理解为信息技术（information technology，IT）业务的运营及维护工作，两种理解适用的企业类型不一样，前者是传统的理解，主要适用于一些大型传统企业和 IT 业界传统作业部分；后者的理解更活跃在一批 IT 服务的创新企业里，他们更需要企业的经营与用户的需求同步。

在工业制造领域，运维的概念又可以扩展到设施设备管理维护、产品检修维修策略。设备维修是设备维护和修理两类作业的总称。维护是一种保持设备规定的技术性能的日常活动；修理是一种排除故障恢复设备技术性能的活动（杨桂霞和马忠臣，2008）。设施设备管理的核心是通过生命周期成本分析和检修策略分析确定项目投资、运行、检修和资源使用的决策。由于其需要用到大量数据及资料，因此要想真正实现设施设备的现代化管理，那么肯定离不开企业信息化的发展与应用。

大型企业设备使用量大，为保障企业设备的安全正常运行，设备运维的工作量也是非常大的，传统的设备运维方式需要指定专人管理，定期清扫、周维护、月保养、保养和维护工作是否到位难以管控；同时产生的数据资料也需要专人管理存档，大量的纸质材料导致无法对数据进行及时的分析；另外在设备运行过程中，是否异常运行、超负荷运行，没有界定依据，特别是对于陈旧设备是修是换，无法进行综合的成本核算。传统的设备管理方式犹如隔靴搔痒，难以抓住关键点，解决关键问题。

针对问题提出解决方案，信息化的发展为企业设备管理带来了新的方案，所有繁复的问题都可以通过数字化简单解决，利用云计算和大数据技术为企业提供专业的设备管理方案，各项工作安排、工作结果、设备的状态等一系列的设备管理运维全方位展现，让设备管理变得更简单。

2. 大数据运维的特征

大数据运维的总体目标是结合先进的数据采集、数据存储技术，利用大数据分析技术对获得的海量数据进行快速而有效的分析，从而对各设备、设施进行实时监控与检测，提高运维效率，降低维护成本。大数据运维团队应该充分利用大数据分析技术提升预测、发现和自动检测的能力，预测分配资源，动态伸缩集群，实现智能预警，自动修复，推动运维向智能化方向发展。

大数据运维有两个突出特点。

（1）从字面上理解就是"大"，运维的数据量大、规模大，而且是爆发式增长。

（2）设施设备相互关联，关系复杂，数据处理难度大。

大数据运维有两个重要的发展趋势：自动化和智能化。

（1）解决运维复杂度的自动化。一方面，自动化能够提升稳定性，机器的操作比人要靠谱，固化的操作交给机器去做，可以降低人为造成的一些错误，提高线上的稳定性；另一方面，自动化能够提高效率，把大部分操作交给机器之后，把运维人员从日常烦琐的操作中解放出来，他们就可以从事更能提高运维质量的事情。

（2）精准预测和自动决策的智能化。大数据运维的趋势正在从以解决运维复杂度为目标的自动化，向以智能预测和自动决策为目标的智能化转变，但是智能化的基础还是自动化，所以要先做好自动化才可以拥抱智能化。

企业进行大数据运维的基础工作一般分为两部分。

（1）线上数据平台搭建以及线下传感器部署。创建企业账户，设置巡检路线，创建设备云档案，服务商为广大企业提供前期的方案设计，设备管理云平台存储有海量的巡检方案，企业可自由选择，或根据自身设备特点设置巡检路线，设备云档案，只需要把设备的名称厂家型号、图纸等详细信息进行录入存档。硬件安装设备传感器，实现在线监测设备的状态参数。

（2）传感数据的组织和维护。管理设备传感数据，结合人工巡检设备数据，上传至云平台，云计算智能分析设备，数据异常报警，生成维修计划，之后形成维修记录。日常的设备检测、保养、巡检，都可以实现人工巡检+设备在线监测来完成。整个设备管理流程实现多个闭环管理，同时实现对设备整个生命周期的监测管理。

物联网技术与大数据技术的应用，为设备的远程运维管理提供了技术支撑，在 PC 端、移动端都可以随时查看设备的运维状态，关于设备运维工作也为企业提供了更多的选择，既可以自己管理设备运维；也可以选择第三方代运维。不管是哪种方式，企业都可以随时掌控设备的各项数据和运维情况。

以电梯行业为例，电梯作为一种对设备质量要求极高的特种设备，其安全性直接影响乘客的生命安全，因而电梯的运营和维护工作就显得尤为重要。之前电梯的运维模式为维护周期为 15 天的定期维保，这种定期维保的方式无法有效地安排维保资源，既无法满足健康状况较差的电梯的维保需求，增大了电梯发生故障的风险，又加大了维保单位的运营成本。

与定期维保不同，按需维保模式没有固定的维护周期，而是根据电梯的实际健康状况安排维保的时间与项目。

实现按需维保需要物联网技术的支持，以通力、三菱、蒂森克虏伯为代表的电梯企业搭建了电梯的物联网远程监控平台，实现了电梯的全天候主动监测。首先，电梯生产时在关键零部件中部署传感器和通信传输模块，电梯运行时将传感器感知的实时数据传输回物联网数据平台；其次，利用电梯历史运行数据建立健康状况的评估模型，在电梯运行时分析电梯的实时数据，评估电梯的健康状况；最后，根据电梯的健康状况制订相应的按需维保计划。

这样的按需维保模式可以为不同的电梯制定个性化的维保方案，有针对性地安排维保项目，能有效减少意外停梯和设备故障，提高电梯运行的安全性与稳定性。现在，这种"物联网+按需维保"的新模式已经在苏州和宁波等地展开了试点，并且会逐步推广到更多的地区。

6.2　预测性维护方法与技术

随着生产自动化程度的不断提高，维修在现代企业中的地位越来越重要。据统计，现代企业中，故障维修和停机损失费用占其生产成本的比重越来越大；环境保护与安全生产业的立法也越来越严格。维修亦是生产力，维修是对未来的投资，是可持续发展的保障，必然成为设备管理领域最重要的任务之一。

全球领先的信息技术研究和顾问公司 Gartner 在预测未来科技热点时指出："数字化颠覆"概念是未来发展的一个重要核心，这一概念已从过去的偶发性突破转变为如今能够重新定义市场和整个行业的统一革新趋势。未来"数字化即业务，业务即数字化"（Digital is the Business，the Business is Digital）。在今日的工业领域，以全数字化为特征的第四次工业革命已然在全球拉开帷幕，"互联网+"、"工业 4.0"、智能制造、工业互联网、物联网等新概念、新理念、新技术层出不穷，极大地激发了制造企业对全生产系统进行进一步改造和优化的勃勃雄心。

最大化地提高生产效率，降低生产成本是任何一个制造企业的两个最基本的生存法则和竞争法宝。而效率和成本都与一个关键环节密切相关，这个关键环节就是：关键生产要素（生产设备）的维修和维护。

试想一家正开足马力生产的企业，突然遭遇生产设备故障而停产，其每一分钟带来的产值损失都是惊人的，而由于不能按期交付产品导致的商誉损害，更是难以在短期内弥补。ISA（Instrumentation, Systems, and Automation Society，仪表、系统和自动化协会）数据显示，全球制造商每年因停机遭受的损失总计约为 6470 亿美元。类似这样由于生产设备故障造成计划外停机的问题也困扰着电力、医疗、石化等很多行业。因此，设备维护就成为业界一致关注的重点之一。

6.2.1　传统设备维修策略

设备维修策略通常分为事后维修（breakdown maintenance，BM）、预防维修（preventive maintenance，PM）、改善维修（corrective maintenance，CM）、维修预防（maintenance prevention，MP）和生产维修（productive maintenance，PM）。

事后维修是最早期的维修方式，即出了故障再修，不坏不修。

预防维修是以检查为基础的维修，利用状态监测和故障诊断技术对设备进行预测，有针对性地对故障隐患加以排除，从而避免和减少停机损失，分定期维修和预知维修两种方式。预防维修是提高设备可靠性、防止设备故障以及减少维护成本的重要手段（奚立峰和周晓军，2005）。

改善维修是不断地利用先进的工艺方法和技术，改正设备的某些缺陷和先天不足，提高设备的先进性、可靠性及维修性，提高设备的利用率。

维修预防实际就是可维修性设计，提倡在设计阶段就认真考虑设备的可靠性和维修性问题。从设计、生产上提高设备素质，从根本上防止故障和事故的发生，减少和避免维修。

生产维修是一种以生产为中心、为生产服务的一种维修体制。它包含了以上四种维修方式的具体内容。对不重要的设备仍然实行事后维修，对重要设备则实行预防维修，同时在修理中对设备进行改善维修，设备选型或自行开发设备时则注重设备的维修性（维修预防）。

表 6-1 总结了常见设备维修策略。

表 6-1　常见设备维修策略

维修策略类型	特点
事后维修	出了故障再修，不坏不修
预防维修	无论设备状态如何，定期统一更换，升级
改善维修	利用先进的工艺方法和技术，提高设备可靠以及维修性
维修预防	在设计阶段就考虑设备的可靠性和维修性
生产维修	以生产为中心、为生产服务，包含以上四种维修方式

除了这五种较常见的设备维保策略以外，工业领域还发展出了一些经典的维保理论或方法，主要有 TPM、RCM、零故障以及 LCC 四种。

1. TPM / TPEM / TnPM

TPM（total productive maintenance，全面生产维护）是起源于美国的生产维修体制，后来在日本发展而成的全员生产维修，它是一种全员参与的生产维修方式，通过建立一个全系统员工参与的生产维修活动，使设备性能达到最优。在非日本国家，由于国情不同，对 TPM 的理解是：利用包括操作者在内的生产维修活动，提高设备的全面性能。

TPEM（total productive equipment management，全面生产设备管理）是一种新的维修思想，是由国际 TPM 协会发展出来的。它是根据非日本文化的特点制定的。和日本的 TPM 不同的是它的柔性更大一些，可根据工厂设备的实际需求来决定开展 TPM 的内容，也可以说是一种动态的方法。

TnPM（total normalized productive maintenance，全面规范化生产维护）是中国式的 TPM，是中国设备管理发展的一种新模式，着重于生产现场的设备管理，是以提高设备综合效率为目标（全效率），以全系统的预防维修体制为载体，以员工的行为规范化为过程（全过程），全体人员参与为基础（全员）的生产和设备保养、维修体制。TnPM 在 TPM 的基础上更加强调规范，通过规范和全员参与改变员工的行为习惯和思想意识，改变长期以来"用"者不管设备维护，"修"者不知设备状况的矛盾。达到全员共同致力于设备综合效率最大化。

TPM 的特点就是三个"全"，即全效率、全系统和全员参加。全效率指设备生命周期成本评价和设备综合效率。全系统指生产维修系统的各个方法都要包括在内，即 PM、MP、CM、BM 等都要包含。全员参加指设备的计划、使用、维修等所有部门都要参加，尤其注重操作者的自主小组活动。TPM 的目标可以概括为四个"零"，即停机为零、废品为零、事故为零、速度损失为零。

2. RCM

RCM（reliability centered maintenance）是以可靠性为中心的维修，起源于美国民航界，最初用于已投入使用的飞机。美国军方引进后，既用于现役装备，也用于在研装备预防性维修大纲的制定。RCM 是目前国际上流行的，用以确定设备预防性维修需求的一种系统工程方法，也是发达国家军队及工业部门制定军用装备和设备预防性维修大纲、优化维修制度的首选方法。目前的 RCM 应用领域已涵盖了航空、武器系统、核设施、铁路、石油化工、生产制造，甚至大众房产等各行各业。实践证明：如果 RCM 被正确运用到现行的维修装（设）备中，在保证生产安全性和资产可靠性的条件下，可将日常维修工作量降低 40%～70%，大大提高了资产的使用效率。

20 世纪 80 年代中后期，我国军事科研部门开始跟踪研究 RCM 方法及其应用。空军对某型飞机采用 RCM 后，改革了维修规程，取消了 50h 的定检规定，寿命由 350h 延长到 800h 以上。尽管 RCM 在我国军队已进行了初步的推广，但在工业企业尚未得到广泛的应用。因此 RCM 在我国工业企业和军事装备方面将具有更广阔的应用前景。

3. 零故障理论

设备的故障是人为造成的。因此，凡与设备相关的人都应转变自己的观念。要从"设备总是要出故障的"观点改为"设备不会产生故障"、"故障能降为零"的观点，这就是向零故障的出发点。

未加注意的故障种子称为潜在缺陷。根据零故障的原则，就是将这些"潜在缺陷"明显化（在未产生故障之前加以重视）。这样，在这些缺陷形成故障之前即予纠正（修整）（防患于未然——预防），就能避免故障。一般而言，所谓潜在缺陷，常指灰尘、污垢、磨损、偏斜、疏松、泄漏、腐蚀、变形、伤痕、裂纹、温度、振动、声音等异常。其中有许多缺陷，人们都以为不予处理也无妨碍，或者认为这些缺陷较为轻微、无所谓。

零故障理论源于质量管理领域的零缺陷管理，是一种以强调改变思维方式、增强责任意识、并强化操作技能为出发点的管理思想。伴随着标准化管理的引进，零故障理论在我国工业企业的设备管理领域也具有一定的影响力。

4. LCC

生命周期成本（life cycle cost，LCC）分析是近年来逐渐引起关注的工程费用优化方法，指一个系统或设备在全生命周期内，为购置它和维持其正常运行所需支付的全部费用，即产品（设备）在其生命周期内设计、研究与开发、制造、使用、维修和保障直至报废所需的直接、间接、重复性、一次性和其他有关费用之和。不管资金渠道与管理关系如何，所有与该产品相关的费用均应包括在内。这个概念把产品（设备）从规划设计直至改造、更新等各阶段所消耗的人力、物力和信息资源，均量化为可以进行比较的费用，以支持管理决策，使决策走向科学化。

LCC 方法揭示了设备管理与维修领域的"冰山效应"，即可见到的"浮冰"（购置费）在整个冰山（生命周期成本）中并不大，而看不见的大量"冰块"（维持费）在水下，人们容易忽视维持费用或后期费用的预测，给使用者附加上沉重的包袱。这也是 LCC 方法应用在工程中的主要原因。我国多在军事装备方面开展 LCC 研究。在民用产品方面涉及较少。但该理论的推广应用已经形成了国际标准，具有很大的普及应用空间。

不同的维修方式有各自的应用范围，不同维修方式本身并无绝对的先进和落后之分。

在具体选择或确定维修方式时，应当结合具体的应用实际，从费用效果（包括对环境的影响）综合权衡决定。某一种维修并不能完全取代或排斥其他维修。可以根据企业实际情况综合或侧重某个方面应用相关理论及维修策略。以最少的投入实现设备的持续无故障运行。

6.2.2　预测性维护及其方法

随着近年来以物联网、云计算和大数据等技术为特征的全数字化制造的迅猛发展，一种更加高效的维护模式——预测性维护（predictive maintenance）逐渐成为未来企业的核心需要。

世界知名财务及管理咨询公司德勤出版的《2016 全球制造业竞争力指数》报

告，也印证了企业对预测性维护的关注，根据对全球制造企业首席执行官的调查，"预测性分析"是最受企业重视的先进制造技术（详见表6-2）。而预测性分析在制造业的一个主要应用场景就是设备维护。

表 6-2　全球首席执行官调查：先进制造技术的未来重要性排名

先进的制造技术	美国	中国	欧洲
预测性分析	1	1	4
智能互联产品	2	7	2
先进材料	3	4	5
智能工厂	4	2	1
数字化设计、仿真和集成	5	5	3
高性能计算	6	3	7
先进机器人技术	7	8	6
增材制造（3D 打印）	8	11	9
开源设计/客户直接输入	9	10	10
增强现实技术（改进质量、培训、输出知识）	10	6	8
增强现实技术（提升客户服务和体验）	11	9	11

　　预测性维护的核心是基于对机器状态监测，在设备出现健康问题前做好合理的维护决策，减少停机导致的损失。过去，设备是周期性维护的，现今在物联网环境下，设备中的各种传感器记录的质量状态信息数据可以用于预测其剩余使用寿命，尤其是分析温度、湿度和振动等关键参数可以及早发现设备故障及其产生原因，确定设备是否处在最佳运行状态，甚至明确好必要的维护保养时间。物联网带来的监测优势极大地优化和改进设备的可靠性。

　　预测性维护作为工业大数据最重要的应用之一，是工业物联网"价值变现"的开始，贯穿整个过程。无论监测、测试、控制，还是后期到云端、决策端的处理，都要以工业大数据为基础。

　　预测性维护是通过对设备状况实施周期性或持续监测，基于机器学习算法和模型来分析评估设备健康状况的一种方法，以便预测下一次故障发生的时间以及应当进行维护的具体时间。预测性维护是以设备/装备的状态作为依据的维护，状态监测和故障诊断是基础，状态预测是重点，维修决策得出最终的维修活动要求。

　　预测性维护是从状态监测这一概念发展而来的。状态监测收集被监测零件状态的实时信息；然而，状态监测未能前瞻性地预测机器运转中断和磨损消耗。因此，预测性维护的出现是一大转折点：更加精巧的传感器、更加高效的通信网络、能够处理大规模数据的强大运算平台，通过随机算法将数据与机器出现问题时的数据模式进行比对。由此，我们可以识别、模拟并解读机器运行参数的规律。正是这些规律帮助我们更加精准地预测机器的使用寿命，并且通过整合系统的所有操作数据，优化服务的方方面面——既能使客户受益，又能够帮助供应商改进产品。

拥有精确预测的能力后，产品生产和服务的整个过程以及相关决策都能变得更为主动、有针对性，并且有数据支撑。预测性维护使得供应商能够成为客户更好的增值伙伴。

通过实施预测性维护——而不是应对性维护，可以降低设备整个生命周期内的费用，这样大多数的生产设施都有机会大幅提升其盈利水平。这有助于优化能源利用，减少设备停机，以及获得在其他方面的提升（罗兰贝格管理咨询公司，2017），如图 6-1 所示。

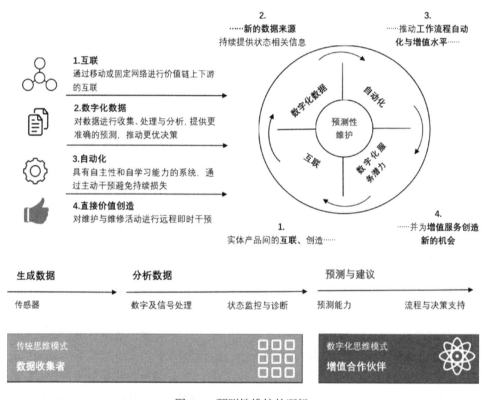

图 6-1　预测性维护的逻辑

目前，工业界普遍针对自己的核心设备采用状态监测解决方案，即对设备状态的一项或数项参数进行监测，如震动、废油、温度或超声波。他们使用这些读数来判断潜在的问题。震动分析可以用来判断部分常见的机械故障，如轴偏心、零部件磨损或轴承松动等。其中，最为主要的物联网技术是无线传感技术。在传感器网络覆盖的区域内，监测诊断系统能有效采集设备的相关数据，通过一定数据处理和分析，辅助做出维护保养决策（高帆等，2018）。该系统的架构如图 6-2 所示。

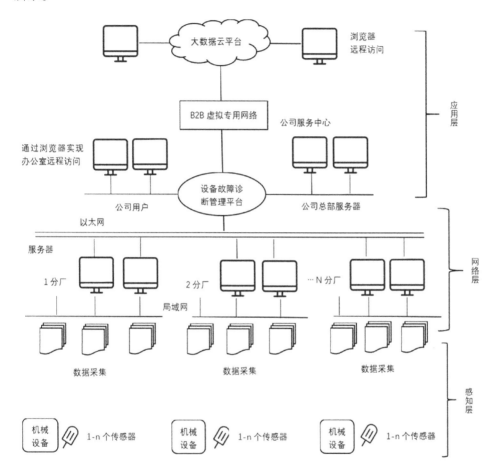

图 6-2　基于物联网的监测诊断系统架构

因为众多设备状态监测解决方案通常重点关注一两种离散数据，所以无法全面地把握所有潜在的故障。此外，设备状态监测系统通常不能对发现的问题进行诊断，只是告诉人们读数不在正常的数值范围内，因此无法深入了解即将发生的问题究竟是否紧急。

在制造工厂内，即使针对关键设备的潜在机械故障发出警报，如果工程师没有注意到问题的严重性并了解其根源，这种警报仍不会起太大作用。如果让工程师了解到问题的根源，知道问题可能出现的时间段，那么警报的作用会更大。以磨床故障为例，能够指明主轴电机的某个轴承已经磨损，而且如果在一周内不更换，就有

90%的可能出现故障。这正是预测性维护技术解决方案可以创造价值的地方。

1. 预测性维护方法

预测性维护解决方案会采用一种或多种建模方法，建模依据分别为实证、物理特征和经验。通过这些方法可以构建一个正常状态下的模型，也就是设备在特定条件下应该是什么样，然后再根据这些常态来监测偏差情况。任何与常态之间的偏差都意味着设备状态出现了变化（粟志敏，2016）。

如何构建这个正常状态模型？采用实证方法的解决方案会使用设备的历史数据来构建模型，基于经验的解决方案在建模时会使用从多个相关设备上收集的汇总数据，而基于物理特征的方法则完全不同，在建模时会应用工程学的基本原理来了解设备在特定操作条件下理论上会如何运转。这些方法各有优势，也各有缺点，所以较好的解决方案会综合使用三种方法。但所有的预测性维护解决方案都拥有提前预测、诊断准确性高、为客户不断创造高价值的优点。

视情维修的基本原理是：无论是复杂设备还是单部件，都有相应的状态变量，当其未能正常发挥功能时，会传递出相关的可观测信息。对于电梯，如门开关闭合速度较慢、轿厢震动、零件发热、按钮失灵等，如果在失效前能检测到征兆信号，那么有足够的准备时间采取维修措施，将潜在故障消除。下面介绍三种不同情形下的预测性维护模型。

（1）马尔可夫退化下的预测性维护。非齐次连续时间的马尔可夫模型常用于解决设备维护中成本和停机时间的均衡问题，并将维修过程中时间因素、环境因素、返修率等因素都视为造成衰退过程不确定的因素纳入考虑。也有学者在系统的马尔可夫衰退模型中考虑了保养因素，对于一个多部件组成的串联系统，这个最优衰退水平是由预防性保养决定的。

（2）随机退化下的预测性维护。若每次预防性维护既不是部件恢复如新，也不是恢复到故障前的状态，而是恢复到两者之间的状态，维修导致的系统状态提升也是随机的且是当前系统状态的确定性函数。对于单组件的系统，已有研究主要从维修成本的角度出发，基于随机系数增长模型，以最小化成本为目标，寻找最优维修阈值和监测间隔时间。或从长期期望成本为目标，使用多水平控制线准则来执行维护策略。对于多组件构成的系统，随机退化模型假定每个机组单元被一些非周期类的检查监控着且伴随着逐渐衰退，并假定每次预防性维护或者故障更换都能使部件恢复如新，无论两个机组是否一起采取相同的措施，检查或者更换一次的启动成本都相同，最优维护决策需要结合两个机组、结合维护和检查周期综合考虑，以长期平均期望成本最小为目标。

（3）基于比例风险的预测性维护。比例风险模型是一种用于研究多因素对生存时间影响的半参数模型，由英国生物学家 Cox 于 1972 年提出，该模型假定各状态参数、维修、运行因素等协变量是影响系统寿命时间的因素，以相应协变量的乘积加到基准风险函数上。该模型既可以得到各协变量对寿命分布的影响程度，确定相关协变量各参数对风险的影响程度，又能解决寿命的分布类型并预测生存概率。比例风险模型最初应用于生物医学领域，现在已扩展到了金融、管理、故障预测等领域。比例风险模型同时适用于依时变量和非依时变量，在构建风险模型时，可将设备运营环境和相应的状态诊断变量作为影响设备寿命的因子用于拟合设备故障率。

对于那些存在老旧甚至是过时设备的生产设施，维护程序经常会导致不必要的费用，如运行停机、能源浪费和人力成本等。按照传统的维护程序，定期进行日常维护，就意味着操作人员很有可能在对一些并不需要维护的设备进行保养，这就意味着时间和资源的浪费；或者更换掉那些仍具有使用价值的设备。使用传统的维护程序，如果一个设备没有按规定进行日常维护，那即使有某些征兆显示其要发生事故，也可能被忽视。

另外，那些已经按照实际需要，对设备和机器进行预测性维护的生产设施，与定期维护相比，在频率上会差异。利用网络、互联设备等基础设施所产生的数据，来处理如能源利用效率、温度、产量等事项，运行人员和工厂经理可以判断哪些设备运转正常、哪些设备可能要出故障。运行人员和工厂经理就可以据此做出决策：何时进行维护、安排设备离线，或者在当前的条件下，安排某些设备持续运行。

当某些设备不能满负荷运行但是其输出仍可以保持在正常变动范围之内时，工厂生产设施经理就可以利用预测维护，避免"事实"上的停机。例如，一条电池生产设备生产电池的速度快得惊人，甚至超过人眼可以分辨的程度。三台机器产量大概有 10%~15% 的波动，这都属于正常生产范围内。但是如果利用其他被监测的数据，如能源利用、运行时间和温度等，操作人员就可以将机器产量提高10%，从而可以节约大量成本。

2. 预测性维护优势

与其他维护方式相比，预测性维护的优势十分明显。短期内，企业可以极大改善自身生产状况。例如，降低计划外停机，提高设备综合效率（overall equipment effectiveness，OEE），确保连续生产，提高产量；降低维护成本，缩短维护保养时间，提高运维效率；或者通过减少更换零部件，延长设备服务寿命，提高投资回报。

长期来看，预测性维护可以更好地为企业自身的客户提供优质服务，从而给企业带来更为长远的利益。首先，预测性维护可以改善企业产品服务形象和能力。制造企业可以将对自身产品的预测性分析能力，打包成一个服务产品提供给用户。从而进一步提高客户忠诚度，并极大拓展自己的收入来源。客户可以自我运维预测性维护服务，厂商也可以通过网络来托管该服务。其次，预测性维护通过数据驱动企业产品和服务的创新。通过收集和分析客户一线使用企业产品状况的数据（租赁或托管的情况下），制造企业可以获得一手资料，对改善企业自身产品的设计，提升产品质量，甚至优化企业的生产和销售，都有重要的价值。最后，预测性维护为制造企业带来商业模式上的创新。分时租赁、制造云、能力共享、软件和数据分析企业等创新商业模式，直接影响和决定了企业的未来发展与重大转型方向。

因此，包括波士顿咨询、IDC 等研究机构都纷纷将预测性维护列为工业物联网领域最快成熟的应用之一。预测性维护在许多资产密集型行业，如汽车、制造、重型装备、智慧建筑、港口等具有广泛的应用前景。据 IoT Analytics 估计：2016 ～ 2022 年预测性维护的复合年均增长率为 39%；到 2022 年，年度支出将达到 109.6 亿美元。

结合前面介绍的维保方式，可以将维护方式分为四种，即被动性维护、计划性维护、主动性维护和预测性维护，每一类维护类型都有其特点（克里斯等，2017），如图 6-3 所示。

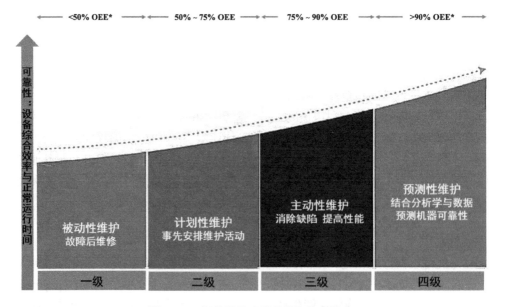

图 6-3　四级维护策略及其设备综合效率

6.2.3　预测性维护的驱动技术

只有了解预测性维护背后的连接技术，才能理解它的工作原理。连接技术有传感器与通信协议、分析与数据处理工具、数据可视化与合作工具。

1. 传感器与网络

传感器是预测性维护中最重要的一环，它能创建所需的数据与通信，以实现数据存储与分析。传感器能把机器的物理动作翻译为数字信号。当然，也可以从可编程序逻辑控制器、制造执行系统、企业资源规划系统等渠道获取数据。以美国通用电气公司为例，该公司的情况预测系统整合每台发动机的 250 个传感器传输的数据，以及 4 万余条历史维护信息记录，最大限度地发挥工厂发动机的性能与可靠性。如图 6-4 为预测性维护的驱动技术示例。

图 6-4　预测性维护的驱动技术

如今，成本低廉的带宽和存储空间使传输海量数据不再难以企及。凭借端对端数字化供应网络提供的透明度，制造商能对工厂资产和整个生产网络的情况了然于心。

2. 数据整合与增强智能

数字信息一旦集中，必须利用先进的分析和预测算法来解析、存储与分析数据。预测零件故障需要非结构化数据的解决方案、增强智能或机器学习平台等工具。数据分析师需要利用上述工具深挖数据之山，在日常运营的"噪声"中寻获零件即将发生故障的信号。简而言之，在预测性维护依赖试点项目或评估周期所决定的故障临界值的同时，机器学习平台通过分析每次预测的结果反复调整临界值。因此，选择合适的分析法或算法对构建预测性维护的能力至关重要，做对选择能产生意义非凡的结果。近期，一家制造商利用预测算法的机器学习平台缩短了一半停工时间，提高了 25% 的生产效率。

因为这些工具逐渐主流化，所以未来公司也许不再需要统计学和计算机专业的学生，没有掌握专业知识和资源的公司也能有机会使用上述工具。

3. 增强行为

在数据分析工作完成之后，维护人员和机器会根据分析结果采取行动。可穿戴设备和增强现实等技术使得维护人员可以在全神贯注完成任务的同时"看见"大量资料，如参考维护手册和专家建议等。上述技术通过提供详细指导来帮助操作人员在机器发生故障时快速解决问题，并通过按需提供的拟真培训传播知识。借用这些技术，异地的团队甚至可以远程控制和监督操作流程。

以一家领先的技术制造商为例。该制造商部署了一套行业领先的可穿戴设备，以实现技术问题的远程解决和专业知识的实时传播。这个解决方案有力地支撑了故障处理流程。该公司的检修周期减半，通过缩短停工期，一条生产线就节省了50 万美元。

数据经过加工、分析和可视化之后，数字洞察会转化为行动。在某些情况下，数字洞察会指示机器人和机器改变功能。其他情况下，维护警示会促使技术人员采取行动。下面设想一个情景：预测性算法激活公司维护管理计算机系统的维护工作指令，检查企业资源计划系统中的库存，若需要额外备件，则自动下单采购，这一系列全自动的行动均先于意外的停工期。维护经理只需批准工作流程中的项目，派遣合适的技术员即可。

复杂的新技术涌入工作环境必然造成天翻地覆的影响。采用和实施预测性维护的过程面临三大挑战：攀升的成本、技术支持与变化的人才需求。仅凭技术无法实现向预测性维护过渡，流程和组织变革与技术同等重要。向预测性维护转型的公司需考虑下述内容。

4. 大数据

网络、互联设备以及采集、监视和分析得到的数据（通常称为大数据）是预测性维护流程的基础。这些数据基础设施以及数据驱动的智能信息，也就是物联网。根据 Gartner 公司的定义，物联网就是包含嵌入式技术以实现与内部状态或外部环境之间的通信、感知或互动的物理对象和连接的设施，它能实现对整个工厂设备的监视。工厂经理和运行人员可以根据物联网所提供的数据和信息，将工厂切换到预定的预测维护模式。

预测性维护可以利用很多种类型的数据，包括设备运行时间、温度、能源利用、产出以及更多其他数据来改善决策的制定和运行。例如，在某个消费品工厂，一个设备可以连续运行，维持稳定的纸巾生产，但是在其出故障前，能源消耗会大幅飙升。这样通过监视机器产生能源消耗数据，当检测到能源消耗飙升时，运行人员就可及时进行干预，从而避免停机。如果采用定期维护模式，需要将机器离线，这会在产品周期内造成非计划停机。通过利用与机器运行有关的当前数据，以及过往失效的历史运行数据，操作人员可以降低对工厂运行的不利影响。

5. 技术转变

预测性维护的实施离不开技术的转变，企业需要从以下几个方面给出技术支持。

（1）能方便地获取数据，不给工程技术人员增加负担。为了在采集数据时不增加额外的工作负担，技术人员宜用移动设备以电子化的方式输入数据，应尽可能多地利用 RFID 电子标签和条码。无论是航线维护或基地维修，工程技术人员都能方便地利用移动设备查询预测维修的结果、工卡、维修手册等。

（2）充分信任预测结果。在数字化时代的机械师必须充分信任诊断的结论，而不是凭经验做出判断。

（3）对诊断系统进行闭环管理。所有的维修行为和核心步骤都必须被跟踪：技术人员、客舱乘务员或者驾驶员的报告，工作指令，航材，执行结果等。

（4）维修计划更为智能化。在制订维修计划时，需要利用数据确定何时进行计划外的部件拆换。而飞机仍在飞行的过程中做出这些决定，需要确保维修人员和航材准时到位。

（5）供应链管理应为诊断提供支持。整个供应链必须像技术人员或者工程师那样，对预测性维护建议做出敏捷响应，确保在合适的时间、地点，有合适的人和备件进行飞机维修。

6. 构建组织能力

通常，维护策略和流程是维护的核心。如果没有坚实的流程基础和素质良好的员工，那么公司在技术方面的投资也不太可能实现回报。如果维护人员无法理解传感器和智能设备的报告，那么这些高科技产品便毫无用武之地。

预测性维护流程的制度化能够极大地缩短流程时间，集合来自不同资产、系统和地点的数据。这在机械设备，大型装备，航空、船舶、核电站等领域尤为重要，以一家航空公司为例，该公司整合来自文本文件、飞机日志和维护记录的数据，实现了维护流程的自动化，把发现问题所需的时间从原来的 30～90 天缩短至不超过 1 天。然而，在这样做的同时，数据分析和维护的能力也必须到位。因此，决策框架的开发是维护策略转型的关键，以使维护人员不再依赖直觉和经验做决策，而是从数据中解读、挖掘价值。该公司采取以下三个步骤开发决策框架，管理维护流程。

步骤一：建立绩效管理框架。如果要确保指标测量了正确的区域，那么正确理解"所做"与"所得"的关系是关键。因为"所得"指输出，所以应该瞄准滞后指标。"所做"为日常可控因素，因此具有先导基础，并且应该积极管理。

步骤二：建立辨识和获取价值的流程。量化价值，建立目标，明确责任，排定项目优先次序，监控绩效和分配资源。

步骤三：由被动性预测转变为基于实时信息分析的主动性预测。通常在这一步骤中会建立资产信息中心，为获取多渠道信息提供简单通道。

除此之外，许多研究机构和公司针对特定的设备研究了预防性维护决策系统，整合了数据采集设备、数据分析软件等。加拿大多伦多大学 Jardine 和 Makis 教授组建了视情维修实验室，研究开发了预测性维护软件包 EXAKTtm，该软件包采用比例风险模型描述系统状态，基于费用做维护决策，已在机械、运输等行业得到了应用。

7. 制度的培养

从小处起步。公司可利用一至两套合适的资产，开展预测性维护的试点。试点资产必须与运营紧密关联，同时相关资产会相对频繁地发生故障，以生成基本预测算法。另外，公司需根据成功的标准检查试点项目，以评估维护策略、技术和流程的有效性，并限制其风险。

快速规模化。一旦试点结构成形，并在维护试点资产中发挥了作用，那么公司可以快速扩大预测性维护的范围，从连接数个机器扩展至整个智慧型工厂，然后与大型数字化供应网络相连，创造生态系统利益。

这个方法也能帮助公司发现自身面临的挑战。例如，许多工厂拥有工具和设备，但缺少正确的文档资料或培训项目，也有些公司需要投资更复杂的分析能力。公司必须辨识基础维护达到怎样的成熟度才能支撑预测性维护的发展，以及智慧型工厂的技术是否有助于增强技术员的工作。

先规划后实行。虽然有时细致周到的规划看似是浪费时间，但是构建决策框架等基础性工作对公司认识自身缺陷和取得成功至关重要。在实施期间，应评估所实现的具有里程碑意义的成果，如在首台机器上安装传感器或建立首个仪表板。这如同一场短距离冲刺赛，赛场休息时的反思有利于吸取前场的教训，进而采用更为灵活的实施方式。

8. 其他方面的基础

安全性。相互连接的资产数量倍增，物联网无处不在，公司应保护会被侵入的关键设备的通道，主动采取网络安全措施。

新技能与组织方法。预测性维护是远超传统维护计划和执行技能的维护策略，公司必须采用一整套新技能才能成功实施预测性维护策略。数据科学家需要与可靠性工程师合作开发算法和预测性模型。许多公司发现，这些技能人才难以找到或培养，并且实施解决方案时需要与多个供应商合作，以增强相关能力。

设备更新。公司使用服役数十年的机器是司空见惯的情况，然而这将导致维护人员难以找到机器备件，备件的库存管理也是一件困难的事情。但是，更新或更换智能设备的成本也是一笔不菲的开支；而改进未连接的资产，并将其投入智慧型工厂的运营也会增加安全风险。

数据管理。在预测性维护中，正确的数据能够帮助公司预测故障模式。因此，维护工作的首要任务是选择合适的数据渠道。在初始阶段，公司需要进行数据清理，以保证将来能进行有效的分析。但是，数据准备只是维护流程的一小部分。数据采集工作完成后，需要定位、存储，并利用算法分析数据，以预测发生故障的时间和结果。因此，选择最佳算法和利用机器学习平台得出预测结果是至关重要的。综上所述，选择和维护相关的软件对促成预测性维护的成功同样重要。

9. 三个关键步骤

在生产制造领域内实现预测性维护，不能一蹴而就，需要多层次、逐步完成。在生产设施内开始实施预测性维护的三个关键步骤可以总结如下。

（1）改变采购优先等级。工欲善其事，必先利其器。想要利用大数据以及物联网来实现预测维护，必须要有能够产生这些运营数据的设备。互联设备逐渐成为范式，但是在采购流程中，必须将采购优先级从传统设备转移到可以使用网络通信的互联机器上。这种转换，可能会对组织带来一定的挑战，因为不具备网络功能的传统设备意味着在前期成本上要比互联、智能设备具有优势。利用互联设备所产生的数据，可以避免单一故障事件以及因之而引起的生产线停机所造成的损失，在一定程度上可以补偿采购具有网络功能的设备所需要付出的额外成本。采购决策必须基于整个生命周期内的使用成本而不仅仅是前期的投资。

（2）启用数据专家。一旦设备完成网络连接，具有测量和监视数据功能，生产运营经理就可以与数据专家合作，确保设备能够以最优的方式采集和使用数据。数据专家可以通过对现场甚至是虚拟场景的评估，来改进数据运营。联网设备采集的数据，可以存储在云端，通过一个基于服务器的模型来实现虚拟监视。当数据被虚拟存储时，就可以对其进行访问、分析，并在数据专家的帮助和指导下，指挥和实施预测性维护。这种虚拟化，作为数据专家提供服务的一种，可以加速在工厂内实现预测性维护。

（3）将正确的数据推送给正确的人。利用数据驱动信息，实现预测性维护的一个关键方面就是在整个组织架构内推送数据，从而可以对决策过程施加最大的影响力。数据必须保存在特定的组织层面，但是必须将其推送到工厂车间层，供车间层单个机器操作人员利用。与通过智能手机推送通知、数据一样，生产运营经理在努力确保数据在组织内传输、从各个渠道将其推送到工厂车间的操作人员时，必须考虑将数据传递得清晰易懂。

　　例如，在煤井、采矿和金属工业等行业，天气状况是实现预测性维护的一个关键因素。如果数据采集设施、优化分发数据的系统已经就位，当恶劣天气即将到来时，生产运营经理就可以通知现场的员工和运行人员，而不必安排专门人员来跟踪天气预报。智能数据基础设施可以显示，哪些设备因恶劣天气造成的降级程度最厉害，设备的当前状态，以及在天气状态变化前进行哪些特定的维护工作。在任何工业领域内，生产运营经理应确保数据能到达最底层或车间层，不需要通知维护专家进厂，相关设备操作或维护人员就可以做出响应，利用获得的数据来执行预测性维护，从而优化性能。图6-5描绘了一个预测性维护流程的场景。

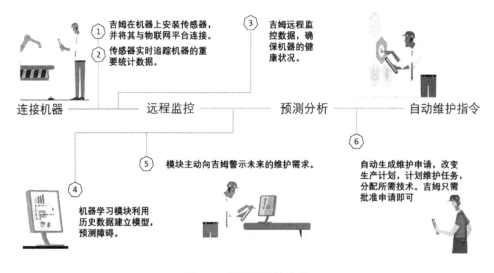

图6-5　预测性维护流程

　　经过综合考虑的预测性维护程序，可以为工厂运行带来显著的收益。有效利用预测性维护的工厂和设施经理，可以获得可观的运行收益以及竞争优势。一旦某个设备实现互联，整个工厂内的相关人员必须相信由这些数据所得出的结论，从而可以从基于数据的预测性维护中获得最大的收益，尽管这些结论可能会对以前的优化生产参数认知造成挑战。

6.2.4　预测性维护对智慧工厂的影响

制造公司的两大商业目标是商业运营和商业增长，而相互连接的数字技术和物理技术会影响上述两个目标。在商业增长领域，数字技术关注收入增长；而在商业运营领域，其目标是提高生产效率或降低关键区域成本。人工的设备检查和排除故障工作费时费力，并且成效一般，所以预测性维护对提高运营效率的作用是显而易见的。连接技术可从多个渠道和系统提取数据，提供实时先进的观察报告，因为计算机系统代劳了情报搜集工作，维护经理得以有精力去高效配置各种资源。

1. 提高商业运营效率

连接技术能帮助解决维护的核心难点，即在合适的时间点确保合适的零件安装在合适的位置。依靠真实的数据来源，而不是靠猜测来驱动维护流程。预测性维护能帮助识别出维护方案的最优效率。该维护策略可减少 20%～50% 的计划维护时间，延长 10%～20% 的设备运行时间，降低 5%～10% 的总维护成本。

被动性维护、计划性维护和主动性维护均要求维护人员准备充足的备件以应对突发故障，而预测性维护能使维护团队更高效地开展维护工作。意大利铁路公司在开展常规维护时会停运 1600 余辆火车，在某一火车突发故障时，该公司也采用相同的处理方式。这会造成难以计数的火车延误、高额的违约罚款。铁路公司为解决这一问题，启动历时三年的"维护工作改进"项目，在车身上安装数百个传感器以搜集数据。相关数据上传至公司云储存中以诊断分析零件发生故障的时间，从而可以最大化零件的工作寿命，降低备用零件成本。总体而言，该公司缩短了 5%～8% 的停工期，节约了 8%～10% 的年维护成本（约 1 亿美元）。

预测性维护能提供更精准的零件故障时间，确定零件需求量的大小，所以公司可在零风险情况下，减少备用零件库存。如果该维护策略与物流和零件订购系统相结合，实现备用零件的自动订购，那么就更易达到维护工作的终极目标：在合适的时间点确保合适的零件安装在合适的位置。目前，航空业已利用预测性维护来判断未来 24 小时内是否会发生机械故障，确定备用零件的需求。这不仅能最大限度地解决航班的复杂调配问题，还能帮助维护人员准备好所需零件。

2. 实现商业增长

上述论述表明，预测性维护可实现以降低开支、提高效率为目标的商业策略。但是在商业运营领域之外，预测性维护也能帮助实现商业增长。该维护策略不仅有助于控制成本，也具有品牌差异化的作用。维护工作的失败既会影响机器的正常运转，也会导致残次品的生产。超出容限度的工具和机器会导致产品质量下滑，而预测性维护能让维护人员注意控制容限度以保证更优的产品质量。同时，由于停工期缩短，制造商可释放现有机器的额外生产力，以增加产量，增强反应能力。由此，该维护策略可用更短的时间交付高质量的产品，使公司在激烈的竞争中脱颖而出。

以一家电子元件生产商为例，该生产商将制造执行系统和材料处理系统数据导入分布式数据库。数据输入结构化数据槽后，利用公司开发出的预测性算法，可以提高生产力，减少 33% 的残次品。产品质量的提高不仅能够降低生产成本，还能提高客户满意度和实施品牌差异化。前一案例中，意大利铁路公司的项目以完善车身的维护工作、提升车身的可靠性为目标，然而铁路公司的最终目的是提高火车准点率，增强客户满意度。

6.2.5　预测性维护面对的挑战

虽然预测性维护得到了来自用户和厂商的支持，但在大规模应用的时候仍面临种种挑战。

（1）挑战一：如何管理大量联网的设备？

实现预测性维护首先让需要维护的生产要素（生产设备、传感器等）可以联网，否则无法获取设备工况数据。但是，在企业生产环境中，联网是一个非常复杂的事情。不同的总线或网络协议和标准，各种具体的安全要求，复杂的生产车间环境，这些都给设备互联带来了巨大的挑战。

这个挑战在企业决定扩大预测性维护设备范围时将变得更为棘手。因为不同品牌、不同种类的设备有可能要靠不同的厂商负责维护，所以每一台设备的连接、安全策略都不完全相同，但都共享同一个物理基础网络。网络管理的难度可想而知。

（2）挑战二：如何传输联网设备产生的海量实时数据？

联网设备的一个特点是会持续产生大量数据，但其中有价值的数据并不是很多。如果把所有数据都上传，会对网络带宽和数据存储带来很大压力。而且这些数据对时间很敏感，如果没有得到及时的处理，其价值就会立刻大打折扣。

（3）挑战三：缺少既能整合不同厂商方案又有丰富成功经验的厂商。

预测性维护是一个需要融合运营技术（operation technology）和信息技术的解决方案，涉及自动化、机械、网络、数据分析、模型算法和信息展现等多个专业领域，几乎不可能由一家厂商来提供所涉及的技术、产品和服务。所以客户特别需要一家拥有广泛合作伙伴网络的服务提供商，聚众智、合众力，为客户提供全面的预测性维护解决方案。

6.3　基于物联网的运维服务案例分析

本节基于本章所介绍的大数据运维的理念和常用的预测性维护方法与技术，重点介绍三个基于物联网的运维服务案例。

6.3.1　大数据驱动的风力发电机组和风力发电场运维

"十三五"期间，我国可再生能源产业全面规模化发展，进入了大范围增量替代和区域性存量替代的发展阶段。随着智能技术进步和风电产业化步伐的加快，我国风电发展已具备规模化开发应用的产业基础。基于以互联网、云计算、大数据、物联网和智能制造为主导的第四次工业革命已悄然来袭，智能技术与新能源产业的深度融合符合新能源产业发展规律。

风机作为风电场中的最重要部分，在工业 4.0 时代下，可以结合信息物理系统，在环境感知的基础上，深度融合计算、通信和控制等能力，实现实时感知、动态控制和信息服务，进而实现更加可靠、高效和实时的协同，并适用于各类应用场景。

然而，风力发电机组需要在非常恶劣的气候条件和交变载荷工况下全天候运行，风电机组各部件的质量直接影响着风场的运营成本和经济效益。对于一台 1.5MW 陆上风机，如果齿轮箱发生严重故障造成停机，除了停机成本，齿轮箱的拆装、运输和维修费用可达上百万元，这会给风场带来巨大的损失。风机的状态监控可以根据运行状态中的异常值提前发现并处理潜在故障，避免停机故障带来的损失。

风机作为一种复杂的机电设备，在出厂时都会在各个关键部件上安装相应的传感器，用以采集风机的实时状态，并且通过监视控制与数据采集（supervisory control and data acquisition，SCADA）系统对采集到的数据进行汇总。SCADA 系统的数据可以体现风机的健康状况，是进行服务质量决策的重要数据来源。

以上海电气、金风科技为代表的风电企业都构建了基于物联网技术的智慧风电系统，如上海电气的风云系统。智慧风电系统是一个集数据汇总、实时查询、远程监控、故障预警为一体的物联网平台。分布在不同地区的风机以风场为单位接入智慧风电平台，将各风机的实时 SCADA 系统的数据传输到平台数据库中，风场的管理者和客户可以通过登录手机 APP 查看各个风场及相应风机实时信息。智慧风电系统对风机各部件关键参数进行实时监控,当有运行数据出现异常时,系统会发出报警信息,并将异常的具体情况发送给该风场的管理人员,以便进行进一步的故障分析,并由管理人员决定是否需要进行维护。

智慧风电系统也为应用大数据技术建立风机的状态监控模型提供了数据来源。基于大数据技术的风机的状态监控模型可以从风机的历史运行数据与故障记录中总结出故障与状态数据之间的关联,从而实现通过 SCADA 数据对故障的预警,为服务质量决策提供依据。常用的状态监控包括风能-功率模型、运行参数的多元控制图、风机寿命的退化模型等,以及一系列机器学习和深度学习方法,如神经网络、支持向量机等。

总的来说,在风电行业,利用物联网技术与大数据技术进行服务质量决策的应用已较为广泛,各大风电企业分别建立了用于风场管理的物联网平台,并且仍在不断完善,为风场的日常管理与运营提供决策支持。

6.3.2　中石油宝石机预测性维护项目案例

宝鸡石油机械有限责任公司(以下简称宝石机),是中石油下属全资子公司,经营范围包括油气勘探设备、油气钻采设备及工具、配件的研发、设计、制造、销售与服务等。

石油生产的连续性对石油装备的非计划停机提出了非常高的要求,需要通过各种实时监控、定期的计划性维修和不定期的视情维修,对设备进行有效的维护,避免由于设备的无计划停机造成巨大的损失。

由于钻井平台的设备复杂,如何做一个边缘监测方案,把所有的数据都收集起来统一分析,而不是像原来那样需要很多专家到现场逐点查看,这成为设备供应急需解决的首要问题之一。

对于设备运营商,在故障维修模式上,由于缺少有效的设备状态数据采集、数据存储、分析和寿命预测手段,在关键设备的维护上往往无法在过度维修(定期巡检)和被动维修(故障停机之后的维修)之间取得有效的统一。一方面,对于可遇见的易损部件,如钻头、轴承等,可以通过定期的保养,对部件进行及早更换,但带来的却是维护成本、备品备件的管理成本居高不下;另一方面,对于无法预计的一些状态,可以采用基于振动分析和状态监测的手段,根据检测结果来优化维修策略,但往往只能实现固定场景下的有限的故障预测,无法覆盖到更广的范围。这种维护模式虽然能够在一定程度上保证设备的可靠性,但客户不得不安排更多的人力、预留更多的备品备件来配合,因此带来的维修成本往往是非常高的。同时，对于在设备运行过程中出现的各种故障，现有的手段只能通过记录表格的方式进行登记和描述，无法通过数字化的手段进行精确的描述和保存，以至于无法实现更精准的故障匹配和故障预测。

如何在工业大数据及工业物联网技术发展的浪潮中，通过数字化的手段实现设备软性价值的增长点，是宝石机考虑的问题之一。为解决此问题，宝石机采用的解决方案整体架构如图 6-6 和图 6-7 所示。

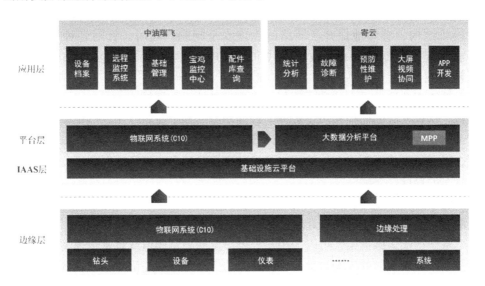

图 6-6　宝石机解决方案整体架构 1

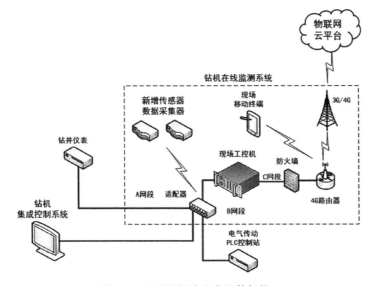

图 6-7　宝石机解决方案整体架构 2

　　数据采集系统通过工业网关，从钻机集成控制系统、钻井仪表、电气传动 PLC 控制站以及新增的各种状态传感器和控制系统中，通过 OPC UA、ModBus、CAN、Profibus/Profinet 等通信接口，读取钻井工艺参数、设备运行参数、运维管理参数等信息，通过 MQTT 发送到物联网平台。边缘一体机先对数据进行预处理，再进行缓存和归档，最后上传至物联网。物联网可实现数据的传输、Wi-Fi 路由及远程调试等多个子功能，数据传输支持数据加密解密、压缩解压缩、断点续传等功能。第三方提供的数据采集方案通过二层交换机结构，有效地提升了网络的物理安全问题。同时，针对各种现场处理日志、记录，提供统一的数据格式和预处理标准，将采集的数据归档并回传至物联网平台。

　　基于工业网关采集的实时数据，构建设备的元数据模型，并定义相应的关键指标，构建实时的监控和历史数据的查询功能。基于设备专用的健康模型可以迅速地分析设备的实时数据，及时将设备运行的指数分析、稳定性分析以及趋势分析，以多种形式展现出来，使用户可以彻底摆脱从大量指标数据自行分析设备运行状态的局面。

　　基于时序数据库，为采集的数据提供长期的、多维度的时序数据的存储和扩展能力，方便应用系统通过开放的 API 接口，对数据进行受限访问。

　　基于智能运维框架，可以为用户提供设定的固定阈值或者基于模型构建的残差阈值，实现智能的告警，给出告警相关的信号特征，并记录告警确认、处理和关闭的记录。基于故障知识库支撑，可以构建复杂的根源告警处理策略，从而自动完成根源告警确认，减少人工判断用时，加快故障处理的速度。

　　基于智能运维框架，开发了故障辅助诊断系统，包括故障知识库开发、自动推荐和匹配故障类型原因等功能，实现基于实时运行参数和运行状态的各个监测设备故障报警模型，对采集回来的运行参数和运行状态进行实时分析，发现异常情况及时生成报警信息，并通过邮件、短信等方式通知用户。

　　对于设备产生的告警，实现完整的告警经确认转故障的记录，给出专家对告警的描述信息，并提供记录告警特征的功能。在实时的告警处理中，基于告警代码和关键字，自动匹配故障特征。

　　在故障处理完成后，经过对由告警确认为故障以及故障处理方案分析，可以将其重要的特征表象输入故障知识库中，同时支撑开发新的告警策略，以便自动化完成根源告警分析、自动故障产生，进而实现部分自动故障恢复操作，最大化提高排障效率。

　　通过集成专业的振动信号分析系统，实现高频信号的远程维护，专家会诊，从不同的维护观测设备，振动信号分析软件包含趋势曲线监测、棒图监测、时频分析、频谱分析、包络分析、窗口傅里叶变换、小波分析、提纯重构、时域平均等功能。通过振动分析系统的建设，可以实现对钻机关键设备泥浆泵机械部分振动信号的采集与分析，帮助现场设备运营人员对设备机械部分的故障进行诊断与评价。

智能运维系统提供了对日常维修维护工作的全面支撑，可以快速地完成维修维护计划的生成和设备维修维护记录的保存。同时，通过预测性维护可以极大地提高维修维护的效果，降低维修的成本。智能运维系统全面实现了对被管设备各类日常维修维护规则管理，可以完好地保存被管设备历次维修维护的记录，基于日常计划性维修维护的规则进行定时定点推送，支持现场人员对设备的维修记录文字或图片记录并进行回传，并可以自动生成设备的维修计划。

智能运维系统可以基于设备采集的传感器历史数据，构建部件的性能预测模型，并对维修计划的维修间隔、维修部件以及备品备件的管理策略进行调整。结合智能告警和故障管理各类设备运行告警和故障，智能运维系统能及时分析出现故障设备所需要进行维护的优先级，并自动反馈到不同时间的维修计划中。

通过智能运维解决方案，宝石机不仅构建了基于设备实时数据实现预测性维护的完整方案，还通过故障知识库提高了故障诊断效率，实现运维经验的沉淀。同时，通过移动端，能够帮助运营人员随时随地了解设备的健康状态，并能够通过远程专家的指导，对异常做出及时处理。

6.3.3　维护阶段故障诊断与预测性维护综合案例

本节介绍半导体行业中运用大数据提升故障检测和维护效率的案例（Moyne and Iskandar，2017）。故障检测已经成为半导体制造的一个不可或缺的组成部分，并带来巨大的收益（如减少废料、改善质量以及设备维护等）。但其高昂的安装成本，高失误率和漏报率是急需解决的问题。大数据的发展为半导体制造业提供了改进的故障检测与分类能力，以解决上述问题。故障检测与分类包括两个关键的技术。

第一个是跟踪级自动分析，使用数据驱动的多元分析技术来检测和描述异常（Ho et al.，2016）。它具有一种易于管理的通用分析方法的优势，还可以检测出不明显的或者专家经验看不出的数据模式。然而它不能很好地结合专家经验，会导致大量的误报和漏报现象，缺乏适当的报警优先级设定等。第二个是半自动跟踪区分、特征提取以及极限监控。使用这种方法，模型构建时间可以根据专家检验结合的程度大幅度减少，提高报警准确程度。

跟踪区分模块的工作过程如图 6-8 所示。

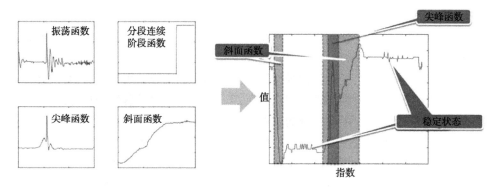

图 6-8　参数的半自动跟踪区分和变化趋势分析

　　通常感兴趣的信号参数是分析历史数据和咨询专家经验得到的，如打开开关（分段连续阶跃函数）、震动或者欠阻尼驱动（振荡函数）、瞬间扰动（尖峰函数）以及漂移（斜面函数）等。利用分层方式实施的各种搜索技术，确定了这些特征的边界，对传感器追踪进行了区分。

　　图 6-9 是故障检测与分类运用于一个公共蚀刻数据集的分析。运用三种方法：①全体跟踪分析，并且利用其中产生的均值和方差确定故障；②人工窗口分析，根据人为经验进行分区得到相应的窗口和特征提取；③半自动跟踪分析。结果表明半自动跟踪分析可以更有效地降低误报概率。

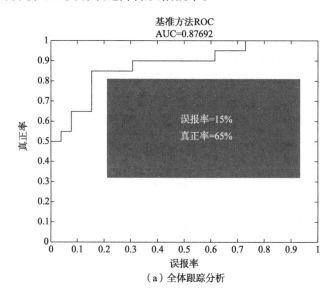

（a）全体跟踪分析

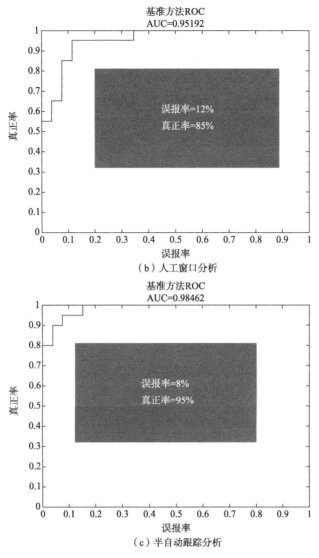

图 6-9　三种故障诊断方法的比较

　　在预测性维护方面，研究人员意识到单变量的故障检测系统可以用来检测特定变量的变化趋势。这些趋势可以用来估计特定元件的剩余使用寿命，随后可以调整维护计划，以减少计划外停机时间或延长正常运行时间。然而，半导体制造过程具有复杂性和可变性，并且经常受到干扰，因此上述提出的单变量故障检测系统并不是最优的、可维护性好的。

　　基于故障检测输出数据与维护数据，环境数据以及过程数据，运用离线多元分析技术，如图 6-10 所示，设计预测模型以实现有效的预测性维护。目标为构造一个预测器，操作者可以估计出故障所需的时间，故障指示触发器可以简单到阈值，也可以是一个较复杂的退化文件分析。

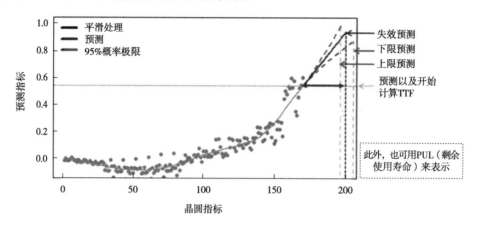

图 6-10　多元分析预测器及其组成部分

　　离线建模过程如图 6-11 所示，需要注意的是，预测性维护中需要大量的数据以便故障预测模型能够适应各种因素，如某些潜在长期退化的故障类型，每种故障类型中多种故障模式，以及对流程可变性的影响。通常没有足够的数据以至于用纯数据驱动的方法刻画设备特定参数特征，因此专家经验、设备信息以及流程在预测性维护中起到至关重要的作用。

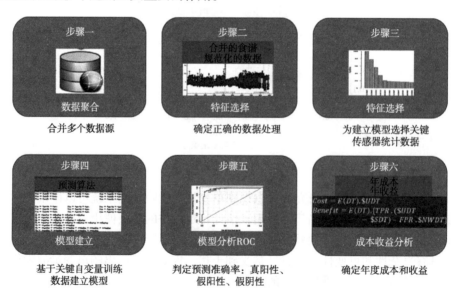

图 6-11　离线模型的建立方法

图 6-12 是一个预测性维护在外延工艺中的应用实例。外延设备用于在氧化或者半导体表面生长薄膜。排灯用来产生热量，这样薄膜就可以均匀地沉积或生长到精确的厚度。直接利用故障检测仅可以提前 4~5 小时预测灯具故障，这会导致灯具意外故障和意外停机的高风险。利用多元分析的预测性维护，可以提前 5 天预测灯具故障，准确率为 85%，减少了计划外停机时间，提高了吞吐量。这样的改进预计每年为每个处理室节省 10.8 万美元，该方法具有极高的鲁棒性，通过建立虚拟传感器模型实现了扰动与预测信号的解耦。

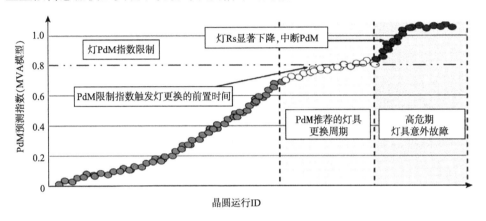

图 6-12 预测性维护在外延工艺中的应用

6.4 本章小结

服务质量大数据是质量大数据中的最后一环。在大数据时代，有效地利用大数据运维可以极大地提升运维效率，降低运维成本，提升服务质量，提高客户满意度。

本章分析了目前工业维保的发展现状，我国运维服务市场前景广阔，服务模式多样，但也存在很多的问题，如行业标准不健全、维保作业流程不规范、企业管理制度不完善等。传统的维保模式已经不适合工业快速发展的需求，将工业维保与互联网、大数据、云平台等现代信息技术结合起来，建立智能化维保平台，实现行业内部数据交换、信息共享，促进行业快速发展是大势所趋。

工业界在运维管理方面面临诸多挑战与考验。随着信息化技术的发展，借助互联网思维，探索集中化、智能化的运维管理模式，降低运维成本，提高经济效益是非常必要的。

通过智能化的运维管理平台，从多维视角实现产品全生命周期的管理，做到各个环节的自动化、信息化、透明化，可在一定程度上减少工厂人员配置，提高运维响应效率。在系统的实际运行过程中，不断总结经验，并根据流程和业务的变化及时调整优化策略，以适应工厂未来运维发展的需要，促进工业产业健康、经济发展。

产品全生命周期质量管理协同及商业模式创新篇

信息交互是物联网最为重要的特征，产品生命周期全过程承载着产品信息、质量信息、资源信息、组织信息、成本信息、业务信息等产品状态信息。产品状态信息有助于精准把握消费者需求变化，减少个性化产品开发风险，也有助于保证制造商在复杂环境下进行科学、精准的制造和再制造决策。产品全生命周期的数据则为定量化的全面质量管理提供支撑，助力企业实现全生命周期的质量状态评估，为企业开展相应决策提供依据。

通过提升供应链中各种资源的流转效率，物联网技术的运用将促进供应链各企业更好地实现协同和整合。供应链各方通过全员参与设计、控制和评价等过程的高效参与及流程优化，促进产品质量和服务质量的迭代升级，不断提升用户满意度和质量的持续改进，最终实现物联网环境下产品全生命周期的质量管理模式的变革，并最终推动商业模式的变革。

英国经济学家克里斯多夫提出，"今后世界不存在一个企业与另一个企业的竞争，存在的是一个供应链与另一个供应链的竞争"。供应链，就是在生产和流通过程中，为了将产品和服务交付给最终用户，由上游和下游企业构建的网链结构，这个网链结构是利用信息技术，将商流、物流、信息流、资金流等整合成完整的系统。供应链系统的整体运作水平对于企业最终的产品和服务至关重要，同时随着消费需求更加个性化和多样化，更需要企业具备智慧、稳健、快速响应的供应链体系，以及同供应链上下游的合作伙伴建立高效的合作和协同机制。而物联网技术的运用，极大地促进了供应链的整合和高效协同体系的建立，助力企业在日趋激烈的市场竞争中立于不败之地。另外，物联网技术的运用，也前所未有地拉近了企业同消费者的距离，使企业能够更加有效地获取消费者对产品和服务的反馈，使企业能够更加深刻地洞察消费者的需求。因此，物联网技术及其应用，一方面可以促进企业的产品和服务不断迭代升级，另一方面，也会使企业能够更加深刻地洞察市场需求和消费趋势的变更，从而实现商业前沿的探索和商业模式的创新。

因此，本篇将重点讨论物联网环境下开展全生命周期质量管理的供应链协同以及物联网环境下的质量管理模式和商业模式创新。

第7章 物联网全生命周期供应链协同

供应链协同（supply chain collaboration，SCC）概念于 20 世纪 90 年代中期由咨询界和学术界正式提出。供应链管理专家 Anderson 和 Lee 于 1999 年 4 月发表的《供应链协同：新的前沿》一文指出，供应链协同是新一代供应链发展的战略理念，供应链协同是供应链管理的核心思想。由此看出，供应链协同理论受到国内外学者的高度关注，并成为理论研究和实践应用的发展方向。

供应链协同是指供应链上不同的节点企业在信息共享的基础上，基于共同的战略目标，实施科学的经营管理流程，共同为客户创造产品和服务的行为。其核心在于不同主体间协调一致、同步化运营，实现供应链整体效益的最大化。为了推进供应链协同管理的实现，供应链各节点企业：①应树立共同的目标，共同为供应链整体利益的最大化付出努力；②应建立诚实守信的协同机制，建立共同遵守的契约；③应建立科学合理的利益分配和激励机制，实现利益共享和风险共担；④应建立有效的信息共享和互通平台，为供应链协同提供高效敏捷的信息响应机制。只有基于上述条件，供应链的协同管理才可能真正变为现实。

供应链协同的理论基础源于协同管理理论。运用协同管理理论，将使基于对物联网的供应链协同的分析和探究有一个理论上的切入点，并借此找到一条可行的解决思路和方案。

7.1 协同管理理论

协同理论在 20 世纪 70 年代由德国的哈肯提出，最初是应用于激光等物理方面的研究并涉及计算机科学和系统科学，进而由之产生计算机支持的协同工作这一新兴学科。随后，协同理论在管理学方面逐步得以应用，较早的是 2000 年国外著名管理咨询公司 Arberdeen Group 提出协同商务的定义,并随之引发了一次管理思想的变革,协同管理理论由此逐步建立和推广开来（潘开灵和白烈湘,2006）。

协同管理理论是研究管理对象的协同规律并实施管理的一种理论体系,是指企业利用前沿技术所提供的一整套跨企业合作的能力,帮助企业同其关键业务伙伴共享业务流程、决策、作业程序和数据,共同开发全新的产品、市场和服务,提高竞争优势,它几乎涵盖了企业内外部计划和协作的各个方面,通过对供应链核心企业和上下游合作伙伴的战略决策、组织构成、管理控制等各个相对独立的子系统进行协同,实现它们之间的资源优化组合和配置,进而产生一个在结构、功能等方面超越原有组织的、具有新的生命体的组织系统,并最终达到实现协同效应的目的。

协同本身是一个管理创新的结果,是由管理创新来推动的,协同管理能促进管理创新向不同的广度和深度进一步延伸,达到"1+1>2"的效果。因此,企业的供应链管理要建立起协同机制体系,为企业不断实现管理创新营造良好的技术环境。

7.2　基于物联网的供应链协同

物联网技术的运用可以将企业供应链系统中的供应商、制造商、经销商、零售商、第三方平台、消费者等参与主体进行软硬件系统平台的整合,为构建协同共享的新型合作关系创造无限可能。协同合作是物联网发展的本质特征,物联网的产业生态不是单个企业能够推动发展的,而是需要供应链上下游企业的多方协同合作,才能够发挥物联网的真正价值。

物联网全生命周期质量管理的供应链协同包括三个方面,即供应端协同、生产端协同和需求端协同。供应端协同需要供应链核心企业针对上下游开展持续协同互动。通过弹性供应链管理体系的构建,保证供应链的高效、健康、稳健发展,保障企业对于消费者及市场的快速响应,增强企业的抗风险能力;生产端协同,需要企业以用户为中心,打通企业内部设计、采购、生产、仓储、物流等各环节的业务流程,创新制造和服务模式,实现对客户的快速响应,增强客户黏性;需求端协同,需要制造商同零售商、消费者以及第三方服务商开展协同合作,通过持续的服务创新,挖掘消费者的需求痛点,推动产品和服务质量的持续改进。

需求端和生产端协同,更多地决定了企业的服务质量;而供应端和生产端协同,更多地决定了企业的产品质量。只有三端协同、融会贯通,才能最终实现用户体验的持续改善。

7.2.1　供给端协同

对企业而言，供应商提供的原材料和零部件的质量很大程度上直接决定着企业的产品质量和成本，并最终影响客户的满意程度。因此，供应商提供的产品和服务对企业最终的产品质量和服务质量有着至关重要的影响。因此，运用物联网技术加强企业同供应端的协同合作，提升供需管理的效率，建立企业同供应商的协同共赢的合作机制，对于提升企业的质量管理水平极其重要。下面将从面向供应端的资产管理、物流管理、供应商管理，以及实现供应端协同需要面临的挑战等方面进行阐述。

1. 面向供应端的资产管理

物联网技术可以用于原材料等上游资产的供需控制及渠道管理。通过物联网技术，可以有效获取产品在生产过程中的原材料的用料及需求信息，采购部门可以通过信息汇总，结合企业内部实际的库存储备，有效地进行原料的用料及需求的控制管理，同时通过将相关信息共享给供应商，也使得供应商可以合理安排生产计划及库存储备计划。通过物联网的使用，原材料的供需信息可以高效、快速地在企业和供应商之间进行流通，对企业而言，提高了原材料的供需管理效率，提升了库存的使用率；对供应商而言，实时动态的供需信息也有助于供应商制订更加合理的生产计划。

另外，物联网技术还可用于原材料的渠道管理。一旦原料出现质量问题，可快速追溯到问题原料来自哪个供应商、哪条生产线、哪个批次等相关信息。这些信息可快速反馈给供应商，有利于供应商及时实现质量问题追溯及生产改进。

2. 面向供应端的物流管理

随着物流服务的快速发展，涉及的货物、服务、船舶和车辆的数量也在飞速增长，由此带来的挑战之一是运输的复杂性。将产品从源头运送到目的地是一个复杂的过程，如不能进行有效的物流系统规划，则可能会导致高昂的物流成本。

而物联网和大数据技术正在帮助解决这个问题。例如，通过追踪物流运输设备的行进轨迹，结合交通路况、天气状况以及其他渠道收集的信息，可以为物流运输设计更加高效的运输线路。并根据实时信息的动态更新，通过尽早发现潜在问题来优化最后一公里的交付。

而在易腐产品的物流运输中，物联网也可发挥重要作用。这类产品在运输过程中，通常需要将温湿度保持在特定范围内，否则就会变质腐烂。物联网设备可以全天候监控产品运输过程中的实时状态，并根据需要采取措施来保证产品的质量。

3. 面向供应端的供应商管理

供应商是整个供应链体系的重要组成部分。因此，建立一个基于物联网的高效且出色的资产管理和资产追踪系统，将有助于实现供需信息在企业和供应商之间的高效快捷流通，有助于企业同供应商建立更好的信息协同机制，实现原材料、零部件保质保量的准时交付，使企业和供应商保持密切协同的合作关系，实现共赢（孙新波等，2019）。

4. 实现供应端协同面临的挑战

企业建立同供应商的协同体系，更多的还是面临管理挑战。主要体现在成本问题、管理主体等方面。企业为了加强同供应商的联系，势必要在供应商环节部署数据和信息采集设备。但成本问题谁来承担，是必须解决的问题。虽然当前部分企业主张"以大带小"的合作模式，即数字化优势相对明显的大型企业带头发挥示范作用，搭建云平台，推动大企业同中小企业间的信息共享、资源整合、协同合作，但在实际操作过程中，双方均会基于自身利益和成本考量进行博弈。一方面，物联网设备的部署势必会增加中小企业的管理负担，并由此带来管理成本增加；另一方面，由于自身的生产、库存等信息涉及企业的商业机密，这些信息的开放会威胁到企业自身安全，也极有可能成为大企业的谈判筹码，因此出于自身利益考量，中小企业未必愿意开放自身的生产、库存等相关信息给大企业。即使完全开放，也不能保证信息的真实有效。因此上述这些问题，导致企业在推广物联网的过程中困难重重。

5. 生产端协同

生产端协同，需要企业始终以用户为中心，将企业的质量管理目标自上而下进行分解，运用物联网技术打通企业内部设计、采购、生产、仓储、物流等各环节的业务流程，促进企业内外部的协同，创新制造和服务模式，实现对客户的快速响应，增强客户黏性。下面将从面向用户个性化需求的产品设计开发、基于生产过程监控的质量管理、基于设备状态监控的质量管理，以及实现生产端协同需要面临的挑战等方面进行阐述。

1）面向用户个性化需求的产品设计开发

用户需求通常难以捉摸，且会随时间变化，因此企业需要精准把握用户需求变化，对产品进行持续迭代，以顺应不断升级的消费需求。在新产品发布的问题上，企业往往面临着进退两难的困境。一方面，在无法实时监测产品质量数据的情况下，企业在新产品的推出上比较谨慎，一般不愿冒险推出还不成熟的产品和技术，而是争取在产品投产前多做测试，使它们尽可能成熟；另一方面，在竞争日趋激烈、用户对产品需求的更新速度加快的情况下，企业又没有足够的时间和耐心等到新产品和新技术成熟后再推出。

在物联网环境下，企业可以实时监控产品部件和过程的运行情况，这为产品的个性化开发提供了便利条件。一方面，通过对已有产品状态进行监控，可以有效、快速地跟踪和理解客户需求，为新产品的初始设计提供帮助；另一方面，新产品推出后，企业可以及时获得产品的质量状态数据反馈，从而快速对产品的问题及不足进行迭代升级，持续改善用户体验。可以说，物联网技术的运用可以使企业由于新技术/新产品投入带来的风险变得更加可控。现实中，各种计算机操作系统、手机应用程序的升级更新即是明显体现。通过程序的快速问世，抢占市场，并基于用户的使用反馈，持续更新迭代，不断改善用户体验，增加用户黏性。

2）基于生产过程监控的质量管理

在产品生产过程中，产品会在不同的生产加工环节进行流转。任何环节、任何工序出现问题均会对产品的最终质量产生影响。因此需要对产品生产过程进行监控，确保企业内部各工序、各环节、各部门的有序协作。

传统生产过程质量管理强调人、机、料、法、环等五个质量源头（张公绪和孙静，2003）。物联网技术的运用，可以实现产品的生产线过程检测、工艺参数采集、材料消耗监测、环境状态监测等，提升生产过程的智能化水平，从而优化生产流程、保证产品质量。另外还可以通过物联网识别产品生产中存在的潜在瓶颈，从而可以实施深入的质量控制，改善工作流程、环境、设备或运输工具的质量，帮助企业更好地改善产品质量。在钢铁行业，企业可以实时监控钢板的宽度、厚度、温度等工艺指标，从而实时调整各生产环节的工艺流程，确保产品质量。在手机行业，企业通过在整条生产线上建立多环节、多工序协作的质量拦截，对手机元器件开展规格认证、原材料分析、单件测试、模块组测试等工作，确保问题元器件不会最终流转到成品手机上，从而保证产品的最终质量。

3）基于设备状态监控的质量管理

除了生产过程同产品质量密切相关，生产设备的可靠性对维系产品质量也至关重要。为了监视生产过程的质量，需要通过物联网对生产设备状态进行实时监控，如机器状况（速度、振动等）和环境状况（温度、湿度等）等，以识别它们何时超出正常阈值。如果设备状态数据接近可能导致潜在产品缺陷的阈值，则质量监控解决方案将查明问题根源，触发警报并建议采取缓解措施以修复或调整机器，从而最大限度地降低残次品的产量。因此需要通过设备维护来实现设备的可靠性保证。

随着生产设备精密化智能化程度的上升，设备维护所需要的技术含量也在不断提高，因此设备维护外包越来越普遍。对企业而言，需要运用物联网技术，促进生产设备状态信息在企业同运维服务商之间的高效流转，加强双方的信息共享和协作，确保生产设备的正常平稳运行，降低由于设备故障、设备停机造成的产品质量问题和成本损失。

4）实现生产端协同面临的挑战

推进质量管理的生产端协同，需要企业始终以用户为中心，根据组织的质量管理目标，建立自上而下的质量目标分解体系，以及自下而上的质量目标保证体系和监管体系。需要企业内部建立跨部门的协同合作机制，促进生产、运营、财务、库存、设备等部门的连通。物联网技术的运用为上述体系的建立提供了可能。但在推行过程中，依然会面临企业业务流程的变革、企业原有系统和物联网系统之间的兼容连通，以及由此带来的成本上升问题。

另外，为了维护生产的平稳有序，企业需要同众多不同的生产设备运维商建立紧密的协作关系，这必然会带来企业生产数据的泄露，以及由此可能引发的网络安全、数据安全问题。因此如何对设备运维商进行有效监督，确保企业的生产安全也是企业面临的挑战。

7.2.2　需求端协同

需求端协同，需要企业同消费者以及第三方服务商开展协同互动，在为用户提供持续服务（质量保证服务、产品回收服务等）的过程中，通过物联网技术的运用，不断挖掘用户的需求痛点，为产品和服务的持续升级迭代精准导向，将持续改善用户体验的目标融入全生命周期质量管理的活动中，推动产品和服务质量的持续改进。下面将从面向消费者的个性化需求洞察、面向消费者的质量保证服务及产品回收服务，以及实现需求端协同需要面临的挑战等方面进行阐述。

1. 面向消费者的个性化需求洞察

在物联网环境下，企业可以实时监控产品每一个部件、每一个过程的运行情况，通过对产品状态进行监控，以及对用户使用情况的数据获取和使用反馈，可以有效、快速地洞察客户的需求信息，甚至挖掘用户的潜在需求，可以为新品的设计开发提供帮助，从而为企业进一步推动产品和服务的升级提供精准导向。以家电企业为例，通过将物联网技术同家电产品融合，可以实时监测家电产品的部件或系统的功能状态及使用寿命等信息，当产品出现故障时，企业的云平台可以通过对这些数据信息的质量建模，自动分析可能引发的故障原因。如果是用户操作不当导致的故障，系统会自动对用户进行提醒引导；如果是产品部件引发的故障，企业会及时安排售后服务上门进行更换，彻底杜绝故障再次发生。而针对回收的故障部件，企业能够通过开展质量溯源实现质量改进，从而促进产品和服务的迭代升级。

2. 面向消费者的质量保证服务

传统的产品质量保证服务包括质保期内的产品维修服务和质保期外的产品延保服务。保修期内的质保允许用户在一定的期限内免费或以较低费用享受产品的维修服务，产品的延保服务则要求用户缴纳一定的费用后，延长产品的质保或维修服务。理论上，产品延保服务的购买者使用产品的频率较高，产品出现故障的概率也较大。通过物联网的实时监控，制造商可以根据用户以往的使用习惯和产品的使用环境预测未来产品质量的趋势，提供差异化的产品质保服务，提高制造商的风险控制能力。如个性化质量保险服务，企业根据产品的使用状态预测产品失效的风险并进行个性化的保险条款设计（如车辆保险条款等），对低风险用户提供较低的保费协议，而高风险用户则会获得较高的保费协议。通过提供个性化的保险服务，企业可以在产品的保险服务中获取更多的利润，而非传统的仅仅通过产品销售模式获利，这也为企业带来盈利模式的变革。同样，对于差异化的延保服务，企业也可以在保修期结束后，根据产品的使用状况向消费者提供更多种类、不同价格的延保协议，而且根据产品的历史状态信息计算的延保服务价格将更为合理。因此，在物联网环境下，企业通过产品生命周期状态数据的分析，在市场充分细分的基础上，可以通过差异化的质保服务和延保服务获得更多的利润。

在物联网环境下，通过对产品全生命周期质量状态的预警，维保策略将能够及时、有效地预防产品故障的发生，延长产品的寿命，节省维护维修的成本。同时，自动识别技术是物联网的关键技术，也可以用于自动获取维修资源数据，实现对维修备件和器材的识别、跟踪、记录等功能，并可用于控制维修器材的流转、监控维修过程、设备和人员，有助于改善对故障的诊断、可靠性及故障趋势分析，提高维修工作效率。

3. 面向消费者的产品回收服务

在倡导低碳、节能、绿色的经济时代，产品的回收处理变得越来越普遍，产品回收处理不但体现企业的社会责任，也可以为企业创造新的价值来源。一方面通过对回收产品的翻新或"再制造"可以降低企业的制造成本，另一方面通过产品的回收，提前终止产品后续质保服务的支持，可以降低企业的服务成本。物联网设备可以获取产品的质量状态数据，因此可以基于质量状态数据确定回收时点、回收价格等。而针对问题产品的回收，如汽车召回，企业可根据物联网采集的汽车质量状态数据和位置数据，快速召回问题车辆开展质量溯源，并确定改进维修及升级换代的策略，从而减少车辆的安全隐患，防患于未然。

4. 实现需求端协同面临的挑战

物联网可以通过采集用户的行为信息，挖掘用户的潜在需求，持续改善产品质量和服务体验，提升客户的满意度。以车联网为例，车联网企业通过对汽车驾驶员驾驶习惯数据的实时采集，可以更好地预测车辆的服务需求，从而改善企业的服务质量。但由此也会引发网络安全、数据隐私等方面的问题。如针对车联网节点的恶意攻击、数据篡改等行为，可能会造成车辆驾驶过程中的安全事故。而车联网企业在驾驶员不知情、未授权的情况下，可能会将部分驾驶行为数据提供第三方服务机构，使驾乘人员"被迫"接受一些基于其隐私数据分析而推送的服务，从而侵犯消费者权益。因此亟须制定出台通用性的针对数据流通和使用等环节的指导原则。

第8章　物联网驱动下企业质量服务模式创新策略

8.1　"万物互联"下的服务与质量

传统制造企业的商业模式主要聚焦于生产物理产品，通过销售，产品的所有权转移给客户，而获得利润，同时产品所有者承担产品售后服务和其他使用成本，以及产品停机、损坏和故障的风险。物联网等技术的发展，使得越来越多的传统产品转变为智能产品，原先单纯由机械和电子部件组成的产品，现在已进化为各种复杂的系统和平台，硬件、传感器、数据储存装置、微处理器和软件，产品以多种多样的方式组合成新产品，产品的发展方向日益智能化、互联化。

智能互联产品的出现彻底改变了传统的商业模式。通过对产品数据的收集和分析，制造商可以提前预测并修理故障，减少产品损坏的概率。制造商优化产品性能和服务的能力得到前所未有的提升，一系列全新的商业模式成为可能，如产品即服务（product as a service，PaaS）模式——制造商保留产品所有权，并对产品的运营和售后成本负责，向客户持续收取服务费用，客户用多少付多少，不再提前支付购买（Porter and Heppelmann，2014）。因此 PaaS 是一种将产品和制造服务化的创新性商业模式，提供了一个融合智能产品和服务的解决方案，以满足客户的个性化需求（Valencia et al.，2015）。

同时，物联网的出现和发展极大地推动了质量管理理念和方式的变革，从传统的被动响应向主动预防、全程监控转变。过去，质量管理多是通过定性分析来完成的。而在物联网环境下，产品质量状态信息的实时性、可视化，使得定量分析融入质量管理成为可能。例如，产品全生命周期中的数据可以以 RFID 设备为载体，集成后再通过软件平台实现实时性、透明化和共享化，有效分析集成数据可以帮助企业进行更为可靠的全面质量管理。质量管理的理念正由事后把关演进为过程控制。全过程质量管理，覆盖包括需求分析、设计、原材料采购、生产、销售、运行使用、维修直到回收处置的产品全生命周期。这样的改变也推动了产品全生命周期的服务创新。

8.1.1　"万物互联"下的企业竞争

"万物互联"的时代改变了企业竞争方向与创新模型。Porter 和 Heppelmann（2014）提出了五种竞争驱动力：购买者的议价能力、现有竞争对手的强度和性质、新进入者的威胁、替代产品或服务的威胁、供应商的议价能力。这些力量的构成和强度共同决定了行业竞争的本质以及现有业内公司平均盈利能力。

（1）购买者的议价能力。智能互联产品将极大地扩展差异化的可能性，单纯价格竞争将越来越罕见。了解客户如何使用产品，公司就能更好地对客户进行分层、定制、定价并且提供增值服务。此外，这些产品还大大拉近了公司与客户的关系。由于公司掌握大量的历史数据和产品使用数据，购买者转换新供应商的成本大大提升。通过智能互联产品，企业大大降低了对分销渠道和服务机构的依赖，甚至达到去中介化，从而在价值链中获取更多利润。但这些因素削弱了购买者的议价能力。

（2）现有竞争对手的强度和性质。智能互联产品可能对竞争带来重大影响，创造无数产品差异化和增值服务的机会。企业还可以进一步改进自身产品，以对应更加细化的市场分层，甚至根据个人客户进行定制化生产，进一步增强产品差异性和价格均匀。通过智能互联，公司还可以将价值主张扩展到产品以外，如提供有价值的数据和增强服务。法国的网球拍制造商百宝力（Babolat）生产网球拍和相关装备的历史长达 140 年，公司最近推出了 Babolat Play Pure Drive 系统，将传感器和互联装置安装到球拍手柄中。通过对击球速度、旋转和击球点的分析，公司可以将数据传送到用户智能手机的 APP 中，APP 会为用户提供训练和比赛改善建议。

（3）新进入者的威胁。在智能互联的世界，新进入者要面临一系列严峻挑战，首先是产品设计、嵌入技术和搭建"技术架构"带来的高昂固定成本。然而，当智能互联技术飞速跃进，使在位公司的技术和优势作废时，行业的进入壁垒反而会降低。有些在位公司不情愿采用智能互联技术，妄想保持自己在传统产品上的优势和高利润的产品或服务，这无疑为新进入者敞开机会之门。例如，On Farm 公司"没有产品"，通过收集各种农业设备数据，为农场主提供信息服务，帮助他们做出更好的决策。虽然 On Farm 公司不是设备制造商，却让传统设备制造商坐立难安。在智能家居领域，快思聪（Crestron）公司也采用类似的战略，提供界面丰富的一体化家居中控系统。同时，一些公司还会面对非传统竞争对手的挑战，如苹果、小米等手机厂商发布了以手机为中心的互联家居控制系统。

（4）替代产品或服务的威胁。与传统的替代产品相比，智能互联产品的性能更佳，定制程度和客户价值也更高，降低了替代产品的威胁，提升了行业发展前景和盈利能力。但是在很多行业中，新型的替代产品正在涌现，它们提供更全面的功能，将威胁传统产品的地位。例如，Fitbit 的可穿戴健身设备，能捕捉不同类型的身体数据，包括运动水平和睡眠状况等，将替代传统运动手表和计步器。

（5）供应商的议价能力。智能互联产品改变了传统的供应关系，重新分配了议价能力。由于智能和互联部件提供的价值超过物理部件，物理部件将逐渐规格化，甚至被软件所替代。软件也提高了物理部件的通用性，减少了物理部件的种类。在成本结构中，传统供应商的重要性将会降低，议价能力也会减弱。智能互联产品也让一批新的供应商崛起，包括传感器、软件、互联设备、操作系统、数据存储以及"技术架构"其他部分的提供者。例如，谷歌公司和苹果公司分别利用他们的生态和产品（即 Android Auto 和 CarPlay）在与汽车厂商的谈判中占据了有利地位。传统的汽车厂商缺少开发内嵌操作系统的能力，无法提供像安卓那样的操作体验和APP生态圈，因此不具备对诸如谷歌和苹果等新型供应商的影响力。他们由此组建了开源汽车联盟（Open Automotive Alliance，由通用、本田、奥迪和现代等汽车品牌组成）来应对这种变化。

8.1.2　"万物互联"下的服务创新

产品与产品、场景以及个人等信息互联导致新服务模式出现。物联网通过射频识别技术、无线传感网技术、嵌入式智能技术、红外线技术、激光扫描技术等各种各样信息采集设备采集物理世界海量物品的信息，并通过标准化和网络化过程与互联网相连接，最终实现物理环境所有物品的智能网络。新型服务是指由于企业可以通过智能互联产品相互连接、收集数据并进行数据分析，因此售后服务的职能将得到扩展，提供全新类型的服务。实际上，服务已经成为制造业当前最主要的创新源头，一些新型附加值服务，如通过新技术延长保修期、为客户提供跨产品、跨序列甚至跨行业的标杆对比服务等，为企业带来新的收入和利润增长点。例如，卡特彼勒为客户提供一系列新型解决方案：公司对工地的每一台设备进行数据收集和分析，然后由服务团队为客户提供设备的分布建议，从而减少使用设备的数量。同时，团队还为客户制订增添设备计划，以便能突破产能瓶颈以及提高整个车队的燃油效率。使用产品数据和使用场景的互联，帮助客户更好地管理建筑和采矿设备。

　　企业产品质量信息可形成新的行业边界和产品体系。智能互联产品不但能重塑一个行业内部的竞争生态，更能扩展行业本身的范围。除了产品自身，扩展后的行业竞争边界将包含一系列相关产品，这些产品组合到一起能满足更广泛的潜在需求。单一产品的功能会通过相关产品得到优化。例如，将智能农业设备联接到一起，包括拖拉机、旋耕机和播种机，会使得这些设备的整体性能得到提升。

　　不仅如此，行业边界还会继续扩展，从产品系统进化到包含子系统的产品体系（system of systems），即不同的产品系统和外部信息组合到一起，相互协调从而整体优化，就像智能建筑、智能家居甚至智能城市。如果一家公司的产品对整体系统的性能影响最大，那么它将取得主导性的地位，并分得利润蛋糕中最大的一块。

　　物联网让实体经济数字化、虚拟经济实体化。通过真实、准确的数据信息，现实世界不再局限于信息模拟，而是实现人与物、人的行为、人的特征等关键数据信息互联共享，有效解决"信息孤岛""逆向选择"等难题，消除信息不对称带来的不确定性。通过数据流双向传输，虚拟经济与实体经济之间搭建起连接交流的桥梁，供应链和消费端互联，获得产品或服务全周期的反馈，不断促进质量持续升级。最终，推动服务模式的变革。

　　以金融产品开发为例。借助物联网，金融风险控制模式将由主观信用向客观信用转变。金融机构可以从时间、空间两个维度感知人、物、事的状态，根据新场景开发金融新产品。同时，在消费者使用这些金融产品期间，金融机构对其服务对象的历史状态、当前状况、交易习惯、风险偏好、行为习惯等进行监控、评估与预测，调整信用评级，进行动态定价。随着数据量的增大，对消费者定位越来越精准，最后实现个性化定价，增加企业竞争力。

8.2　企业产品即服务模式创新

　　PaaS 是由物联网、大数据等信息通信技术进步所催生出的新兴商业模式，并对企业的运营和竞争策略产生深刻的影响。学术界对这一商业模式的研究还处于很初级的阶段，主要探讨技术设计、商业框架、竞争战略等（Suppatvech et al., 2019）。

8.2.1　PaaS 技术基础

　　Porter 和 Heppelmann（2014）介绍了 PaaS 商业模式一般的技术基础要求，并称为"技术堆栈"（technology stack），它能在产品和用户之间搭建数据交换的门路，并整合业务系统、外部资源以及其他相关产品产生的数据。此外，技术堆栈提供的功能还包括数据储存和分析的平台、应用运行后台、产品接入和往来数据交换的安全保护措施。

由于价值链上的工作性质发生变化，制造企业的组织架构也将发生历史性的变革。通用电气首席执行官伊梅尔特就曾断言，每一家工业公司必须成为软件公司。这反映出，软件已经成为工业产品中不可或缺的一部分。除此之外，软件公司的发展方向已经向智能互联时代进发，如不断改进的设计、远程产品升级和产品即服务的商业模式。

智能互联产品还应基于统一的数据管理结构。由于数据的容量、复杂性和战略意义都在提升，单个部门已经无力进行数据管理，自行发展分析能力，或是自行保证数据安全，也非常不经济。为了从新的数据源中获得最大价值，许多公司建立了专门的数据部门，负责数据的收集、整合以及分析，并将数据中获取的洞察传递给不同的部门和业务单元。

Zheng 等（2018）提出了一套基于平台化、数据驱动和数字孪生技术的 PaaS 解决方案。

（1）平台化。采用平台服务方式并结合模块化设计是解决产品服务化悖论（更多的服务创新反而导致更少的收益）的有效方法。平台化应该是在产品模块化基础上应用信息通信技术和数字化技术进行商业组织的一种视角。平台采用云计算技术大规模分布式部署产品服务，并提供按需付费的方案。

（2）数据驱动。在 PaaS 系统中，数据来源可以包括用户、产品本身、制造商、服务提供商、运营商等，产生的海量数据通过平台进行实时交换。这样的大数据环境有利于进行数据驱动的服务创新，每个产品和生产流程都可以自主监控，感知了解周边环境，并通过与客户和环境的不断交互自我学习，从而创造出越来越有价值的用户体验；企业也能实时地了解客户的个性化需求，并及时做出反应。

（3）数字孪生。数字孪生本质上是集成人工智能、机器学习和传感器数据等技术建立实体世界的一个虚拟镜像，以支撑物理产品生命周期各项活动的决策。实体世界和虚拟世界实时进行数据交换，并不断进化，改进企业的产品服务。

8.2.2　PaaS 运营模式

Suppatvech 等（2019）总结出 PaaS 的四种商业运营模式。

（1）附加服务模式。企业可利用 IoT 技术为产品客户提供个性化的附加服务或功能。附加服务模式存在多种形式。例如，Nike 生产的智能手环产品 FuelBand，让客户可以实时监控自己的身体健康状态，并将数据上传至智能手机查看，Nike

根据客户的数据推送个性化的健康信息服务；Geis Group 是一家面向自动化企业的物流服务商，应用物联网技术辅助客户及时高效地处理订单；Philips 推出了一套家居智能照明系统 Philips Hue，可应用物联网技术让客户远程控制房间的灯。

（2）分享模式。属于共享经济模式，客户付费以在有限时间内使用产品，从而使产品被多个客户连续性地使用，能创造更多收益。这种模式让客户不再需要购买产品，而是共享使用权。典型的例子是汽车生产商推出的共享汽车服务。例如，著名车企集团 BMW Group and Daimler AG 运营了一个 Car2Go 平台，基于物联网技术，客户通过 APP 寻找附近的车辆，解锁、使用和还车。客户只需为使用的这段时间支付费用。

（3）按需模式。在这一模式下，客户的产品使用量可以准确衡量，客户可以按需单次购买或者会员订阅的方式获得产品服务。在按需单次购买方式下，客户只需支付这一次实际的使用量。例如，打印机生产商兄弟（Brothers）和惠普（Hewlett Packard）提供按纸张数量付费的打印服务。在会员订阅方式下，客户一次性支付会员费以在订阅时间范围内无限量地使用产品服务。例如，一家机器备件检测企业提供按月付费的方式为客户提供检测防伪服务。

（4）解决方案导向模式。企业基于物联网等技术为商业客户提供整体解决方案。例如，一家医疗健康企业 Agfa HealthCare 为客户远程监控器械的使用状态，并防范故障风险。企业还可以通过监控客户使用产品的实时数据、运行模式等为客户的业务运营提供优化解决方案。例如，芬兰一家钣金机械企业与客户长期合作，远程监控设备状态，并优化客户的生产排程。

8.2.3　PaaS 竞争策略

Porter 和 Heppelmann（2014）提出了 PaaS 的竞争策略。为保证对客户进行合理收费，PaaS 模式要求企业收集产品的使用数据。因此企业须认真思考它们需要何种类型的传感器、传感器的安装位置、收集数据的种类和分析数据的频率等。施乐公司从出售复印机转型为按打印文件数收费，为此公司在硒鼓、进纸器和墨盒处安装了传感器，这样就可以准确地向客户收费，并促进了纸张、墨盒等耗材的销售。

一旦完全了解客户使用产品的方式，企业就能开发出全新的商业模式。劳斯莱斯公司开创了"按时计费"模式的先河，航空公司可以按飞机发动机的工作时间来付费，放弃过去固定产品销售加维修保养费用的模式。如今越来越多的制造企业开始提供类似的产品即服务模式，这将对销售和营销工作带来深刻的影响。销售人员的目标不再是一锤子买卖，而是帮助客户取得长期成功。这需要双方建立起双赢的合作场景。

在 PaaS 模式下，行业的竞争基础将从单一产品的功能转向产品系统的性能，而单独公司只是系统中的一个参与者。如今制造商可以提供一系列互联的设备和相关服务，从而提高设备体系的整体表现。例如，世界领先采矿设备制造商——久益环球（Joy Global）已经从优化单个设备的性能转向对矿区整体设备的性能优化，行业边界也从单独的采矿设备扩展到整个采矿设备系统。不仅如此，行业边界还会继续扩展，从产品系统进化到包含子系统的产品体系，相互协调从而整体优化。例如，约翰迪尔公司（John Deere）和爱科公司（AGCO）合作，不仅将农机设备互联，更连接了灌溉、土壤和施肥系统，公司可随时获取气候、作物价格和期货价格的相关信息，从而优化农业生产的整体效益。智能家居是另一个例子，它包含了多个子系统，如照明系统、空调系统、娱乐系统和安全系统等。

8.2.4　PaaS 应用场景

1. 车联网

物联网赋能作用下，智能汽车将成为物联网时代最重要的终端。2018 年 12 月，工业和信息化部制定了《车联网（智能网联汽车）产业发展行动计划》，明确提出 2020 年要实现车联网用户渗透率达到 30%以上，将成为车联网从示范商用走向规模商用的重要节点。预计 2020 年全球车联网市场有望突破 1000 亿美元的规模，中国将占三分之一。借助车联网技术，将智能汽车纳入数据互动网络，通过传感网和先进通信技术，对人、车、路和环境等信息进行感知与交换，获得驾驶人或者车辆目前状态数据和运行轨迹，与个人特征数据结合，可以分析出车主运动轨迹，并对未来的运动行为作出预测。通过数据刻画出客户的驾驶行为以及驾驶目的，从而实现自动驾驶、智能车辆管理等功能，而且金融机构可以通过对汽车状态的实时监控，开展新型金融业务。

（1）车联网下的服务升级。汽车传统硬件衍生出服务需求，推动服务转型升级。车辆上装载的车载导航系统不仅提供道路支持，还可以规划路径，甚至根据使用习惯推荐相关产品或服务。例如，在油耗低时，推荐周边加油站、打折券等。这需要硬件与车联网连通，分享数据将传统的硬件变成一个服务载体，升级原有服务，满足客户需求。

（2）车联网下的模式创新。通过车载物联网装置，除了采集车主基本信息、车辆自身状态、车辆所有权等数据，还收集分析车辆里程、加速、减速、转弯、驾驶时间、驾驶行为等数据，精准刻画客户驾驶习惯。使用这些数据进行产品设计,基于产品状态和使用情况开发新型服务产品。UBI 车险(usage based insurance,基于使用量的保险)则是一种个性化车险,实现"一人一车一价"的全新车险模式。保险机构通过对车辆及驾驶人员信息的监测、分析与处理,可以降低骗保率,提高承保收益,同时对风险事故可以由被动应对变为主动管理,降低事故发生率和理赔成本。美国前十大财险公司中,已有九家开展了 UBI 车险业务,市场规模已近 2000 亿美元。美国前进保险公司自 2009 年向客户提供免费的 OBD 设备(on-board diagnostics,车载诊断系统),基于驾驶行为判断给予车主车险折扣,引入 UBI 车险业务后,前进保险公司保费收入及渗透率逐渐提高,盈利能力不断增强,排名跃居美国第二名。

2. 保险革新

理赔方面,当事故发生时,实时数据可以让保险公司第一时间获取真实信息,并根据现场情况安排现场救助,同时对于设备出险的状况,可以及时将代工设备运送至现场,将出险的设备转运至修理厂维修,维修好后再将设备送还客户,创新"实物理赔"的新模式。

风控方面,物联网实时传感功能能够精准预测风险隐患,对于出险高频或高赔付业务领域,可以通过风险预判和早期行为干预来降低出险率,保险公司可以做到风险可控、可预期和可预防。

健康险方面,随着物联网技术与现代医学技术的不断融合,通过可穿戴设备,可以实时感应和监测客户的身体状况,进行数据分析,保险公司可以制定个性化的健康管理方案,辅助开展精准健康管理。根据实际情况,原来必须去医院进行的专业检测和诊断,有望通过物联网远程方式代替,健康专家和医生将为客户提供健康咨询、会诊,提出有针对性的康复或治疗方案。物联网将推动健康保险的业态由事后补偿向预防补偿发展,由单一医疗支付向全面健康管理转变。

3. 电梯物联网

物联网电梯,通过传感器记录设备状态信息,分析技术获得设备的健康状态;电梯物联网,获取设备健康状态趋势,预测剩余使用寿命。"硬件+平台"的模式,帮助企业日常运营管理和辅助决策,制订合理的设备维护计划。

1)按需维保

定期维保是现行的主要维保模式,即按照国家相关法律中所规定的每半月对电梯进行一次维护。这种维保模式可以规范电梯维保企业的行为,保证相关企业提供可靠的服务。但是在这种模式下,无法根据电梯的不同状况灵活调整维保周期,如对于健康状况较差的电梯,现有的维保周期可能不能及时排除隐患,而对于质量较好、成色较新或使用负荷较低的电梯，即使略微延长维保周期同样不会影响其安全性。在半月保的规定下，电梯的维保资源分配不够合理，没有将维保力量用在真正有需要的地方。

"物联网+按需维保"新型服务模式，则是根据设备类型、使用强度和使用场景等特点动态调整维保周期与内容，而不是单纯地对所有电梯使用相同的维保周期和维保项目。同时，按需维保需要结合物联网技术，通过远程监控电梯的实时数据，对故障数据进行分析，确定是否派人进行检查，也可以对电梯进行有针对性的检查和维修。这种"物联网+按需维保"正是目前政府所鼓励的维保模式。"按需维保"现在还处于试点阶段，在浙江宁波和江苏南京等地开发。

2）案例：通力和 IBM

通力在 2016 年与国际商业机器（International Business Machines，IBM）公司建立了合作伙伴关系，利用 IBM 物联网云服务平台收集和存储设备数据，分析数据，构建应用程序并开发新的解决方案。2017 年，通力推出了全新的通力远程监控服务，创建了真正智能化的电梯和自动扶梯服务平台。据悉，通力远程监控服务都已投放至目标市场进行试用，在未来几年内，连接至云端的电梯和自动扶梯数量会增加 100 万台。通力在 IBM 物联网云平台上集成了公司的 SAP核心系统，电梯的所有实时运行数据都通过电梯内的嵌入式传感器实时传输、收集和存储于云端，再通过大数据分析和认知计算处理后，可对即将发生故障的电梯进行预警，并主动向电梯管理者推送信息提醒，极大地缩短了故障解决时间。系统还可以为现场维修工程师提供决策建议，使他们能迅速制订合理的行动方案。

全新的通力电梯云管家服务基于实时数据和分析，24 小时实时监控设备状态，并提供预防性维修保养计划。通力电梯云管家维保服务方案如图 8-1 所示。

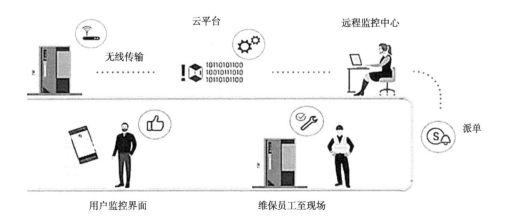

图 8-1　通力电梯云管家维保服务方案

　　通力电梯云管家的特点如下。①高度智能化，确保可预测性。一旦发现电梯需要维保，系统会根据问题的严重程度立即通知技术人员、联系技术支持或客户服务部门。②电梯和自动扶梯全天候监控。通过详细的监控信息了解问题出现的原因以及事件的紧急程度。电梯/自动扶梯内安装的监控装置将收集电梯参数、使用情况和故障等信息，并将所有信息实时发送至通力的云服务平台，由分析工具进行分析，在设备突然出现故障时能快速响应。③高度透明化。当检测到严重故障时，系统会及时提醒技术人员，并立即通知用户。

　　通力还提供远程监控服务。远程监控服务，通过远程无线技术实现电梯、自动扶梯设备与各监控服务中心的信息数据传输。该方案通过全天 24 小时实时监控设备运行的重要参数，监测设备的实时运行状况，能在第一时间发现设备故障，并迅速及时完成派工调度，解除现场故障。同时可以提供有针对性的维修保养计划，提高保养质量，进一步提升维保服务。通力的远程监控服务解决方案如图 8-2所示，远程监控服务流程解释如表 8-1 所示。

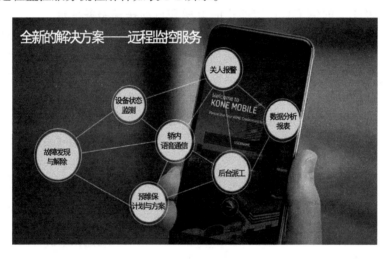

图 8-2　通力远程监控服务解决方案

表 8-1　远程监控服务流程解释

功能	解释
设备状态监测	实时监控电梯、自动扶梯设备运行状态
故障发现与解除	第一时间发现故障，并迅速及时地解除故障
关人报警	特别针对困人事件，可以迅速地派工解决
后台派工	后台迅速及时地派遣维保员工到现场
预维保计划与方案	分析设备情况，提供有针对性的预维保计划与方案
轿内语音通信	乘客在轿内可通过语音按钮，直接与通力客户服务中心人员通话，实时沟通轿内情况

通过预测升降电梯或自动扶梯的运行状况,帮助客户管理设备的全生命周期。通过把人工智能引入维护服务中,预测潜在问题并提出解决方案。维修人员能够掌握有关设备性能和使用情况的更详细信息,设备产生更少的停机和故障。对于使用升降电梯和自动扶梯的人来说,这意味着更短的等待时间、更少的延误,以及潜在的全新的个性化乘梯体验。

8.3　大数据驱动的企业产品逆向物流服务模式

质量状态分级管理是指企业根据通过物联网技术获取到的产品或者服务质量状态信息,将质量状态相似者划分为同一级,再对同一级的产品或者服务进行统一管理,对现代企业质量管理具有重要意义:①有利于企业就同一级产品或者服务进行统一决策,减少由于管理对象数量庞大而带来的高昂运营管理费用;②差异化管理不同等级的产品或者服务,有助于提高企业利润和消费者效用;③提高企业以质量为基础的决策准确性。例如,根据回收品的实时质量状态确定其应该被回收的方式(再制造或翻新等)。或者对设备的质量状态进行分级,对不同健康分级的设备进行不同的维护决策。通过定量分析使得决策更具客观性,创新质量管理方式,进一步提高企业质量管理水平。

8.3.1　大数据驱动的产品回收服务

1. 产品回收的主体和模式

随着生产资源的不断消耗、环境问题不断恶化,人们的环保意识逐渐加强,产品回收已成为社会关注的焦点。产品回收是指企业从最终消费者手中回收废弃物或闲置物品,并进行相关处理(如拆解、维修、翻新、再利用、再制造等)以获取最大经济价值。从环境角度,产品回收可以降低资源消耗,减少废弃物对环境的危害,有益于生态环境的可持续发展;从经济角度,企业对回收产品的拆解、维修、翻新、再利用和再制造等方式,可以有效地利用生产资源,节约成本,直接或间接地增加经济效益;从法律角度,我国以及国外许多国家都相继制定了生产者责任延伸制度,明确要求产品的生产者承担产品废弃后的回收处理问题。由此可见,有效地进行产品回收对社会和企业都具有非常重要的意义。

目前,回收主体呈现多元化发展趋势。除了产品制造企业,零售企业、第三方回收企业、再制造企业均参与其中。根据不同主体参与,产品回收模式可分为以下几种。

（1）制造商直接回收模式。制造商直接回收模式指的是产品制造企业直接从消费者手中回收产品的一种模式。在这种模式下，制造企业将回收的旧产品自行拆解、翻新、再利用或交给正规专业的拆解企业进行处理。例如，苹果公司推出的Giveback回馈计划，直接回收消费者手中的产品，对仍具有使用价值的旧产品进行翻新出售，而对不具有使用价值的旧产品拆解并重新利用设备中的资源。2018年，苹果公司对超过780万部设备进行回收翻新，使得超过48 000吨电子废弃物免于流向垃圾填埋场。

（2）零售商回收模式。在零售商回收模式下，消费者将持有的旧产品送至销售门店或由门店工作人员上门回收，零售商再将回收后的旧产品统一销售交给制造商或专门回收企业进行处理。零售商回收模式本质是零售商与制造商或第三方回收处理企业的合作模式。相比于制造商，作为直接销售产品给最终消费者的中间商，零售商不具备处理旧产品的能力，但直接接触消费者，且覆盖面广，回收成本低。这种模式的应用也较为广泛，如长虹和海尔企业与大型零售商（苏宁和国美）合作回收和处理旧产品（Li et al.，2002），施乐公司和柯达公司与下游的零售商合作回收旧产品（Ginsburg，2001）。

（3）第三方回收企业回收模式。第三方回收企业回收模式是指制造商与第三方回收企业达成战略合作协议，旧产品回收过程完全交由第三方回收企业完成，再统一转移给制造商的模式。相比于制造商和零售商，第三方回收企业的核心业务就是回收旧产品，其在回收方面更加专业化，更加高效。例如，美国汽车制造商福特和通用与专业的第三方回收企业合作回收旧产品（Wang et al.，2016b）。

（4）再制造商回收模式。再制造商回收模式是指由再制造商负责旧产品的回收和再制造流程的一种模式，其中再制造商又分为非独立的再制造商和独立的再制造商。非独立的再制造商与原始制造商之间存在被外包或被授权的关系，而独立的再制造商则单独承担回收和再制造的过程。例如，全球最大的再制造商之一的卡特彼勒与路虎签订协议，由卡特彼勒为路虎提供再制造服务（Wang et al.，2017）。

（5）在线平台回收模式。随着电子商务和物流服务的快速发展，新兴的线上回收模式受到越来越多企业和消费者的青睐。在线平台回收模式是指企业构建网络平台，结合互联网线上和线下的运营特点，线上对旧产品进行估价，线下上门回收或寄送方式完成回收并鉴定的一种模式，如爱回收、回收宝、阿拉环保网、绿淘网等。除了这些以互联网平台为主的第三方回收平台，越来越多的企业也在保留原有传统线下回收渠道的基础上，依托自身双渠道销售的优势或与回收平台合作的方式，开设了线上回收渠道进行旧产品回收。

以旧换新作为一种典型的回收策略受到企业实践者和学者的广泛关注与研究。在以旧换新活动下，消费者向企业提交手中的旧产品，同时获得相应价格的折扣券用以购买新产品。例如，苹果公司 2015 年在中国推出的"以旧换新"活动，消费者可以将持有的旧设备（iPhone 或 iPad）拿到实体店或通过在线平台对旧设备状况进行评估，根据耗损情况，消费者可换得相应的代金券，用于购买同类最新产品。三星公司之后也效仿苹果公司启动了类似的项目：消费者利用旧款三星手机的折旧价值即可折价换购最新的旗舰 Glaxy 系列产品。除了手机、平板电脑等智能产品外，以旧换新策略在家电、汽车等行业也颇为常见。

与直接回收旧产品不同，在以旧换新策略下，企业在回收消费者手中的旧产品的同时也再次出售了新产品。它不仅能够刺激消费者频繁购买，还增加了企业的竞争优势、获取了更多收益，显著地提高了消费者和企业参与旧产品回收的积极性。截至 2019 年 8 月 18 日，苏宁大数据显示，全国以旧换新总量超过 100 万台，超过 70 万户家庭参与。

由于以旧换新的经济效益和环境效益，提供主体不再局限于产品制造者，供应链中上下游企业均有动力参与以旧换新活动。根据以旧换新提供主体进行划分，所提供的以旧换新服务如表 8-2 所示。

表 8-2　不同主体提供以旧换新服务

主体	代表企业	支付方式	"以旧换新"目的
制造商	苹果、惠普	代金券	推出新产品，扩大潜在市场
零售商	亚马逊、京东	代金券/现金支付	扩大市场份额
第三方回收平台	Gazelle、爱回收	现金支付	销售二手旧产品/翻新品

制造商提供以旧换新策略，如苹果、惠普、微软、小米、联想等。这些制造商推出以旧换新服务，通常以代金券的形式发放给消费者，仅可以用于购买本企业的同类产品。一是为了在产品升级换代时，促进新一代产品销售；二是为了吸引竞争对手企业的消费者，扩大潜在市场。

零售商提供以旧换新策略，如百思买、亚马逊、京东、苏宁等。与制造商发放的代金券不同，零售商发放的代金券（现金），不仅可以购买同类同品牌的产品，还可以购买不同类或不同品牌的产品（如在京东以旧换新获得的礼品卡，可用以购买京东平台上的任意自营产品）。

第三方回收平台提供以旧换新，如 Gazelle、Nextworth、爱回收、有得卖等。其中，爱回收是国内领先的电子产品回收及以旧换新服务提供商，专注于手机、笔记本电脑等电子数码产品的回收业务，并与京东、1 号店、沃尔玛等知名零售商合作，为用户提供优质便捷的上门回收服务和一站式手机升级置换服务。不同于制造商或者零售商的以旧换新服务，第三方回收平台往往通过现金支付的方式回收二手或废旧产品，并以销售翻新品为目的。

2. 大数据环境对产品回收的影响

一直以来，废旧产品质量的参差不齐给企业的产品回收带来了极大的困扰。由于废旧产品质量的差异性，企业难以有效地制定合理的回收价格。而旧产品质量会直接影响回收企业愿意支付的旧产品回收价格，进而影响旧产品回收量。此外，不同回收模式/回收渠道对废旧产品的处理方式也取决于具体的废旧产品的质量（Zeballos et al.，2012）。

在过去的研究中，由于技术的局限性，大多数文献通常假定旧产品质量一致（Miao et al.，2017）、旧产品质量分为几个等级（Ferguson et al.，2009）、旧产品质量随时间变化（Ray et al.，2005），而这样的假设难以准确地刻画实际旧产品的质量情况。但是，在大数据环境下，产品质量信息的获取已不再是问题。例如，利用 RFID 技术，企业对产品整个生命周期过程中的质量信息进行跟踪和识别，掌握产品实时的质量状态。在产品回收时，有效地根据旧产品质量进行分类，并制定相应的"差异化"定价。

除了旧产品本身的质量因素，市场环境因素对产品回收也起到重要影响。首先，关注市场中新产品的销售。市场中新产品的销售量意味着将来需要回收的最大量。基于海量的销售数据分析，合理预测市场中现有旧产品的保有量和分布情况，能够提高产品回收量预测的精准度，这将直接影响企业产品回收的运营成本和服务水平。其次，关注二手产品市场/再制品市场。二手产品/再制品价格可以作为旧产品回收价格的参考依据，其价格的高低一定程度上也决定了回收价格的高低。此外，基于大数据分析获取消费者对二手产品/再制品的偏好，准确地衡量二手产品市场/再制品市场容量，有助于企业更好地进行回收处理决策（回收再利用、翻新销售、再制造销售）。当二手产品市场/再制品市场容量较小时，企业应适当减少旧产品的翻新和再制造，而以回收再利用为主，通过对废旧产品中有价值的零部件、材料、能源部分的处理和再利用，节约新产品的生产成本，间接获取经济价值。当二手产品市场/再制品市场容量较大时，企业应适当增加旧产品的翻新和再制造，但与此同时，需要注意翻新品和再制品对新产品的蚕食影响。

产品回收是闭环供应链的关键环节，是一个复杂的系统工程问题。通过对废旧产品的回收，不仅可以缓解日益严重的环境和资源问题，还能够提高资源的利用率，减少企业的生产成本，给企业带来额外的收益。其中，经济效益是许多企业参与产品回收活动的一个重要原因，而选择何种回收模式将直接影响供应链各成员的利益、回收量和环境效益等。

根据 Savaskan 等（2004）的研究，产品回收可分为以下三种模式：制造商回收模式、零售商回收模式和第三方回收模式。通过对比三种回收模式，研究发现，零售商回收模式的效率最高，制造商回收模式的效率次之，第三方回收模式的效率最低。在此基础上，后续许多学者从消费者环保意识（熊中楷和梁晓萍，2014）、企业社会责任（温小琴和董艳茹，2016）、供应链竞争（李晓静等，2016）、以旧换新（Miao et al.，2017）等角度研究了这三种回收模式的选择。随着企业间合作的加强，也形成了一些合作回收模式，如制造商与零售商合作回收模式、制造商与第三方合作回收模式、零售商与第三方合作回收模式等。

不同的回收模式在不同的应用场景下的优劣有所不同，其选择的标准也会有所差异。在目前研究中均未有考虑大数据环境下的产品回收模式选择。而大数据已然成为当今社会发展的主流，互联网、物联网的快速发展，在各个领域中得到广泛的应用，在产品回收方面也不例外。通过 RFID、实时数据处理等技术的应用能够改善产品回收效率，提高决策质量，进而影响回收模式的选择。因此，将大数据环境纳入产品回收模式选择中是未来值得研究的重点。

3. 物联网大数据环境下原始设备制造商产品回收决策

在物联网大数据环境下，原始设备制造商（original equipment manufacturer，OEM）通过向产品嵌入信息设备（如传感器），以实时获取并存储每个售出产品的质量状态信息。通过物联网信息平台获取数据，OEM 对旧产品及其零部件进行质量评估，以此制定合理的产品回收决策（旧产品回收价格、转售价格）。

1）问题描述

考虑 OEM 生产嵌入信息设备的产品，并直接销售给消费者。由于企业生产责任制和经济效益等因素，OEM 需对售出的产品进行回收处理。此处考虑 OEM 两种旧产品处理策略：一是将质量较好的旧产品翻新并在二级市场中转售；二是对质量较差的旧产品进行拆解以获取可再利用的原材料。假设 OEM 售出的产品均可回收，且旧产品只可转售一次，再次回收后拆解再利用。在大数据环境下，OEM 根据物联网信息平台获取的实时质量状态数据，能够快速有效地对旧产品分类并对每一类旧产品做出回收决策，具体过程如图 8-3 所示。

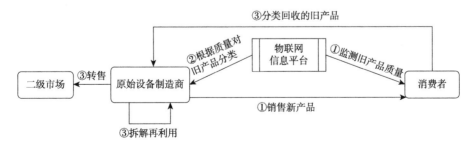

图 8-3　物联网大数据环境下原始设备制造商回收流程图

（1）销售新产品：OEM 生产嵌入信息设备的产品，以价格 p_n 出售给消费者。

（2）对市场中旧产品进行分类。首先，计算全部旧产品所有关键零部件的可重用性指数。假设旧产品的序号为 $j=1,2,\cdots,N$ ，每个旧产品包含多个关键零部件 $i=1,2,\cdots,C$ ，定义属性向量 $f_{ij}=(f_{ij1},f_{ij2},\cdots,f_{ijp})$ 代表旧产品 j 中的零部件 i 的 p 种重要属性向量（如使用寿命、出厂总时长、容量等）， R_j 为旧产品 j 的可重用性指数， $R_{ij}=\sum_{p=1}^{P}\delta_{ip}f_{ijp}$ 为旧产品 j 的关键零部件 i 的可重用性指数。其中， δ_{ip} 是 i 的重要程度，由 OEM 通过市场信息和分析关键零部件特性确定；而 R_j 由可重用性最低的 i 决定，即 $R_j=\{\min R_{ij}\mid i\in 1,2,\cdots,C\}$ 。然后，利用旧产品的可重用性指数将旧产品聚类分析划为 K 个簇，每个簇的聚类中心的可重用性指数代表其对应簇的质量等级，其中 $k=1,2,\cdots,K$ 。假设质量随着类序号升序排列，即簇 $k=1$ 的旧产品质量最差，簇 $k=K$ 的旧产品质量最好。相同簇的旧产品采用同一种处理策略。

（3）根据分类结果，确定处理策略以及相关回收决策（回收价格、转售价格）。假设簇 k 中旧产品的回收率 $r_k=(1-\mathrm{e}^{-p_k/c_k})$ ，其中 c_k 是持有簇 k 中旧产品的消费者期望回收价，且旧产品质量越高，消费者期望回收价越高，即 $c_1<c_2<\cdots<c_K$ 。基于回收率，簇 k 中旧产品回收量 $q_k=(1-\mathrm{e}^{-p_k/c_k})n_k$ 。二级市场中销售量 $q_k'=a_k-b_kp_k'$ 。而剩余的旧产品以拆解再利用的方式处理。

以上所涉及符号的详细定义见表 8-3。

表 8-3　相关符号和定义

符号	定义
N	可回收的旧产品总量，也是销售的新产品总量 $N=\sum_{k=1}^{K}n_k$
n	旧产品实际回收总量， $n=\sum_{k=1}^{K}q_k$
P	每个旧产品的一种关键零部件的属性总量
K	旧产品聚类后簇的总量
k	旧产品聚类后的簇序号，同样反映出该簇旧产品的质量等级， $k=1,2,\cdots,K$
p	旧产品 j 中的关键零部件 i 的属性序号， $p=1,2,\cdots,P$
f_{ij}	旧产品 j 中的关键零部件 i 的属性 P 向量
R_{ij}	旧产品 j 中的关键零部件 i 的可重用性指数
R_j	旧产品 j 的可重用性指数
c_k	消费者期望的簇 k 中的旧产品回收价， $k=1,2,\cdots,K$
l	满足二级市场中消费者需求的最低质量水平的旧产品所在簇
D_k	二级市场中消费者对簇 k 旧产品的需求量， $k=l,\cdots,K$
p_r	循环再利用旧产品时制造商可获得的单位利润， $k=1,2,\cdots,K$
p_n	新产品的销售单价
π	原始设备制造商的利润

续表

符号	定义
a_k	当簇 k 中旧产品在二级市场中的转售价为 0 时，销售的旧产品总量
b_k	簇 k 中旧产品回收价格敏感
n_k	市场中存在的簇 k 中旧产品总量，$k=1,2,\cdots,K$
q_k	从消费者手中回收到的簇 k 中旧产品总量，$k=1,2,\cdots,K$
q_k'	簇 k 中在二级市场中转售旧产品总量，$k=l,\cdots,K$
p_k	从消费者手中回收簇 k 中旧产品的回收价格，$k=1,2,\cdots,K$
r_k	簇 k 中旧产品回收率，$r_k=(1-\mathrm{e}^{-p_k/c_k})$，$k=1,2,\cdots,K$
p_k'	簇 k 中旧产品在二级市场中的转售价格，$k=l,\cdots,K$

在物联网大数据背景下，考虑实时获取产品质量状态信息的特性，构建 OEM 产品回收决策模型，并利用遗传算法给出模型的求解方法。

2）构建模型

根据问题描述，建立物联网环境下 OEM 基于质量分级和产品分类的回收决策模型，其目标函数如下：

$$\max_{p_k,p_k'} \pi = Np_n - \sum_{k=1}^{K} p_k(1-\mathrm{e}^{-p_k/c_k})n_k + \sum_{k=l}^{K} p_k'(a_k - b_k p_k')$$
$$+ p_r[\sum_{k=1}^{K}(1-\mathrm{e}^{-p_k/c_k})n_k - \sum_{k=l}^{K}(a_k - b_k p_k')] \tag{8-1}$$

$$\text{s.t.}\quad -(1-\mathrm{e}^{-p_k/c_k})n_k \leqslant 0,\quad k=1,2,\cdots,K \tag{8-2}$$

$$-a_k + b_k p_k' \leqslant 0,\quad k=l,\cdots,K \tag{8-3}$$

$$c_k - p_k \leqslant 0,\quad k=1,2,\cdots,K \tag{8-4}$$

$$p_{k-1} - p_k < 0,\quad k=1,2,\cdots,K \tag{8-5}$$

$$p_{k-1}' - p_k' < 0,\quad k=l,\cdots,K \tag{8-6}$$

$$p_k - p_k' \leqslant 0,\quad k=l,\cdots,K \tag{8-7}$$

$$p_k - p_n < 0,\quad k=1,2,\cdots,K \tag{8-8}$$

$$p_k' - p_n < 0,\quad k=l,\cdots,K \tag{8-9}$$

其中，式（8-1）分别为 OEM 销售新产品的利润、回收旧产品的成本、在二级市场中转售旧产品的利润和拆解再利用旧产品的收益。约束（8-2）和约束（8-3）分别要求各质量等级的旧产品的回收量和其在二级市场中的转售量非负；约束（8-4）要求 OEM 提供的旧产品回收价格不低于消费者的期望回收价格；约束（8-5）要求 OEM 提供的旧产品回收价格与旧产品质量成正比；同样地，约束（8-6）表明旧产品在二级市场中转售价格与其质量成正比；约束（8-7）要求旧产品的转售价格不低于回收价格；约束（8-8）和约束（8-9）要求 OEM 确定的回收价格和转售价格均小于新产品价格。

3）算法实现和算例

（1）旧产品质量状态分级。此处采用 K-means 聚类算法对旧产品质量进行聚类分析，参数设定和聚类过程如算法 8-1 所示。

算法 8-1　参数设定和聚类过程（Python）

1	function SET_PARA（ ）and PROC Kmeans（ ）
2	set disEclud（a，b）=sqrt（sum（power（a-b），2）） //calculate Euclidean Distance between a and b
3	set randCent //set a cluster which concludes all the centroids
4	set clusterChanged=True // the boolean type of cluster results
5	while clusterChanged：
6	clusterChanged=False
7	for i in range（m）： // traverse all the points
8	minDist=inf，minIndex=-1 // set initial minimal distance and index
9	for j in range（K）： // loop all the centroids
10	distJI=disMeans（centroids[j，：]，dataSet[i：.]） // calculate Euclidean Distance from each point to its centroid
11	if distJI<minDist：
12	minDist=JI，minIndex=j // update minimal distance and index
13	if clusterAssment[i，0]!=minIndex： // the condition of convergence
14	clusterChanged=True
15	clusterAssment[i，：]=minIndex，minDist**2
16	return clusterAssment // output the result

（2）基于质量分级和产品分类的回收决策。针对上述优化问题，采用一种常用的全局优化算法——遗传算法来求解。此处简要介绍遗传算法在 Python 中的代码实现方法。具体参数设定、初始化过程和主要过程分别见算法 8-2、算法 8-3 和算法 8-4。

算法 8-2　参数设定（Python）

1	function SET_PARA（ ）
2	set N，n，n1，n2，n3，c1，c2，c3，pn，pr，a2，b2，a3，b3，n，D2，D3
3	set ObjV //set objective function
4	set MAXGEN //maximum number of generations
5	set selectStyle = Rws //use roulette wheel selection
6	set recStyle = {Xovdp，Xovud} //double-point or uniform crossover
7	set pc = 0.7 //recombination probability
8	set mutStyle = {Mutuni，Mutpolyn} //uniform or polynomial mutation
9	set pm = 0.05 //mutation probability
10	set Chrom //initialize population for each generation
11	set obj_trace = np.zeros（（MAXGEN，2）） //recorder for objV
12	set var_trace = np.zeros（（MAXGEN，5）） //recorder for generations

算法 8-3　遗传算法初始化（Python）

1	function INIT_GA（）
2	set Chrom，CV //initialize population and CV matrix
3	for all i in N do //for all individuals in population
4	if constraints（1）-（9）are satisfied do //output feasibility vector
5	FitnV[i] = 1
6	else
7	FitnV[i] = 0
8	Chrom = crtpc（'RI', Nind, FieldDR）//crtpc is a population generation tool in geatpy, 'RI' refers to an encoding method that can generate continuous or discrete variables，Nind refers to population size，FieldDR is a variable description tool
9	ObjV，CV = aimfunc（Chrom, np.ones（（Nind, 1）））//calculate ObjV for the first generation
10	FitnV = ranking（ObjV，CV）//calculate fitness value
11	best_ind = np.argmax（FitnV）//output the best individual in first generation

算法 8-4　遗传算法计算过程（Python）

1	function PROC_GA（）
2	for all i in N do //SelCh refers to chrom after certain process
3	SelCh=Chrom[ga.selecting（selectStyle, FitnV, Nind - 1），：] //selection
4	SelCh = ga.recombin（recStyle, SelCh, pc）//recombination
5	SelCh = mutuni（'RI', SelCh, FieldDR, 1）//mutation
6	Chrom = np.vstack（[Chrom[best_ind,：], SelCh]）//get new generation
7	Phen = Chrom //Phen refers to a new chrom
8	ObjV，CV = aimfunc（Phen, CV）//calculate objective value
9	FitnV = ranking（ObjV，CV）//assign fitness value
10	best_ind = np.argmax（FitnV）//find the best individual
11	obj_trace[i, 0] = np.sum（ObjV）/ ObjV.shape[0] //record average value of ObjV
12	obj_trace[i, 1] = ObjV[best_ind] //record ObjV from the best individual
13	var_trace[i,：] = Chrom[best_ind,：] //record the best individual
14	best_gen = np.argmax（obj_trace[：, [1]]）//output the best generation as the final result

在算例中，我们考虑市场中共有 200 个旧智能烘干机，包含两个关键零部件：加热器（$i=1$）和发动机（$i=2$）。假设每个关键零部件有三种关键属性：剩余使用寿命、生产年限、有效功率。先利用三种关键属性确定两个关键零部件的可重用性指数，再根据瓶颈关键零部件的可重用性指数确定旧智能烘干机的可重用性指数，最后将可重用性指数相近的旧智能烘干机聚为一类。参数设置如表 8-4 所示。

表 8-4 算例的参数设置

参数	值	参数	值
N	200	a_k	$a_2 = 94.8, a_3 = 19$
k	{1, 2, 3}	b_k	$b_2 = 5, b_3 = 2$
n_k	$n_1 = 50, n_2 = 120, n_3 = 30$	D_k	$D_2 = 94.8, D_3 = 19$
c_k	$c_1 = 1.00, c_2 = 1.50, c_3 = 2.05$	p_n, p_r	3.00, 0.23

注：c_k，p_n，p_r 的单位为 100 美元

利用算法 8-1，得到如图 8-4 所示结果，应将 200 个智能烘干机划分为三个簇，按照质量升序排列对应为 $k = 1, 2, 3$，其中 $n_1 = 50, n_2 = 120, n_3 = 30$。

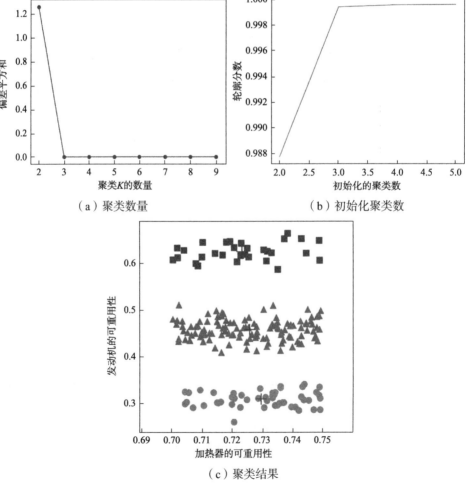

（a）聚类数量　　　　　　　　（b）初始化聚类数

（c）聚类结果

图 8-4　最优簇数值 K 及聚类结果

遗传算法中不同算子组合可能会对最终结果产生一定的影响，为了验证遗传算法的有效性，求解了四种应用最为广泛的算子组合下的最优价格和最优利润，结果如表 8-5 所示。

表 8-5　不同算子组合下的最优价格和最优利润

算子组合	组合 1= {Rws, Xovdp, Mutuni}	组合 2= {Rws, Xovdp, Mutpolyn}	组合 3= {Rws, Xovud, Mutuni}	组合 4= {Rws, Xovud, Mutpolyn}
p^*	$p_1 = 1.000\ 000$	$p_1 = 1.000\ 000$	$p_1 = 1.000\ 000$	$p_1 = 1.000\ 000$
	$p_2 = 1.500\ 000$	$p_2 = 1.500\ 000$	$p_2 = 1.500\ 000$	$p_2 = 1.500\ 000$
	$p_3 = 2.050\ 000$	$p_3 = 2.050\ 000$	$p_3 = 2.050\ 000$	$p_3 = 2.050\ 000$
	$p_2' = 2.998\ 047$	$p_2' = 2.999\ 486$	$p_2' = 2.999\ 258$	$p_2' = 2.999\ 057$
	$p_3' = 2.999\ 973$	$p_3' = 2.999\ 577$	$p_3' = 2.999\ 948$	$p_3' = 2.999\ 628$
π^*	701.741 366	701.833 378	701.821 079	701.805 435
运行时间/s	2.046 999	1.953 429	1.865 707	1.972 274

8.3.2　大数据驱动的再制造决策

针对同一分级的旧产品，考虑以旧换新回收方式，本节将在新的商业和政策环境下研究单一制造商的再制造生产决策。

1. 大数据驱动的再制造决策背景

近年来，由于资源、能源枯竭以及废弃物污染给人类生存带来的压力，再制造，作为一种节省原材料、减少能源消耗的废弃物再利用的生产方式，逐渐引起了工业界的重视，已有不少知名跨国性企业投身于再制造中，如通用电气、通用汽车、波音、博世、富士、惠普和 IBM 等。国家发展和改革委员会在 2020 年 8 月 11 日发布了《汽车零部件再制造管理暂行办法（征求意见稿）》，从再制造企业生产规范、再制造旧件管理、再制造生产管理、再制造产品管理、再制造市场管理、监督管理等方面进行规定。凸显了再制造在国家战略中的重要价值。但是，随着社会的发展，企业所面临的政策环境和商业运营环境都发生了很大的改变。

一方面，随着温室效应（主要由二氧化碳排放增加引起）对人类的生存带来越来越大的威胁（如海平面上升、气候变化、粮食危机），不少国家，特别是欧美发达国家，相继实施了抑制碳排放政策，如碳税、碳交易、碳补偿等。在众多政策中，碳税作为一种环境税，机制简单易于实施，已逐渐被多数国家实施。欧洲是最先实施碳税政策的区域，其中芬兰和瑞典在 20 世纪 90 年代早期开始实施，接下来，英国也相继实施。2013 年，我国开始在部分省份尝试实施碳税政策。碳税的施加使得制造和再制造过程中的碳排放都不再免费。由于再制造过程原材料和能量投入减少，生产再制品需要承担的碳税往往较低；但相对于新产品，再制品本身具有较低的价值。碳税是否促进或抑制再制造很难确定，其出现使得再制造面临新的挑战。在碳税的约束下，生产过程中的碳排放将成为制造商进行制造和再制造决策时必须考虑的因素。在传统的条件下，生产过程碳排放量的精确监测很难实现，但是基于工业物联网，企业可以实现整个生产过程中所需数据的高密度采集，如每台机床的实时耗电量；进而，通过大数据分析技术，制造商可以精确、合理地划分新产品和再制品的排放量。

另一方面，随着市场竞争的加剧，尤其是在电子产品行业，企业发布新产品的频率越来越高，而消费者拥有的产品在新产品发布之际通常具有较高剩余使用价值；为促进消费者再次购买，大量的制造商（如苹果、三星、华为等）和零售商（如亚马逊、BestBuy、京东等）开始采用以旧换新的运营策略。以旧换新改变了以往用于再制造的寿命终结产品的回收模式，它紧密地把新产品销售和旧产品回收联系在了一起。同时，由于回收的旧产品是再制品原材料的主要来源，而旧产品的剩余价值直接影响其回收价格和回收数量；因此，制造商在进行再制造决策时必须将旧产品的剩余价值考虑进来。然而，在地域上，旧产品分布一般较为广泛，而且不同消费者对同样的旧产品估值也不相同，这就使得难以实施合理的抽样调查。但大数据的应用很好地解决了这一问题。首先，通过产品中的传感器，制造商可以获取产品的客观运营状态；其次，二手产品交易平台、回收平台产生的大量交易数据，以及消费者关于产品使用和性能的非结构性评价数据，将进一步保证旧产品剩余价值的精确估计。

此外，鉴于以旧换新作为旧产品回收的主要途径，市场中拥有旧产品的消费者数量将对制造商的生产决策产生直接的影响。这些消费者数量不但意味着旧产品的最大可回收量，也是新产品以旧换新销售的潜在市场。拥有旧产品的消费者数量在大数据应用之前难以进行精确统计，而营销大数据不但包含了总销售总量，更包含了销售物流、支付信息，进而可以准确地获得消费者所在的购买地点即某一型号产品在某一特定市场的销售量。

政策环境和商业运营环境的变化使再制造决策变得更加复杂，这使得制造商对各种信息的需求种类和依赖程度大幅增加。然而，广泛布置的工业物联网及相应的大数据应用和服务（如 IBM 大数据营销服务）则能很好地满足制造商的需求，进而保证在复杂环境下进行科学、精准的制造和再制造决策成为可能。

2. 制造商的再制造决策

在考虑产品碳排放量、旧产品剩余价值以及拥有旧产品的消费者的数量可以通过物联网和大数据技术精确获取时，主要解决如下场景中的问题。当政府施加碳税时，考虑一个生产一种可回收、可再制造的耐用品的制造商，制造商具有以旧换新和再制造能力。该产品由制造商直接出售给市场中的消费者，且新产品可以使用两个周期。经过一个周期使用后，由于旧产品仍具有使用价值，制造商为促使拥有旧产品的消费者再次购买，将使用以旧换新运营以促进新产品销售和旧产品回收。回收的旧产品经过再制造后，将同新产品一起销售给同一市场中的消费者。

　　鉴于市场中的消费者数量对制造商的以旧换新和再制造决策有直接的影响，本节考虑两种情形下的制造商以旧换新和再制造决策。

　　第一种情形（情形 N），市场中不存在拥有旧产品的消费者。这时，制造商生产的新产品一般为创新产品。例如，家用空气净化器在我国刚上市时，可以被认为是一种为提高生活质量而研发的创新产品。在该情形下，为了研究制造商的再制造决策，我们需要考虑产品的两个使用周期。在第一周期，制造商生产新产品，并进行定价销售。在第二周期，制造商实施以旧换新，以促使拥有旧产品的消费者再次购买；同时对回收的旧产品进行再制造，出售给市场中第一周期未购买新产品的消费者；在该周期中，制造商需要决策以旧换新价格和再制品产量及价格。另外，为使问题易于分析，不考虑新产品在两个使用周期内的价格变动以及产品升级的影响。

　　第二种情形（情形 E），制造商生产的产品为市场中的同类产品，这类产品在生活中很常见，如频繁升级的智能手机、平板电脑及电视机等。当市场中已经存在拥有旧产品的消费者时，我们仅需考虑产品单个使用周期，研究制造商在市场中已存在拥有旧产品的消费者时，如何对拥有旧产品的消费者实施以旧换新，以及如何对未拥有旧产品的消费者出售新产品和再制品。

　　相关符号的定义和含义如表 8-6 所示。

表 8-6　相关符号定义和含义

符号	含义
q_1	情景 N 中第一周期新产品需求量
q_{tn}	新产品以旧换新销售量
q_r	再制品需求量
q_{dn}	情景 E 中新产品直接销售量
p_n、p_r	新产品和再制品价格
p_o	以旧换新补贴额
c	新产品生产成本，$0 < c < 1$
ρ	再制品成本占新产品成本的比例，$0 < \rho < 1$

符号	含义
β	单位再制品排放量，$0 < \beta < 1$
t	碳税税率
φ	再制品的价值
γ	旧产品的剩余价值
α	情景 E 中换购消费者的比例，$0 < \alpha < 1$
π_{m_n}，π_{m_e}	制造商在情景 E 和情景 N 中的利润

在情形 N 中，制造商的决策问题被视为双周期决策问题。在第一周期中，购买新产品的消费者的效用为 $\theta - p_n$。因此，新产品为 $q_1 = 1 - p_n$。

在第二周期中，换购消费者以旧换新购买新产品的效用为 $\theta - p_n + p_o$，换购消费者继续使用旧产品的效用为 $\gamma\theta$；未购买新产品的消费者购买再制品的效用为 $\varphi\theta - p_r$。考虑消费者理性购买行为，在第二周期中，消费者购买新产品和再制品的数量为 $q_{tn} = 1 - \dfrac{p_n - p_o}{1 - \gamma}$ 和 $q_r = p_n - \dfrac{p_r}{\varphi}$。

因此，在情形 N 中，制造商的优化问题为

$$\max \pi_{m\_n}(q_1, q_{tn}, q_r) = (p_n - c - t)(q_1 + q_{tn}) + (p_r - \rho c - \beta t)q_r - q_{tn}p_o \quad (8\text{-}10)$$

其中，$0 \leqslant q_r \leqslant q_{tn} \leqslant q_1$。$q_{tn} \leqslant q_1$ 意味着第一周期购买新产品的消费者才能参加以旧换新，$q_r \leqslant q_{tn}$ 意味着再制品的供给量受旧产品的回收量约束。

在情景 E 中，制造商的决策问题可被视为单周期决策问题。换购消费者通过以旧换新购买新产品的效用为 $\theta - p_n + p_o$，换购消费者继续使用旧产品的效用为 $\gamma\theta$。因此，新产品以旧换新销售量为 $q_{tn} = \alpha\left(1 - \dfrac{p_n - p_o}{1 - \gamma}\right)$。新消费者购买新产品的效用为 $\theta - p_n$，购买再制品的效用为 $\varphi\theta - p_r$。因此，新消费者对新产品和再制品的需求量为 $q_{dn} = (1 - \alpha)\left(1 - \dfrac{p_n - p_r}{1 - \varphi}\right)$ 和 $q_r = (1 - \alpha)\left(\dfrac{p_n - p_r}{1 - \varphi} - \dfrac{p_r}{\varphi}\right)$。

在情景 E 中，制造商的优化问题为

$$\max_{q_r \leqslant q_{tn}} \pi_{m-e}(q_{tn}, q_{dn}, q_r) = (p_n - c - t)(q_{dn} + q_{tn}) + (p_r - \rho c - \beta t)q_r - q_{tn}p_o \quad (8\text{-}11)$$

同样，该优化问题中 $q_r \leqslant q_{tn}$ 意味着再制品的供给量受旧产品的回收量约束。

在情形 N 中，根据碳税和单位再制品排放量的不同取值范围，制造商共存在六个最优决策区域，具体见表 8-7。

表 8-7　制造商在情景 N 中的最优决策

区域	t	β	最优决策
1	$1-c-\gamma \leqslant t \leqslant 1-c$	$\beta \geqslant \beta_1$	不回收旧产品
2	$t \leqslant \dfrac{(1-\gamma)\varphi - c(2\gamma+\varphi)}{2\gamma+\varphi}$	$\beta \leqslant \beta_4$	旧产品完全回收，并完全再制造旧产品
2	$\dfrac{(1-\gamma)\varphi - c(2\gamma+\varphi)}{2\gamma+\varphi} \leqslant t \leqslant 1-c$	$\beta \leqslant \beta_3$	旧产品完全回收，并完全再制造旧产品
2	$t \geqslant 1-c$	$\beta \leqslant \beta_2$	旧产品完全回收，并完全再制造旧产品
3	$t \leqslant \dfrac{(1-\gamma)\varphi - c(2\gamma+\varphi)}{2\gamma+\varphi}$	$\beta_4 \leqslant \beta \leqslant \beta_5$	旧产品完全回收，并部分再制造旧产品
4	$\dfrac{(1-\gamma)\varphi - c(2\gamma+\varphi)}{2\gamma+\varphi} \leqslant t \leqslant 1-c-\gamma$	$\beta_3 \leqslant \beta \leqslant \beta_6$	旧产品部分回收，并完全再制造旧产品
4	$1-c-\gamma \leqslant t \leqslant 1-c$	$\beta_3 \leqslant \beta \leqslant \beta_1$	旧产品部分回收，并完全再制造旧产品
5	$\dfrac{(1-\gamma)\varphi - c(2\gamma+\varphi)}{2\gamma+\varphi} \leqslant t \leqslant 1-c-\gamma$	$\beta_6 \leqslant \beta \leqslant \beta_7$	旧产品部分回收，并部分再制造旧产品
5	$t \leqslant \dfrac{(1-\gamma)\varphi - c(2\gamma+\varphi)}{2\gamma+\varphi}$	$\beta_5 \leqslant \beta \leqslant \beta_7$	旧产品部分回收，并部分再制造旧产品
6	$t \leqslant 1-c-\gamma$	$\beta \geqslant \beta_7$	旧产品部分回收，完全不再制造产品

表 8-7 中

$$\beta_1 = \frac{2-2c-2t-2\gamma-2c\rho+\varphi+c\varphi+t\varphi}{2t},$$

$$\beta_2 = \frac{2-2c-2t-\gamma-c\rho+\varphi}{t},$$

$$\beta_3 = \frac{(\varphi-\gamma)(2t+\varphi)+c\left[2(\varphi-\gamma)-\rho(2+\varphi)\right]}{t(2+\varphi)},$$

$$\beta_4 = \frac{\varphi(6t+\gamma+\varphi-2)-c\left[\rho(4-2\gamma+\varphi)-6\varphi\right]}{t(4-2\gamma+\varphi)},$$

$$\beta_5 = \frac{(1-\gamma)\varphi-t(4\gamma-\varphi)+c\left[\varphi-2\gamma(2-\rho)-2\rho\right]}{2t(1-\gamma)},$$

$$\beta_6 = \frac{\varphi\left[t(6-2\gamma-\varphi)-(1-\gamma)(2-\varphi)\right]+c\left[\varphi(6-2\gamma-\varphi)-4(1-\gamma)\rho\right]}{4t(1-\gamma)},$$

$$\beta_7 = \frac{\varphi(1+t)-c(2\rho-\varphi)}{2t}。$$

为了更好地观测情形 N 中制造商各决策区域分布特点，这里做如下数值实验。令 $c=0.20$，$\rho=0.35$，$\gamma=0.30$，$\varphi=0.60$，情景 N 中制造商的决策区域变化见图 8-5。

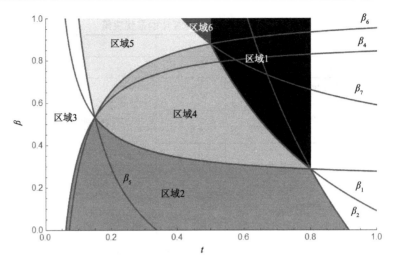

图 8-5　情景 N 中碳税对制造商决策区域的影响

　　图 8-5 表明，当碳税较低时，制造商倾向于完全回收旧产品，但仅部分被再制造。随着碳税的增加，当再制造能够实现大幅减排时，制造商倾向于完全回收旧产品并将旧产品完全再制造；然而，当再制造不能实现大幅减排时，碳税的增大会使得制造商逐渐放弃以旧换新和再制造。因此，当政府管理者实施碳税时，应避免实施过高的碳税以寻求排放量迅速降低。这是由于过高的碳税会使得制造商放弃再制造，进而废弃产品不能循环利用并且污染环境。

　　在情形 E 中，根据碳税和单位再制品排放量的不同取值范围，制造商同样有六个最优决策区域，具体见表 8-8。

表 8-8　制造商在情景 E 中的最优决策

区域	α	t	β	最优决策
1	NR	$1-c-\gamma \leqslant t \leqslant 1-c$	$\beta > \beta_1'$	仅直接销售新产品
2	NR	$t \leqslant 1-c-\gamma$	$\beta > \beta_2'$	直接销售同时回收旧产品，但不再制造
3	$\alpha \leqslant \dfrac{1-\gamma}{1-\gamma+\varphi}$	$t \leqslant 1-c-\gamma$	$\beta_4' \leqslant \beta \leqslant \beta_2'$	直接销售同时回收旧产品，部分再制造旧产品
	$\alpha > \dfrac{1-\gamma}{1-\gamma+\varphi}$	$\dfrac{(1-\gamma)(1-\alpha-\alpha\varphi)-c(1-\gamma-\alpha+\alpha\gamma-\alpha\varphi)}{1-\gamma-\alpha(1-\gamma+\varphi)} \leqslant t \leqslant 1-c-\gamma$		直接销售同时回收旧产品，部分再制造旧产品
	$\alpha > \dfrac{1-\gamma}{1-\gamma+\varphi}$	$t \leqslant \dfrac{(1-\gamma)(1-\alpha-\alpha\varphi)-c(1-\gamma-\alpha+\alpha\gamma-\alpha\varphi)}{1-\gamma-\alpha(1-\gamma+\varphi)}$	$\beta_3' \leqslant \beta \leqslant \beta_2'$	直接销售同时回收旧产品，部分再制造旧产品

续表

区域	α	t	β	最优决策
4	NR	$1-c-\gamma \leqslant t \leqslant 1-c$	$\beta_5' \leqslant \beta \leqslant \beta_1'$	直接销售同时回收旧产品，完全再制造旧产品
	$\alpha \leqslant \dfrac{1-\gamma}{1-\gamma+\varphi}$	$t \leqslant 1-c-\gamma$	$\beta_5' \leqslant \beta \leqslant \beta_4'$	
	$\alpha > \dfrac{1-\gamma}{1-\gamma+\varphi}$	$\dfrac{(1-\gamma)(1-\alpha-\alpha\varphi)-c(1-\gamma-\alpha+\alpha\gamma-\alpha\varphi)}{1-\gamma-\alpha(1-\gamma+\varphi)} \leqslant t \leqslant 1-c-\gamma$		
5	$\alpha > \dfrac{1-\gamma}{1-\gamma+\varphi}$	$t \leqslant \dfrac{(1-\gamma)(1-\alpha-\alpha\varphi)-c(1-\gamma-\alpha+\alpha\gamma-\alpha\varphi)}{1-\gamma-\alpha(1-\gamma+\varphi)}$	$\beta_6' \leqslant \beta \leqslant \beta_3'$	不直接销售新产品，回收旧产品，部分再制造旧产品
6	NR	$t > 1-c$	$\beta \leqslant \beta_7'$	不直接销售新产品，回收旧产品，完全再制造旧产品
	$\alpha \leqslant \dfrac{1-\gamma}{1-\gamma+\varphi}$	$t \leqslant 1-c$	$\beta \leqslant \beta_5'$	
	$\alpha > \dfrac{1-\gamma}{1-\gamma+\varphi}$	$\dfrac{(1-\gamma)(1-\alpha-\alpha\varphi)-c(1-\gamma-\alpha+\alpha\gamma-\alpha\varphi)}{1-\gamma-\alpha(1-\gamma+\varphi)} \leqslant t \leqslant 1-c$		
	$\alpha > \dfrac{1-\gamma}{1-\gamma+\varphi}$	$t \leqslant \dfrac{(1-\gamma)(1-\alpha-\alpha\varphi)-c(1-\gamma-\alpha+\alpha\gamma-\alpha\varphi)}{1-\gamma-\alpha(1-\gamma+\varphi)}$	$\beta \leqslant \beta_6'$	

在表 8-8 中

$$\beta_1' = \frac{1-\gamma-c(1+\rho-\varphi)-t(1-\varphi)}{t},$$

$$\beta_2' = \frac{-c\rho+c\varphi+t\varphi}{t},$$

$$\beta_3' = \frac{c+t+\varphi-c\rho-1}{t},$$

$$\beta_4' = \frac{c\left[\varphi(1-\gamma+\alpha\gamma-\alpha\varphi)-\rho(1-\alpha)(1-\gamma)\right]+t\varphi(1-\gamma+\alpha\gamma-\alpha\varphi)-\alpha\varphi(1-\gamma)(1-\varphi)}{t(1-\alpha)(1-\gamma)},$$

$$\beta_5' = \frac{(1-\gamma)(1-\alpha)(c+t)-\alpha\varphi(\gamma-\varphi+c\rho)-(1-\gamma)(1-\alpha)}{\alpha\varphi t},$$

$$\beta_6' = \frac{(1-2\alpha)(1-\gamma)\varphi-c(1-\alpha)(1-\gamma)\rho+\alpha\varphi c+\alpha\varphi t}{t(1-\alpha)(1-\gamma)},$$

$$\beta_7' = \frac{1+\varphi-c\rho-c-\gamma-t}{t}。$$

NR 表示决策区域不受 α 约束。

同样，为了观测情形 E 中制造商的各决策区域的分布特点，令 $\alpha=0.75$，$c=0.20$，$\rho=0.35$，$\gamma=0.30$，$\varphi=0.60$，情景 E 中制造商的决策区域变化见图 8-6。

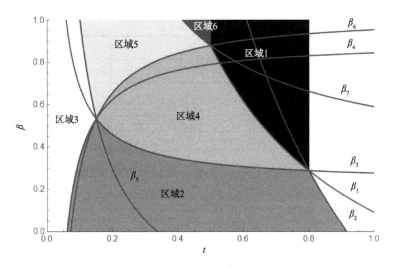

图 8-6　情形 E 中碳税对制造商决策区域的影响

由图 8-6 可知,在情景 E 中,当再制造能够实现大幅减排时,碳税的增加可以鼓励制造商进行以旧换新和再制造;同样,当再制造不能实现大幅减排时,碳税的增加会使得制造商放弃以旧换新和再制造。此外,在情景 E 中,碳税的值超过 1 时制造商仍进行生产活动;而在情景 N 中,当碳税超过 0.92 时,所有生产活动完全停止。因此,在情景 N 中,政府管理者实施碳税时需要更加谨慎。

3. 结论和决策建议

基于获得的不同情形下的制造商最优决策,结合相关数值实验,本小节主要有如下结论。

首先,不同市场情形下决定制造商最优决策区域的因素是不同的,因此,制造商不同的市场情形需要做出不同的再制造决策。其次,虽然单位再制品排放量较低,但碳税的增加并不能总是促进制造商实施以旧换新和再制造。当再制品排放量未达到足够低时,碳税的增加会使得制造商放弃以旧换新和再制造。这意味着政府不能仅仅通过施加过高的碳税来实现碳排放的迅速降低。因为制造商一旦放弃再制造,将不但是对可回收资源的极大浪费,而且由此产生的废弃物也会加剧环境污染,这同政府倡导的可持续发展理念是不相符的。

基于物联网和大数据分析技术,制造商可以精确地获取决策所需的各种信息,进而本节所获得结论可以有效地运用到生产实际中。同时,本节的结论也可以为政府部门实施合理有效的碳税政策提供决策依据。

8.3.3 大数据驱动的产品再制造设计

在大数据时代，产品的设计不再基于灵感和经验。通过大数据分析技术，消费者的需求可以被精准量化，消费者评价和反馈信息可以被有效地提取。产品设计的目的和瞄准的对象都比以往更加精准。同样，得益于大数据强大的信息获取能力和精准的量化分析技术，产品设计所产生的影响（如对消费者、环境等）也能被更为精准地评估。在闭环供应链管理中，由于额外考虑旧产品的回收和再制品的销售，产品设计将产生更为复杂的影响。在传统条件下，受限于对多种数据采集和处理能力，很难对其影响进行分析，但是物联网和大数据的应用使得上述分析成为可能。下面讨论以下三种与再制造相关的产品设计的影响：阻止/促进再制造的设计，新产品常规升级设计，环保设计。

1. 促进/阻止再制造的设计

随着人们环保意识的增强和原材料价格的攀升，企业越来越注重产品的回收和再制造。然而，在再制造实践中，企业发现再制造不能仅仅依靠回收和再制造过程两个环节，更要从产品设计的源头进行考虑。例如，进行再制造之前，首先要对旧产品进行拆解和清洗，而早期在设计时未考虑拆解的需要，这大大提升了再制造的难度。鉴于此，促进再制造的产品设计主要包括使产品易于拆解、增加产品的模块化程度等。这些设计在汽车、个人计算机、智能手机和打印机等产品中已很常见。这种产品设计降低了再制造的成本，然而，它对原始装备制造商而言，却可能带来消极影响。由于再制造成本的降低，大量独立的第三方再制造商进入并提供廉价的再制品，这会极大地侵蚀新产品市场，使原始装备制造商利益受损。在这种情况下，一些阻止再制造的设计出现了，如对组装完成的产品进行额外的焊接或强力黏合处理，以及一些一次性使用设计等，这种设计可以有效阻止第三方再制造商的进入，进而保证原始装备制造商的利益（Wu，2013）。另外，由于再制品单位排放量较低，促进再制造设计还可以降低生产系统的总排放量，降低对环境的影响（Liu et al.，2019）。

2. 新产品常规升级设计

在耐用品行业，旧产品在被大量翻新和再制造时，新产品也在频繁地进行升级，这一现象在电子产品和汽车行业中尤其普遍。一方面，新产品升级会增加产品的部分功能和使用价值，这使得消费者购买再制品的意愿降低；另一方面，再制品生产成本较低，但它会侵蚀新产品的潜在市场，对新产品升级决策造成冲击。因此，新产品升级和旧产品再制造之间的影响是相互的，仅仅考虑一方对一方的影响已不能满足现实的需求，对二者的交互影响进行分析是十分必要的。鉴于此，

Li 等（2018）发现决定二者影响的关键因素是新产品的升级成本。首先，产品升级对再制造和环境的影响如下：升级成本较高时，升级会促使制造商进行再制造，同时降低了生产系统对环境的负面影响；而升级成本较低时，升级会使得制造商不进行再制造，同时增加生产系统对环境的负面影响。其次，再制造对产品升级有如下影响：升级成本较高时，再制造会促进产品升级；升级成本较低时，再制造会抑制产品升级。此外，考虑产品升级时，制造商进行再制造对环境的影响可能是正面的，也可能是负面的。

3. 环保设计

环保设计主要指为了减少产品和服务在全生命周期中对环境的影响而进行的设计，又可以称为生态设计和生命周期设计（Kurk and Eagan，2008）。促进再制造的设计也可以视为一种特殊形式的环保设计，因为它能减少原材料消耗，减少总碳排放量，从而降低对环境的影响。然而，从上述概念可知，典型的环保设计的主要目的是降低单位产品对环境的影响，例如，降低单位产品的原材料投入、能量消耗以及碳排放量等。随着政府越来越严格的环保政策实施以及消费者环保意识的日益增强，越来越多的企业在从事再制造的同时进行产品的环保设计。例如，苹果公司为减少其生产对环境的影响，将产品材料、制造工艺和操作系统转变为低碳的替代方案，并且寻求提高自身及其供应商能源利用效率的方法。这种设计对再制造的影响有着较为复杂的表现。Zheng 等（2019）发现，当原始装备制造商自身进行再制造时，产品环保设计会降低制造商进行再制造的动力；相反，当独立第三方再制造商进行再制造时，产品环保设计会增加第三方进行再制造的动力；然而，由于产品生产总量的增加，较高水平的环保设计也有可能加重对环境的影响。

根据产品的实时质量状态和消费者反馈，从产品开发端进行改造，更新回收服务，帮助企业赚取产品剩余价值。

8.4　物联网企业的融资服务模式创新

如果一个产品、服务乃至解决方案，可以从根本上改变我们的生活，毋庸置疑，物联网一定是这一切的驱动力。越来越多的公司正在创造革命性和简化日常生活的"智能产品"。然而资金短缺是众多试图研发"物联网+"产品的中小微企业的绊脚石。以目前火热的智能硬件举例，从概念产生、原型设计、系统搭建到小批量试产等上市前的筹备工作目前需要花费数月到数年不等的时间用于产品开发。同时，要达成万物互联，后续的软件服务、数据收集和利用都让无数企业在万物互联的路上走得异常艰难且漫长。众筹作为一种新型的互联网融资模式，为中小微企业进行资金筹集开辟了新的途径。它不仅是筹集资金的好方法，还可以用于营销验证、研究和开发，以及与目标受众进行沟通并接受意见反馈。

8.4.1　物联网产品使用众筹融资服务模式的优势

1. 众筹平台与物联网产品都具有网络效应

与互联网相比（互联网时代，信息是一种产品或服务，实质是人与人的联系），物联网包括了三个层面的连接，即物与物的连接、物与人的连接、人与人的连接。大量的信息结合移动网络技术以互动、随时随地的形式出现，构成了海量的信息。通过超级计算机和云计算，人们能够以更加精细和动态的方式管理生产与生活，从而达到"智慧"状态。但是这些数据具有资产的属性，而不仅是一种产品。它会随着数据的增加和处理，不断实现价值的增值。大数据要成为信息资产，需要众多个体不断提供更新的数据。以智能交通为例，当每个人的行车计划信息没有实时汇集时，只能是堵塞后的事后疏导，而不能提前优化行车路线，避免拥堵。因此，大数据的信息提供具有外部性，即个体提供的信息越多越充分，整体信息资产的价值就越高。这种信息资产应该如何保护和分享，是物联网能否发展起来的关键。

同样，众筹平台上的投资者和成长型企业的数量越多，网络效应就越大。更多的投资者意味着公司可以更快地筹集资金，从而更高效地推动其增长。越多的成长型企业可以给投资者更多的选择，并可以在寻找新的交易方面用时更短，种类更多。随着越来越多的企业和投资者加入这个平台，网络将继续扩大。网络中行业数据的可用性增强了网络效应。由于平台扩大，网络中的各类参与者都可以实现增值。数据的不断增加可以帮助市场交易的双方做出更好、更快的决策。这将创建一个虚拟的循环，可以提高网络的价值，吸引新的投资者和企业。对于物联网产品来说，利用众筹网站的网络效应，物联网企业可以在短时间内迅速搭建起自己的网络平台，从而实现优势互补。

2. 众筹平台为物联网企业提供优质客户群

随着高新科技的飞速发展，我们的日常生活中越来越趋于智能化系统。物联网的发展使得机器设备实现智能化，保持万物互连。作为全球最大的众筹平台，Kickstarter 为物联网企业带来了数百万美元的融资，并吸引无数消费者关注基于互联网的家用设备，包括牙刷、炊具、灯泡和草坪洒水器等。这一众筹网站不仅为物联网初创企业筹资，还为他们提供对通过技术改善生活感兴趣的客户群。消费者参与众筹的初衷是帮助缺少资金的企业通过预售形式创造价值。消费者参与产品众筹时，不仅可以获得形式多样的回报，还能针对产品设计、功能提出意见，使其满足更多用户的需求。

目前市面上有大量的健康物联网设备，如 Fitbit、华为、三星、小米的智能手环，以及苹果的手表。这些智能手环能记录你的锻炼、饮食情况，甚至是你的睡眠习惯。与之类似，韩国首尔的 GPower 公司正试图利用它的 SFIT 设备及智能手环，撼动整个皮肤保养咨询行业。这款设备能提供最外层皮肤湿润度的精确数据，用户可以通过手机上的 SFIT 应用获取皮肤状态的实时反馈，并在空闲的时候根据测算的数据准确地进行补水或保湿工作。SFIT 手机应用还会在 UV 指数偏高时发出提醒，降低你在不知情的情况下被烈日暴晒的可能性。同样，它也会在必要的时候提醒你走出屋子晒晒太阳来生成维生素 D。你甚至还可以在 SFIT 上选择一款皮肤颜色，然后它会帮助你适时晒太阳来变成你喜欢的肤色。除了皮肤保养功能，SFIT 手机应用还会帮助你测量锻炼里程，计算消耗的卡路里数量。目前，这款智能手环在 Indiegogo 上发起了众筹活动，众筹过程中平台中的消费者积极为其进行意见反馈。GPower 公司在后续的手环生产过程中也进行了相应的改进。

3. 众筹平台为物联网产品进行市场测试

众所周知，物联网产品前期投入较高，使用人数要达到一定数量才能实现盈利。创造一个有价值的物联网产品绝非易事，数据表明 25%～45%的物联网产品都以失败告终，而失败的原因往往是因为没有足够多的消费者参与，形不成网络效应。因此市场测试对于物联网产品而言至关重要。因此对于面临资金约束的创业者而言，众筹的吸引力不仅在于代替银行或风投等传统的融资渠道，更重要的是，众筹的存在使得中小微企业在做出不可逆转的投资决策之前，就可以直接从消费者那里获得有价值的需求信息。许多并未面临资金约束或有更好的融资渠道的大型企业，如索尼、通用电气、华纳兄弟、本田等，也都曾在众筹网站上进行过产品测试以避免不必要的投资。

8.4.2　物联网环境下众筹融资服务模式现状和问题

众筹作为一种新兴的融资模型，越来越受到国家层面的重视与中小微企业的青睐。众筹由众包的概念发展而来，主要由三个参与主体构成：物联网众筹企业、众筹平台与支持者。具体而言，众筹是指某个具有创意想法但面临资金约束的企业或个人（即物联网众筹企业）利用众筹平台将其文化创意或项目产品以文字或视频的方式进行展示，从而得以面向普通大众（即项目支持者）筹集生产经营所需的资金，并在众筹结束后承诺支持者以一定回报的融资行为。根据回报类型的不同，众筹可以分为四种模式：捐赠型众筹、债权型众筹、股权型众筹、回报型众筹。

1. 物联网产品众筹的流程及存在的问题

回报型众筹作为最普遍的众筹方式，自其诞生以来便受到社会各界的高度关注。回报型众筹（本章着重研究这类众筹形式，以下简称众筹）是指：支持者以预购的方式将资金投给物联网众筹企业用以开发某种产品（或服务），众筹成功之后在该产品（或服务）已经开始对外销售或已经具备对外销售条件的情况下，该物联网众筹企业再按照约定将该产品（或服务）兑现给支持者。因此支持者在这一过程中既是物联网众筹企业的投资者又是物联网众筹产品的消费者。

一般而言，物联网众筹企业在众筹平台网站上进行参数设计时，除需设定产品价格外，还需指定一个众筹目标。如果在规定的截止日期内，该众筹项目筹集到的资金未达到事先制定的众筹目标，则物联网众筹企业退还支持者已投入的所有资金并宣告项目失败；而如果在截止日期内成功筹集目标资金，则该众筹项目成功，众筹平台按照一定的比例收取费用之后，物联网众筹企业可以获得余下所有已筹集的资金。这种融资规则称作 all-or-nothing。这种规则赋予了众筹这一融资方式产品测试与需求预测的功能。对于因不受群众喜爱而导致众筹失败的产品而言，由于发起众筹的产品仍处于概念设计阶段，该类产品在未投入大量生产成本之前便可全身而退。而对于受大众欢迎并众筹成功的产品而言，回报型众筹项目相当于一场预售，参与众筹的人数从一定意义上来讲可以认为是对未来市场需求的预测。

尽管众筹相对于传统的融资模式具有很多优点，但这种新型的融资模式也存在缺陷。其中最突出的一点是众筹平台中所根深蒂固的信息不对称问题，即物联网众筹企业与其他众筹参与主体（包括众筹平台和项目支持者）相比，更加了解自身产品质量的信息。这一信息不对称问题使得项目支持者无法准确判断物联网众筹产品的质量水平，从而大大增加了其参与众筹的风险。例如，与Pebble watch（在全球最大的众筹平台 Kickstarter 中凭借一款电子纸手表产品脱颖而出的物联网众筹产品）设置了相似众筹目标与众筹价格的 Kreyos watch，也曾十分成功地在众筹平台上筹集了 150 万美元，然而该项目在众筹成功后迟迟不向支持者履行承诺，且最终到手的产品也令支持者大跌眼镜。然而，Kickstarter在其官网中明确指出：参与众筹并不等同于购买商品。因此项目支持者在选择支持该众筹项目的同时也选择了与该物联网众筹企业共同承担一定的风险。众筹平台这一"明哲保身"的态度从一定程度上又进一步发酵了这一信息不对称问题。

2. 物联网产品众筹的理论研究现状

在信息不对称问题的背景下，需要考虑物联网众筹产品质量信息获取成本情况下众筹企业如何通过参数设计（包括众筹价格和众筹目标）准确地向项目支持者发送质量信号的问题。这里所研究的问题是不完全信息下的动态博弈，属于信号传递模型。关于信号传递模型的研究始于 Akerlof（1970）和 Spence（1973）。此后，学术界在此基础上对产品质量的信号传递模型进行了大量研究，包括通过产品价格，是否进行广告宣传，是否提供产品保修以及退款退货期限等方式，向外界传递产品质量的信息。与现有的研究不同，在众筹这一框架下，考虑众筹项目支持者的信息获取行为，研究物联网众筹企业通过众筹参数设计准确地向外界传递物联网众筹产品的质量信息。

关于物联网产品众筹的研究尚处于起步阶段，不少学者从实证角度以及法律角度对众筹进行了研究。从理论角度进行研究的文章较少，有些文章研究了众筹融资与风险投资、银行贷款等其他融资形式之间的选择和相互作用。有些文章侧重于完全信息下的众筹参数设计研究。还有一些文章将上述的两类问题放在信息不对称的环境下重新进行建模研究。其中，Gutiérrez 和 Sáez（2018）在存在道德风险问题（支持者无法控制众筹成功之后物联网众筹企业的努力行为）的情况下，通过将固定融资模式（fixed funding，即 all-or-nothing）与灵活融资模式（flexible funding）进行比较，对众筹的最佳融资模式进行了研究。Strausz（2017）也考虑了一种道德风险模型，并提出可以通过延期支付等方式缓解这一风险。Sayedi 和 Baghaie（2017）考虑了一种信号传递模型，研究物联网众筹企业如何通过众筹参数设计来证明其生产效率。Chemla 和 Tinn（2019）认为众筹的产品测试功能可以有效地避免道德风险问题（支持者无法控制众筹成功之后物联网众筹企业的努力行为），这是由于物联网众筹企业面对积极的市场信号更有动力付出努力进行产品的研发与量产从而减少了众筹资金挪用等道德风险问题。与我们最为相关的是：Chakraborty 和 Swinney（2020）建立了一个信号传递模型，研究物联网众筹企业如何通过参数设计向外界传递自己的产品质量信息。与之不同的是，我们在该文章的基础上考虑了项目支持者能够以一定的成本进行物联网众筹产品质量信息获取的能力，进一步研究了物联网众筹企业的最优参数设计，以及支持者的信息获取行为对众筹参数设计的影响。国内近些年也有不少与众筹相关的研究。其中，薛巍立等（2017）研究了当未来市场存在潜在竞争的环境下物联网众筹企业的最优产品定价问题。徐军辉（2015）研究了众筹项目和投资者之间的信息不对称问题，主要探讨了通过价格、奖励等形式传递质量信息。初光耀（2019）研究了产品经济性信号和品质性信号对回报型众筹融资绩效的影响，并在此基础上分析了社会影响力对产品信号产生的作用。

3. 物联网产品众筹案例

1）Saent：让你全身心投入工作——中国香港

在一个高度互连的工作环境中，我们经常受到社会媒体或电子邮件提醒的轰炸。当所有事都千方百计寻求你的关注时，想要集中注意力实在是太难了。香港的 Saent 公司正致力于为人们解决这一烦扰。Saent 公司开发的这一款极简风格的产品提供了一项非常重要的功能：如果你觉得这些提醒对你造成了打扰，它会发出一个删除它们的信号。这款设备只有一个按钮，并通过蓝牙与你的计算机相连。当你按下按钮时，它会将你锁定在你工作需要的应用或网站上，同时屏蔽其他不必要的应用如社交网站(除非你需要用到它)。如果你试图打开那些不必要的网站，它会在页面上跳出一个提醒。这款设备还会通过分析你之前工作的节奏，适时提醒你在工作过程中休息一下，以此让你事半功倍。

高效率工作的优势是不可估量的，而且这款设备的售价只有 39 美元。集中精力在单个任务上能让你获得更高效的工作产出。如果你担心在一段工作进程中没法处理其他可能很重要的任务，不用担心，它会在你的一段工作进程结束后提醒你错过了哪些东西。Saent 在 Indiegogo 上的众筹项目截至目前已经募集到了 51 321 美元，达到了其筹款目标的 102%。

2）LIVALL：首款智能自行车安全头盔——中国

对于所有骑行爱好者来说，自行车头盔都是必不可少的装备之一。如果你不幸发生了车祸，是否戴有头盔将决定你是变成植物人还是毫发无损。LIVALL 的 Bling 头盔将头盔的制造推到了一个新高度，他们在头盔中植入了智能科技，这让人联想到钢铁侠（虽然它并没有打算配置远程发射热跟踪装置导弹的技术）。Bling 头盔上装备有防风麦克风、三轴传感器以及蓝牙扬声器,头盔顶部和背部配有 LED（light-emitting diode，发光二极管）灯。在手机应用下达对这些装置的运行指令后，Bling 头盔能帮你接电话以及同其他骑行者联络。当你收到文字信息时，该头盔会帮你将其转为语音信息，这样，你就能全身心投入骑行了。Bling 头盔内置的蓝牙扬声器能为你选择与你骑行速度相匹配的音乐。不过，音乐也可能会分散你的注意力，成为骑行的阻碍，最终你可能会撞上不知情的路人。Bling 头盔的一个实用性功能就在于它的三轴传感器：如果你独自骑车时摔倒受伤了，它会帮你发出求救信号。通过检测重力加速度的突然改变,Bling 头盔能立即切换至紧急状态，并自动向你的紧急联络人发送求救信号。这款头盔的另一大特色在于 LED 灯。这样，驾驶人或行人在晚上就能注意到你；同时，LIVALL Bling Jet 功能还能指示你正在骑行的方向。

对于骑行爱好者来说，Bling 头盔功能强大，或许在不久的未来，使用这种智能头盔会成为骑行爱好者团体中的一项安全规定，智能头盔的诞生或许还会促使人们加入骑行的行列。值得注意的是，该公司还有一款名为 Nano Cadence 传感器的产品，能够固定在自行车的牙盘洞内。这个产品能通过同一款 LIVALL 骑行 APP 监测你的骑行习惯，计算消耗的卡路里数量。拥有这么多功能，Bling 头盔在 Indiegogo 上的众筹项目已经筹集到了目标金额的 764%，达到 152 941 美元。

8.4.3　考虑客户信息获取行为的物联网众筹产品质量披露策略

在已有研究的基础上，在信息不对称的情况下允许项目支持者以一定的成本进行信息获取，并假设众筹平台存在两种质量类型物联网众筹企业的情况下，高质量类型的物联网众筹企业如何利用其众筹参数设计（包括众筹价格和众筹目标）作为产品质量信息传递的信号，本节着重介绍该信号传递模型中的分离均衡，并利用数值实验进一步说明支持者信息获取行为对众筹参数设计的影响。

考虑一个具有创意想法却面临资金约束的初创企业，该企业设计出一款创新型产品，并决定通过众筹这一新颖的融资方式面向普通大众进行资金筹集，以期覆盖产品后续研发及量产等所需费用 S。该企业通过众筹方式进行资金筹集的运作流程如下。首先，众筹平台中潜在的支持者决策是否要以一定的成本进行产品质量信息获取。其次，物联网众筹企业通过众筹平台发布该产品的相关信息，并设置相应的融资目标 C 与价格水平 p。将这两个参数的组合 (C, p) 称为物联网众筹企业的参数设计。最后，项目支持者根据该众筹项目的参数设计决定是否参与众筹。若物联网众筹企业从项目支持者处筹集的资金大于其预先所设定的融资目标 C，则项目成功；否则项目失败。众筹事件发生顺序如图 8-7 所示。

为了更清晰地进行探讨，我们做出如下假设。

假设 1：物联网众筹产品质量类型（下标用 i 表示）可以分为高质量类型（记为 H 型）和低质量类型（记为 L 型）。

假设 2：物联网众筹产品只有固定成本 S_i，没有边际成本。

假设 3：支持者类型（下标用 j 表示）根据信息获取成本可以分为高成本类型和低成本类型。

假设 4：除信息获取成本不同外，支持者是同质的。

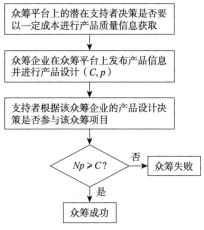

图 8-7 众筹事件发生顺序

假设 5：参与众筹的支持者人数服从在 $[0, \bar{N}]$ 中的均匀分布，且最终实现的人数为 N。

假设 6：物联网众筹产品质量是物联网众筹企业的私有信息，不为外界所知，其他信息都是完全的。

为了便于对模型进行描述，本节所用到的符号定义如表 8-9 所示。

表 8-9 符号定义和说明

符号		说明
决策变量	C_i	i 型物联网众筹企业的众筹目标
	p_i	i 型物联网众筹企业的众筹价格
基本参数	S_i	i 型物联网众筹企业的固定成本，$S_H > S_L$
	v_i	支持者对 i 型物联网众筹产品的估值，$v_H > v_L$
	X_j	j 型支持者的信息获取成本，$X_H > X_L$
	Z	支持者的保留效用
	α	高成本类型支持者所占比例
	N	支持者的实际规模
	$\bar{N}$	支持者的规模上限
	U_i	i 型支持者的净效用
	π_i	i 型企业的利润

1. 物联网产品众筹参数设计

上述所描述的博弈问题属于不完全信息下的动态博弈，可以采用逆向归纳法解决这一问题。首先，在给定项目支持者信息获取行为的前提下，求解物联网众筹企业的信号传递子博弈问题；接下来，将支持者在不同信息获取行为下的效用进行比较，得出支持者的最优信息获取行为。

本节在给定支持者信息获取行为的情况下，研究物联网众筹企业如何通过众筹参数设计向外界传递产品质量信息。根据两种类型（信息获取成本高低）支持者的信息获取行为不同，可以分为四种信号传递子博弈。首先讨论两种类型的支持者都进行信息获取的情形，因为这种情形下信息是完全的，因此可以作为决策的基准模型。其他情形中，因为有一种类型的支持者不进行信息获取，那么就存在信息不对称，采用精炼贝叶斯均衡（perfect Bayesian equilibrium）作为相关的均衡概念。信号传递博弈中最受关注的两种精炼贝叶斯均衡为分离均衡和混同均衡。

下面着重介绍分离均衡。任意一个分离均衡必须满足以下两个特性。首先，L 型物联网众筹企业应该更愿意制定与 H 型物联网众筹企业不同的参数设计以揭示自己的真实类型。这同时也意味着，L 型物联网众筹企业将采用其完全信息情况下的参数设计。其次，H 型物联网众筹企业也应愿意选择这一分离均衡，而不是偏离均衡路径。对于偏离均衡路径的选择，应用直觉准则（intuitive criterion）对其事后信念（posterior belief）进行限制。在这里，任何类型的物联网众筹企业偏离均衡之后将会被认作 L 型的物联网众筹企业。

1）基准模型——两种类型的支持者都进行信息获取

当所有支持者都选择获取质量信息时，所有的支持者都是知情者，该博弈将退化为完全信息下的动态博弈。此时，i 类型物联网众筹企业的利润可表示为

$$\pi_i(C_i, p_i) = \int_{\frac{C_i}{p_i}}^{\bar{N}} (p_i N - s_i) f(N) \mathrm{d}N$$

此外，物联网众筹企业还需要在目标约束 $C_i \geqslant S_i$（筹资目标必须大于固定成本 S_i）以及价格约束（支持者净效用大于等于 0）两个条件下进行参数设计。其中支持者的净效用是支持者参与众筹所得效用减去其保留效用与信息获取成本，又因为物联网众筹企业要出售给所有的支持者，所以需要考虑高成本类型支持者的效用作为自身的价格约束条件。因此支持者参与约束为 $U_i = \dfrac{\bar{N} - \dfrac{C}{p}}{\bar{N}}(v_i - p) - Z - X_H > 0$。

经过整理，可得众筹目标的约束为 $S_i \leqslant C \leqslant C^*$，其中 $C^* = \bar{N}\left(\sqrt{v_i} - \sqrt{Z + X_H}\right)^2$；众筹价格的约束条件为 $\underline{p}(v_i, C) \leqslant p \leqslant \bar{p}(v_i, C)$，其中

$$\bar{p}(v_i, C) = \frac{\bar{N}(v_i - Z - X_H) + C + \sqrt{\left(\bar{N}(v_i - Z - X_H) + C\right)^2 - 4\bar{N}v_i C}}{2\bar{N}}$$

$$\underline{p}(v_i, C) = \frac{\bar{N}(v_i - Z - X_H) + C - \sqrt{(\bar{N}(v_i - Z - X_H) + C)^2 - 4\bar{N}v_iC}}{2\bar{N}}$$

接下来，将物联网众筹企业的利润函数分别对 p 和 C 进行求导，结果表明物联网众筹企业的利润 π 随众筹价格 p 递增，随众筹目标 C 递减。这是因为众筹价格的增加会使单个支持者的投资水平增加，从而导致整体利润增加；而众筹目标的增加虽然可以提高参与众筹支持者的期望人数，但同时也要求有更多的支持者参与到众筹活动中，从而导致众筹失败的可能性增加，降低了物联网众筹企业的利润。因此，在支持者都进行信息获取的情况下，L 型企业会选择 $(S_L, \bar{p}(v_L, S_L))$，H 型企业会选择 $(S_H, \bar{p}(v_H, S_H))$。

i 类型物联网众筹企业的利润为

$$\pi_i(S_i, \bar{p}(v_i, S_i)) = \frac{\bar{N}}{2}\bar{p}(v_i, S_i) + \frac{S_i^2}{2\bar{N}\bar{p}(v_i, S_i)} - S_i$$

此时高成本支持者购买两种类型产品的净效用都为 0，低成本支持者购买两种类型产品的净效用为 $U_L = X_H - X_L$。这一结果符合我们的认知直觉。在完全信息下，物联网众筹企业会制定尽可能高的众筹价格以及尽可能低的众筹目标以提高自身的利润，这一策略同时会攫取支持者的全部消费者剩余。由于两种类型的支持者都进行了信息获取，所以物联网众筹企业按照获取成本较高的支持者效用进行定价。因此高成本支持者的净效用为 0，低成本支持者的净效用为两成本之间的差值，即"搭便车"行为。

2）两种类型的支持者都不进行信息获取

当所有的支持者都不进行质量信息获取时，所有的支持者都是不知情者，该模型属于标准的不完全信息动态博弈下的信号传递模型。

由于除获取成本不同之外，支持者是同质的。因此，在两种类型的支持者都不进行信息获取的情况下，支持者购买 i 类型物联网众筹产品的净效用可表示为 $U_i = \frac{\bar{N} - \dfrac{C}{p}}{\bar{N}}(v_i - p) - Z$。经过整理，可以得到 i 类型物联网众筹企业关于众筹目标 C 的约束为 $S_i \leqslant C \leqslant C^{*1}$，其中 $C^{*1} = \bar{N}(\sqrt{v_i} - \sqrt{Z})^2$。关于众筹价格 p 的约束可以写为 $\underline{p}(v_i, C) \leqslant p \leqslant \bar{p}(v_i, C)$，其中

$$\bar{p}(v_i, C) = \frac{\bar{N}(v_i - Z) + C + \sqrt{(\bar{N}(v_i - Z) + C)^2 - 4\bar{N}v_iC}}{2\bar{N}}$$

$$\underline{p}(v_i, C) = \frac{\bar{N}(v_i - Z) + C - \sqrt{(\bar{N}(v_i - Z) + C)^2 - 4\bar{N}v_iC}}{2\bar{N}}$$

　　首先分析分离均衡的第一个条件，根据上述关于分离均衡特性的讨论可知，L 型的物联网众筹企业将会选择尽可能小的众筹目标以及尽可能大的众筹价格，即 $(S_L, \overline{p}(v_L, S_L))$。下面讨论 H 型物联网众筹企业的参数设计策略。假设 H 型企业选择将其参数设计设定为 (C, p)，则若 L 型物联网众筹企业模仿 H 型企业的参数设计，则其利润为 $\pi_L(C, p) = \dfrac{\overline{N}}{2}p + \dfrac{2S_LC - C^2}{2\overline{N}p} - S_L$。只有当参数设计 (C, p) 满足 $\pi_L(S_L, \overline{p}(v_L, S_L)) \geqslant \pi_L(C, p)$ 时，L 型企业才会选择不偏离目前的均衡，因为此时模仿 H 型企业对于他来说无利可图。由此可得出关于众筹价格 p 的又一约束条件 $p_1(C) \leqslant p \leqslant p_2(C)$。

　　令 $B = \overline{p}(v_L, S_L) + \dfrac{S_L^2}{\overline{N}^2\,\overline{p}(v_L,\ S_L)}$ ，$p_1(C)$ 和 $p_2(C)$ 可以表示为

$$p_1(C) = \dfrac{B - \sqrt{B^2 + 4\dfrac{C^2 - 2S_LC}{\overline{N}^2}}}{2}, \quad p_2(C) = \dfrac{B + \sqrt{B^2 + 4\dfrac{C^2 - 2S_LC}{\overline{N}^2}}}{2}$$

　　综上所述，对于 H 型企业来说，其众筹价格应满足两个约束：支持者参与约束 $\underline{p}(v_i, C) \leqslant p \leqslant \overline{p}(v_i, C)$ 与分离均衡存在条件 $p_1(C) \leqslant p \leqslant p_2(C)$。需要注意的是，为保证这两个条件有交集，众筹目标还需满足 $\underline{p}(v_i, C) \leqslant p_2(C)$。设 $\underline{p}(v_i, C^{*2}) = p_2(C^{*2})$ ，则众筹目标应满足约束 $S_H \leqslant C \leqslant C^*$ ，其中 $C^* = \min\{C^{*1}, C^{*2}\}$。

　　通过简单的推导，可以得到物联网众筹企业的利润随众筹价格 p 递增，所以最优的众筹价格应设定为 $p = \min\{\overline{p}(v_H, C), p_2(C)\}$。可以发现 $\overline{p}(v_H, C)$ 和 $p_2(C)$ 都是关于众筹目标 C 的函数，进一步，可得 $\overline{p}(v_H, C)$ 随 C 的增加而递减，$p_2(C)$ 随 C 的增加而递增。结合众筹目标的约束条件 $S_H \leqslant C \leqslant C^*$，可以分为两种情况来讨论。

　　情况 1：$\overline{p}(v_H, S_H) \leqslant p_2(S_H)$。因为 $C \geqslant S_H$，且 $\overline{p}(v_H, C)$ 随 C 递减，$p_2(C)$ 随 C 递增。所以对于所有的 $S_H \leqslant C \leqslant C^*$ 来说，$\overline{p}(v_H, C) \leqslant p_2(C)$，最优的众筹价格应设定为 $p = \overline{p}(v_H, C)$。将该众筹价格的表达式代入企业利润的公式中，并将其对 C 进行求导可得企业的利润随 C 的增加而减小，因此 H 型物联网众筹企业应选择 $(S_H, \overline{p}(v_H, S_H))$ 作为其参数设计，从而实现了无成本分离，即没有产生任何的信号成本。i 类型物联网众筹企业的利润为

$$\pi_i(S_i, \overline{p}(v_i, S_i)) = \dfrac{\overline{N}}{2}\overline{p}(v_i, S_i) + \dfrac{S_i^2}{2\overline{N}\,\overline{p}(v_i, S_i)} - S_i$$

　　此时由于两类支持者都没有付出信息获取的成本且两种类型的物联网众筹企业仍然可以制定最优的众筹价格，因此无论是购买 L 型还是 H 型产品，支持者的

净效用都为 0。

情况 2：$\bar{p}(v_H, S_H) > p_2(S_H)$。已知 $\bar{p}(v_H, C)$ 随 C 递减，$p_2(C)$ 随 C 递增，因此在 $C \geq S_H$ 的区域两者必有交点。设该交点满足 $\bar{p}(v_H, C') = p_2(C')$，将 C' 与众筹目标的上限 C^* 作比较。若 $C' < C^*$，则当 $S_H \leq C < C'$ 时，最优的众筹价格应设定为 $p = p_2(C)$，将该众筹价格的表达式代入企业利润的公式中，并对 C 进行求导可得企业的利润随 C 的增加而增加，因此在这一区域内 H 型物联网众筹企业最优的参数设计是 $(C', p_2(C'))$；当 $C' \leq C < C^*$ 时，最优的众筹价格为 $p = \bar{p}(v_H, C)$，将该众筹价格代入企业利润中，并对 C 进行求导发现企业的利润随 C 的增加而减小，因此在这一区域内 H 型物联网众筹企业最优的参数设计也是 $(C', p_2(C'))$。综上，若 $C' < C^*$，H 型物联网众筹企业会选择 $(C', p_2(C'))$ 作为其最优参数设计选择。同理，若 $C' \geq C^*$，即对于所有的 $S_H \leq C \leq C^*$ 来说，$p_2(C) \leq \bar{p}(v_H, C)$，最优的众筹价格应为 $p = p_2(C)$。已知此时企业的利润随 C 的增加而增加，因此 H 型物联网众筹企业应选择 $(C^*, p_2(C^*))$。

将上述分析进行整合，设 $C^{*'} = \min\{C', C^*\}$，即 H 型企业会选择 $(C^{*'}, p_2(C^{*'}))$ 作为其参数设计。因此 L 和 H 型物联网众筹企业的利润分别为

$$\pi_L(S_L, \bar{p}(v_L, S_L)) = \frac{\bar{N}}{2}\bar{p}(v_L, S_L) + \frac{S_L^2}{2\bar{N}\bar{p}(v_L, S_L)} - S_L$$

$$\pi_H(C^{*'}, p_2(C^{*'})) = \frac{\bar{N}}{2}p_2(C^{*'}) + \frac{2S_H C^{*'} - C^{*'2}}{2\bar{N}p_2(C^{*'})} - S_H$$

最后还需检验分离均衡的第二个条件，即 H 型物联网众筹企业也应愿意选择这一分离均衡，而不是偏离均衡路径（偏离之后将会被认作 L 型物联网众筹企业）。容易证明这一条件成立。

此时由于两类支持者都没有付出信息获取的成本，因此其效用是完全相同的，支持者购买 L 型产品的净效用为 $U_L = 0$，购买 H 型产品的净效用为

$$U_H = \frac{\bar{N} - \dfrac{C^{*'}}{p_2(C^{*'})}}{\bar{N}}\left(v_H - p_2(C^{*'})\right) - Z$$

3）只有低成本类型的支持者进行信息获取

当只有低成本类型的支持者进行信息获取时，低成本类型的支持者就成为知情者，而高成本类型的支持者仍是不知情者，不知情者的比例为 α。因为企业需要出售给所有的支持者，所以要使低成本类型支持者的净效用 $U_L = \dfrac{\bar{N} - \dfrac{C}{p}}{\bar{N}}(v_i - p) - Z -$

$X_L \geq 0$。经过整理，得众筹目标约束为 $S_i \leq C \leq C^{*1}$，其中 $C^{*1} = \bar{N}\left(\sqrt{v_i} - \sqrt{Z + X_L}\right)^2$；众筹价格的约束条件为 $\underline{p}(v_i, C) \leq p \leq \bar{p}(v_i, C)$，其中

$$\bar{p}(v_i, C) = \frac{\bar{N}(v_i - Z - X_L) + C + \sqrt{\left(\bar{N}(v_i - Z - X_L) + C\right)^2 - 4\bar{N}v_i C}}{2\bar{N}}$$

$$\underline{p}(v_i, C) = \frac{\bar{N}(v_i - Z - X_L) + C - \sqrt{\left(\bar{N}(v_i - Z - X_L) + C\right)^2 - 4\bar{N}v_i C}}{2\bar{N}}$$

与前面的讨论相似，先讨论分离均衡的第一个条件，在分离均衡中，L 型企业将会选择 $(S_L, \bar{p}(v_L, S_L))$ 作为其参数设计参数。下面讨论 H 型企业在分离均衡下的参数设计。假设 H 型物联网众筹企业将其参数设计设定为 (C, p)，则此时 L 型物联网众筹企业模仿 H 型参数设计，其利润可表示为

$$\pi_L(C, p) = \frac{\bar{N}}{2}\alpha p + \frac{2S_L C - C^2}{2\bar{N}\alpha p} - S_L$$

值得注意的是，在这种情况下，L 型物联网众筹企业如果模仿 H 型企业的参数设计，就只能将产品出售给不知情者，即高成本支持者，市场占比为 α。只有当 $\pi_L(S_L, \bar{p}(v_L, S_L)) \geq \pi_L(C, p)$ 时，L 型才不会偏离。由此可以得到众筹价格的另一个约束：$p_1(C) \leq p \leq p_2(C)$。

令 $B = \bar{p}(v_L, S_L) + \dfrac{S_L^2}{\bar{N}^2 \bar{p}(v_L, S_L)}$，$p_1(C)$ 和 $p_2(C)$ 可以表示为

$$p_1(C) = \frac{B - \sqrt{B^2 + 4\dfrac{C^2 - 2S_L C}{\bar{N}^2}}}{2\alpha}, \quad p_2(C) = \frac{B + \sqrt{B^2 + 4\dfrac{C^2 - 2S_L C}{\bar{N}^2}}}{2\alpha}$$

综上所述，对于 H 型企业来说，其众筹价格应满足两个约束：支持者参与约束 $\underline{p}(v_i, C) \leq p \leq \bar{p}(v_i, C)$ 与分离均衡存在条件 $p_1(C) \leq p \leq p_2(C)$。设 $\underline{p}(v_i, C^{*2}) \leq p_2(C^{*2})$，则众筹目标应满足约束 $S_H \leq C \leq C^*$，其中 $C^* = \min\{C^{*1}, C^{*2}\}$。众筹价格 p 的最优解应为 $p = \min\{\bar{p}(v_H, C), p_2(C)\}$。

接下来分两种情况进行讨论。

情况 1：$\bar{p}(v_H, S_H) \leq p_2(S_H)$。H 型物联网众筹企业应选择 $(S_H, \bar{p}(v_H, S_H))$ 来实现无成本分离。i 类型物联网众筹企业的利润为

$$\pi_i(S_i, \bar{p}(v_i, S_i)) = \frac{\bar{N}}{2}\bar{p}(v_i, S_i) + \frac{S_i^2}{2\bar{N}\bar{p}(v_i, S_i)} - S_i$$

此时低成本支持者无论购买 H 型产品还是 L 型产品的净效用都为 0，而高成本支持者则可以搭便车，其购买两种类型产品的净效用都为 $U_H = X_L$。

情况 2：$\overline{p}(v_H, S_H) > p_2(S_H)$。H 型物联网众筹企业会选 $\left(C^{*\prime}, p_2(C^{*\prime})\right)$ 作为其参数设计，其中 $C^{*\prime} = \min\{C', C^*\}$，而 C' 满足 $\overline{p}(v_H, C') = p_2(C')$。

L 类型物联网众筹企业的利润为

$$\pi_L(S_L, \overline{p}(v_L, S_L)) = \frac{\overline{N}}{2}\overline{p}(v_L, S_L) + \frac{S_L^2}{2\overline{N}\overline{p}(v_L, S_L)} - S_L$$

H 类型物联网众筹企业的利润为

$$\pi_H(C^{*\prime}, p_2(C^{*\prime})) = \frac{\overline{N}}{2}p_2(C^{*\prime}) + \frac{2S_H C^{*\prime} - C^{*\prime 2}}{2\overline{N}p_2(C^{*\prime})} - S_H$$

此外，还需要检验分离均衡的第二个条件。与"两种类型的支持者都不进行信息获取"情形不同，在市场中存在知情者的情况下，H 型物联网众筹企业还可以将其参数设计设定为完全信息下的最优，只供众筹平台中知情的支持者（即低成本的支持者）购买。由低成本支持者的净效用 $U_L = \dfrac{(1-\alpha)\overline{N} - \dfrac{C}{p}}{(1-\alpha)\overline{N}}(v_i - p) - Z - X_L \geq 0$，可以得价格上限

$$\overline{p}'(v_H, S_H) = \frac{v_H - Z - X_L}{2} + \frac{S_H + \sqrt{\left((1-\alpha)\overline{N}(v_H - Z - X_L) + S_H\right)^2 - 4(1-\alpha)\overline{N}v_H S_H}}{2(1-\alpha)\overline{N}}$$

此时，H 型的物联网众筹企业将会选择 $(S_H, \overline{p}'(v_H, S_H))$ 作为其最优参数设计，其偏离分离均衡的利润为

$$\pi_H(S_H, \overline{p}'(v_H, S_H)) = \frac{\overline{N}}{2}(1-\alpha)\overline{p}'(v_H, S_H) + \frac{S_H^2}{2\overline{N}(1-\alpha)\overline{p}'(v_H, S_H)} - S_H$$

只有当 $\pi_H\left(C^{*\prime}, p_2(C^{*\prime})\right) \geq \pi_H(S_H, \overline{p}'(v_H, S_H))$ 时，分离均衡才存在。但是也可以证明该条件总是成立。虽然当市场中知情者比例较大时，H 型物联网众筹企业可以选择其最优的参数设计只面向知情者进行筹资，但同时 L 型物联网众筹企业的模仿意愿也比较低，H 型物联网众筹企业只需要很小的信号成本就可以向外界传递自己的高质量信息，甚至可以实现无成本分离。

此时低成本支持者购买 L 型产品的净效用为 0，购买 H 型产品的净效用为

$$U_L = \frac{\overline{N} - \dfrac{C^{*\prime}}{p_2(C^{*\prime})}}{\overline{N}}(v_H - p_2(C^{*\prime})) - Z - X_L$$

而高成本支持者没有付出信息获取的成本，其购买产品的净效用为

$$U_H = U_L + X_L$$

4）只有高成本类型的支持者进行信息获取

只有高成本类型的支持者进行信息获取时，高成本类型的支持者就成为知情者，而低成本类型的支持者是不知情者，不知情者的比例为 $1-\alpha$。此部分的分析与前面类似。先讨论分离均衡的第一个条件，在分离均衡中，L 型企业将会选择 $(S_L, \overline{p}(v_L, S_L))$ 作为其参数设计。对于 H 型物联网众筹企业来说，其众筹目标应满足 $S_H \leqslant C \leqslant C^*$，其中 $C^* = \min\{C^{*1}, C^{*2}\}$，$C^{*1} = \overline{N}\left(\sqrt{v_i} - \sqrt{Z + X_L}\right)^2$，$C^{*2}$ 满足 $\underline{p}(v_i, C^{*2}) \leqslant p_2(C^{*2})$。众筹价格 p 的最优解为 $p = \min\{\overline{p}(v_H, C), p_2(C)\}$，其中 $\overline{p}(v_i, C)$、$\underline{p}(v_i, C)$、$p_2(C)$ 与前面的表达非常类似，只需将其中的 X_L 换为 X_H，α 换为 $1-\alpha$ 即可。

情况 1：$\overline{p}(v_H, S_H) \leqslant p_2(S_H)$。H 型企业可以选择 $(S_H, \overline{p}(v_H, S_H))$ 来实现无成本分离，i 类型物联网众筹企业的利润为

$$\pi_i\left(S_i, \overline{p}(v_i, S_i)\right) = \frac{\overline{N}}{2}\overline{p}(v_i, S_i) + \frac{S_i^2}{2\overline{N}\overline{p}(v_i, S_i)} - S_i$$

此时高成本类型的支持者无论购买 H 型产品还是 L 型产品的净效用均为 0，而低成本类型的支持者则可以搭便车，其购买两种类型产品的净效用都为 $U_L = X_H$。

情况 2：$\overline{p}(v_H, S_H) > p_2(S_H)$。H 型企业会选择 $(C^*, p_2(C^*))$，其中 $C^* = \min\{C', C^*\}$，而 C' 满足 $\overline{p}(v_H, C') = p_2(C')$。

L 型物联网众筹企业的利润为

$$\pi_L(S_L, \overline{p}(v_L, S_L)) = \frac{\overline{N}}{2}\overline{p}(v_L, S_L) + \frac{S_L^2}{2\overline{N}\overline{p}(v_L, S_L)} - S_L$$

H 型物联网众筹企业的利润为

$$\pi_H(C^*, p_2(C^*)) = \frac{\overline{N}}{2}p_2(C^*) + \frac{2S_H C^* - C^{*2}}{2\overline{N}p_2(C^*)} - S_H$$

可以证明，分离均衡的第二个条件总是成立。

此时高成本类型的支持者购买 L 型产品的净效用为 0，购买 H 型产品的净效用为

$$U_H = \frac{\overline{N} - \dfrac{C^*}{p_2(C^*)}}{\overline{N}}(v_H - p_2(C^*)) - Z - X_H$$

低成本类型的支持者购买产品的净效用为

$$U_L = U_H + X_H$$

2. 支持者信息获取行为

根据前面的讨论，可以得到两种类型支持者在不同获取信息行为以及不同购

买行为下的效用，总结如表 8-10 所示。

表 8-10　高低类型支持者不同获取信息行为和购买行为下的效用

		高成本类型的支持者	
		获取	不获取
低成本类型的支持者	获取	购买 L 型物联网众筹产品 $(X_H - X_L, 0)$	购买 L 型物联网众筹产品 $(0, X_L)$
		购买 H 型物联网众筹产品 $(X_H - X_L, 0)$	购买 H 型物联网众筹产品（H 型企业实现无成本分离） $(0, X_L)$
			购买 H 型物联网众筹产品（H 型企业需要有成本分离） $\left(\dfrac{\bar{N} - \dfrac{C''}{p_2(C'')}}{\bar{N}}(v_H - p_2(C'')) - Z - X_L, \right.$ $\left. \dfrac{\bar{N} - \dfrac{C''}{p_2(C'')}}{\bar{N}}(v_H - p_2(C'')) - Z \right)$
	不获取	购买 L 型物联网众筹产品 $(X_H, 0)$	购买 L 型物联网众筹产品 $(0, 0)$
		购买 H 型物联网众筹产品（H 型企业实现无成本分离） $(X_H, 0)$	购买 H 型物联网众筹产品（H 型企业实现无成本分离） $(0, 0)$
		购买 H 型物联网众筹产品（H 型企业需要有成本分离） $\left(\dfrac{\bar{N} - \dfrac{C''}{p_2(C'')}}{\bar{N}}(v_H - p_2(C'')) - Z, \right.$ $\left. \dfrac{\bar{N} - \dfrac{C''}{p_2(C'')}}{\bar{N}}(v_H - p_2(C'')) - Z - X_H \right)$	购买 H 型物联网众筹产品（H 型企业需要有成本分离） $\left(\dfrac{\bar{N} - \dfrac{C''}{p_2(C'')}}{\bar{N}}(v_H - p_2(C'')) - Z, \right.$ $\left. \dfrac{\bar{N} - \dfrac{C''}{p_2(C'')}}{\bar{N}}(v_H - p_2(C'')) - Z \right)$

　　信息获取成本较高与信息获取成本较低的两种支持者之间在这一阶段将进行完全信息下的静态博弈。从表中可以看出，当支持者计划在众筹平台中购买 L 型物联网众筹产品时，其效用函数只与 X_L 和 X_H 相关。利用画线法进行分析，可以得出双方都不进行信息获取是该博弈的纳什均衡。这是因为在分离均衡下，L 型物联网众筹企业总是将其众筹价格与众筹目标制定在完全信息下的水平，此时 L 型物联网众筹企业可以完全攫取支持者的消费者剩余，于是获取信息的一方效用将

为 0，而不获取信息的一方就可以从中赚取探索成本那部分效用（搭便车行为）。

但是当支持者计划购买 H 型物联网众筹产品时，情况就更加复杂。具体来说，对于上面所描述的四种情况：当两种类型的支持者都选择进行信息获取时，该博弈就变为完全信息下的子博弈，因此支持者购买 H 型物联网众筹产品与购买 L 型物联网众筹产品所得到的效用相同。信息获取成本较低的一方可以从中赚取一定的差额。对于后三种情况，在存在信息不对称的情况下，H 类型的物联网众筹企业有可能为了实现分离均衡而做出一定的牺牲：或是降低其众筹价格，或是提高其众筹目标，以阻止 L 型的物联网众筹企业来模仿自己的参数设计。对上面的分析进行整理归纳，可以得出下列结论。

（1）若 $\bar{p}(v_H, S_H) \leqslant p_2(S_H)$，H 型物联网众筹企业将实现无成本的分离均衡，此时支持者购买 H 型物联网众筹产品与购买 L 型物联网众筹产品所得效用相同。

（2）若 $\bar{p}(v_H, S_H) > p_2(S_H)$，且 $C' < C^*$，H 型物联网众筹企业将单独使用众筹目标作为信号，即通过提高众筹目标实现分离均衡。此时 H 型物联网众筹企业依旧可以将众筹价格定在尽可能高的水平，因此支持者购买 H 型物联网众筹产品与购买 L 型产品所得效用依旧相同。

（3）若 $\bar{p}(v_H, S_H) > p_2(S_H)$，且 $C' > C^*$，H 型物联网众筹企业将同时使用众筹目标与众筹价格作为信号，即通过同时提高众筹目标并降低众筹价格实现分离均衡。

3. 数值分析

本节利用数值分析方法分析两种情形下众筹参数的影响：①支持者的信息获取行为对 L 型物联网众筹企业参数设计的影响；②支持者的信息获取行为对 H 型物联网众筹企业参数设计的影响。由于只有低成本或高成本类型的支持者进行信息获取两种情形的问题、模型和结论相似，因此这里的数值实验仅讨论只有低成本类型的支持者进行信息获取的情形。为了表述简便，将要讨论的三种情况简记为：都获取、都不获取、只低获取。基本参数取值设置为：$S_L = 1000$，$S_H = 1500$，$v_L = 20$，$v_H = 40$，$X_L = 3$，$X_H = 5$，$Z = 5$，$\bar{N} = 1000$。

1）L 型物联网众筹企业参数设计

首先，讨论支持者的信息获取行为对于 L 型物联网众筹企业参数设计的影响。由于 L 型物联网众筹企业在分离均衡中总是采取完全信息下的参数设计，因此本小节的讨论旨在强调支持者的信息获取行为对物联网众筹企业参数设计最直接的影响。在上述参数取值设置下，可以将 L 型物联网众筹企业在支持者不同信息获取行为下的参数设计及筹资总额如表 8-11 所示。

表 8-11　L 型物联网众筹企业的参数设计及筹资总额

	C_L	p_L	π_L
都获取	1000	8.7	3408
都不获取	1000	14.6	6350
只低获取	1000	11.2	4653

从表 8-11 可以发现，L 型物联网众筹企业的众筹目标都为其最低需要筹得的资金，即固定成本 S_L。这也验证了在完全信息下，物联网众筹企业总是设置尽可能小的众筹目标以提高众筹成功的概率。此外还可以发现，L 型企业的众筹价格在"都获取"的情况下最小，在"都不获取"的情况下最大，这是因为支持者的参与约束要求其参与众筹所得到的效用要大于等于其保留效用与信息获取成本之和，因此物联网众筹企业需要降低众筹价格以保证支持者参与众筹所得的净效用为正。同理，众筹价格的降低一方面会使得单位筹资金额降低，另一方面还要求有更多的支持者参与到众筹项目中，从而降低了众筹成功的概率，这两个因素导致了众筹筹资总额的降低。

2）H 型物联网众筹企业参数设计

接下来研究支持者的信息获取行为对于 H 型物联网众筹企业参数设计的影响。与 L 型物联网众筹企业不同，H 型物联网众筹企业在分离均衡中需要扭曲其参数设计（或提高众筹目标，或降低众筹价格）以实现与 L 型物联网众筹企业的分离。为了涵盖本节理论分析的主要结论，令高获取成本的支持者比例 α 在[0, 1]之间进行取值，H 型物联网众筹企业在支持者不同信息获取行为和筹资总额关于 α 的变化趋势图如图 8-8 所示。

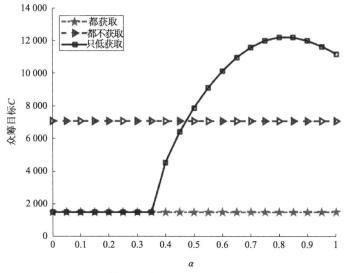

（a）众筹价格随高获取成本的支持者比例变化

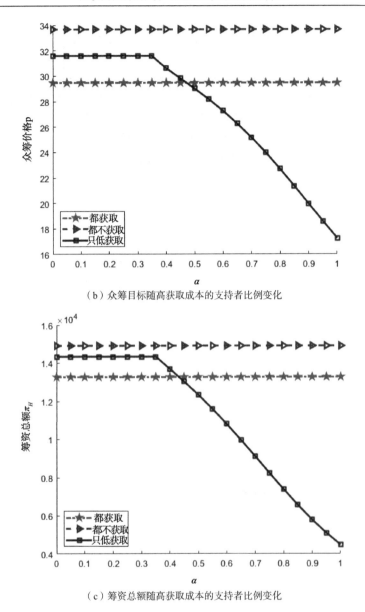

（b）众筹目标随高获取成本的支持者比例变化

（c）筹资总额随高获取成本的支持者比例变化

图 8-8 H 型物联网众筹企业的众筹价格、众筹目标和筹资总额

在"都获取"的情况下，也就是完全信息下，H 型物联网众筹企业始终将其众筹目标定为其最低需要筹得的资金，即固定成本 S_H。而在"都不获取"的情况下，也就是不完全信息下，H 型物联网众筹企业需要付出一定的信号成本，即提高众筹目标，以向外界传递自己的产品质量信息。虽然这两种情况相比，众筹价格也有一定的提高，但其提高的原因是满足支持者的参与约束，与信号传递无关。

企业之所以只使用众筹目标作为信号，是因为提高众筹目标只会影响众筹成功的概率，而降低众筹价格既会影响众筹成功的概率也会影响众筹筹资的单位水平。因此众筹目标相比于众筹价格而言，是更加有效的信号。

此外，在"只低获取"的情况下，虽然也是处于不完全信息下，但是 H 型物联网众筹企业在 α 较小时，可以将众筹目标定在固定成本 S_H。这是因为此时市场上的知情者较多，L 型物联网众筹企业模仿 H 型物联网众筹企业参数设计的意愿不是很强烈，因此 H 型企业可以实现无成本分离。但是随着 α 的增大，L 型物联网众筹企业的模仿意愿越来越强烈，因此 H 型物联网众筹企业需要付出一定的信号成本，即提高众筹目标，以向外界传递自己的产品质量信息。

当 α 达到一定程度时，H 型物联网众筹企业的众筹目标不再进一步增加，反而减小。这是由于低获取成本支持者的参与约束限制了众筹目标不可以无限增加，由于支持者保留效用以及信息获取成本的存在，众筹成功的概率也将影响支持者的效用。当众筹目标也特别大时，众筹成功概率较低从而支持者的效用水平也将降低。因此 H 型物联网众筹企业在众筹目标达到一定程度时，需要同时利用增加众筹目标和降低众筹价格来实现分离均衡。这一发现与前面理论分析得到的结论一致。

4. 小结

回报型众筹的出现使之成为企业将新产品推向市场的传统筹款方式的便捷替代方式。在这种筹资面临的挑战中，信息不对称是较难克服的问题之一。我们考虑通过分析在回报型众筹平台上发布众筹活动的企业如何进行它的产品设计来传达有关其产品的质量信息来解决这个问题。

在众筹中存在信息不对称的大背景下，如果众筹平台中的项目支持者对物联网众筹产品的质量信息获取存在成本，有如下两个发现。

（1）众筹目标相对于众筹价格而言是更加有效的信号，因为提高众筹目标只会影响众筹成功的概率，而降低众筹价格既会影响众筹成功的概率也会影响众筹筹资的单位水平，因此企业会优先改变众筹目标来传递产品质量信息，但是众筹目标不可以无限制地提高，目标提高太多将使支持者参与众筹存在很大的风险，而要降低这种风险，企业必须降低众筹价格。所以在某些情况下，物联网众筹企业仍旧需要同时使用众筹目标和众筹价格作为表达产品质量的信号。

（2）支持者通过对产品质量进行信息获取，可以帮助物联网众筹企业实现更低成本的分离均衡乃至无成本的分离均衡，这是因为，市场中存在的知情者越多，L 型企业模仿 H 型企业的收益越少，H 型企业越容易实现分离均衡。同时物联网众筹企业在分离均衡下的产品设计也会反过来促使支持者主动进行关于产品质量信息的获取。

第9章 结 语

9.1 质量管理面临的挑战

尽管近年来物联网技术有了长足进步，但许多企业仍无法从其物联网项目中获得实质性的收益。究其原因，除了传感器和网络的功能元素、物联网大数据融合等技术挑战，开展全生命周期质量管理更需考虑与管理者相关的管理挑战，物联网的实施，需要在物联网的所有合作方之间进行有效的协作和集成。

技术挑战是"根"，是物联网质量管理的底层架构，是开展全生命周期质量管理活动的基础，技术问题的解决与否，将直接决定商流、信息流、物流、资金流等各种资源在产品全生命周期过程中是否能实现高效的整合。管理挑战是"本"，决定了开展质量管理活动的成本、可操作性，是决定全生命周期质量管理成功落地实践的关键。因此，本节将从技术维度、管理维度、社会维度三大视角，分析当前开展物联网需要解决的问题和挑战，如图9-1所示。

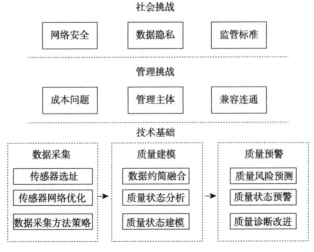

图 9-1 物联网全生命周期质量管理的底层架构及应对挑战

9.2　物联网下产品全生命周期质量管理的技术挑战

物联网大数据是基于物联网的产品全生命周期质量管理的基石，如何从物联网大数据中获取产品质量状态信息，并用于产品全生命周期的质量预警和溯源，是实现物联网全生命周期质量管理的关键。本节从传感网络布局与数据采集策略、物联网大数据的质量模型搭建以及产品全生命周期下质量预警与溯源机制三个角度解析开展全生命周期质量管理的技术架构。

1. 传感网络布局与数据采集策略

传感网络布局是物联网环境下利用产品状态监控数据进行产品全生命周期质量管理的基本前提。传统的传感器布局研究的优化主体不包括产品质量的监控、管理和改进，更未考虑产品各生命周期的不同特征。在物联网环境下，特定感知网络布局中的传感器数量和类型决定了所能监测到的产品状态信息，不同产品状态信息的组合则决定了产品状态的特征；同时，物联网环境中的多约束条件和多目标性，使得物联网背景下的全生命周期质量状态感知网络模型具有 NP 难的特性，因此物联网环境下的传感网络的布局研究更具挑战性。

大规模传感网络，尤其是无线传感网络往往会存在网络资源限制问题，因此需要在保证物联网数据需求的前提下，通过合理的方法预防、解决网络中的拥塞问题，减轻网络中的数据传输压力。同时每个传感节点自身能量有效性的限制会影响整个传感网络的生命周期和性能，因此更需要通过对传感网络的优化来延长传感网络的生命周期（朱继华等，2010）。在物联网环境下，管理决策问题更多的是基于场景，且相应的数据具有实时性、多源性和时空关联性等特点，物联网通过传感器的安装，具有了情境感知的能力，能够获得产品的生产、运输、使用等过程的工作环境或场景信息，因此网络配置需要基于具体的应用场景和实时数据进行动态优化。

数据采集策略是实现数据驱动的全生命周期质量管理的基础，对传感器网络的运营成本、效率及质量管理的决策问题具有很大的影响。现有传感网络数据采集方法的研究多基于事件触发，以能耗或网络运营周期为目标，偏重技术层面的数据采集协议和算法（Levin et al. 2013；Chakraborty et al.，2014），并未从质量需求角度、面向产品全过程和全生命周期的角度研究质量状态的数据采集方法。在物联网环境下，传感器多源性、分布性，物联网本身的复杂不确定性及多主体间存在竞争合作的博弈关系，以及产品在不同生命周期、不同生产和流通环节质量差异性都是数据采集需要考虑的问题。

2. 基于物联网大数据的质量状态建模

物联网环境下的质量状态数据呈现海量、多源、异构的特点，决策者很难依据个体直觉以及传统统计方法快速从海量无序的质量状态数据中发现并获取有价值的信息，质量模型的构建需要对海量数据进行快速有效的处理和分析。统计建模、数据挖掘和信息论等分析方法广泛用于获取海量数据间的相关性、模式、趋势、特征等状态信息，进而对海量物联网大数据进行维度约简和数据滤波，实现海量数据的质量特征提取（肖瑞等，2014）。由于物联网环境下传感设备感知的数据存在时空关联性，并存在同质和异质的区别，因此需要在满足全过程质量管理对数据实时性、可靠性以及信息量的要求下，对全过程数据进行整合。

物联网下产品全生命周期的大数据散布于产品的生产、运输、使用等诸多环节，这些数据以时空节点为载体，并存在一定的时序性，质量模型的构建依赖质量状态信息在各个环节随时间、地点变化中的波动特征和演变规律。针对物联网中海量数据的分布异构性的特点，基于本地数据建立局部质量模型学习，进而依据产品所处的动态情境、产品所处的生命周期阶段，通过挖掘产品质量的海量历史和当前数据，利用人工智能、数据挖掘等理论和方法建立进行多阶段的质量动态预测模型，构建不同工作环境或场景、不同事件影响下的产品质量状态模型。

3. 基于产品全生命周期的质量预警与溯源机制

从产品全生命周期角度看，传统质量控制方法仅适用于环境稳定、高度结构化、静态数据的大规模流水线，由于缺乏全过程的完整、有效数据，质量监控缺乏对产品全生命周期质量的点对点控制，各环节间各自为政，缺乏协同合作。同时，物联网中的数据多为分布式存储且是异构的，这给传统产品质量预测和风险预警带来了极大的挑战。针对产品质量受其所处的环境、生命阶段、维护水平等因素的影响，决策者可将产品不同阶段视为不同时间节点，并将不同产品质量水平视为不同过程状态，进而通过构建产品质量的动态时空模型，并结合现有的质量控制方法和数据挖掘技术，对各个节点的健康状态、关键质量变量的演变规律进行预测（Zou et al.，2015；Wei et al.，2016）。

物联网中能触发质量预警的事件很多，包括传感器、存储器等负责数据感知和存储的物理元件故障，还包括温度、湿度、速度等对产品运行状态有影响的控制元件的故障，以及人为故障、原材料异常、处理方法和环境因素等。在物联网环境中，感知网络的拓扑结构通过有向图反映节点之间的因果关系，刻画系统不同节点隶属关系、故障传播关系的空间层次模型，为故障源的确定提供了有利条件。决策者可以周期性地或连续地观察感知网络的质量状态，从可用的行动集合中选用一个行动做出决策。

9.3 管 理 挑 战

企业部署物联网，通常需要关注如下问题：如何将物联网系统集成到现有的业务流程和系统中？物联网系统是否可以与已经投资的系统一起使用？为了实现目标，企业需要投资多少以用于网络部署和系统开发？因此，物联网在实际部署中，面临着成本、兼容性、管理主体等多方面问题。

1. 质量管理中的成本问题

企业部署物联网设备，最关注的就是成本问题。以海产品养殖为例，养殖企业会在海水中部署若干传感器，通过监控海水的咸度、温度、养分等指标，确保海产品的质量。由于海水具有高腐蚀性，因此监控海水水质的传感器相较于传统的传感器其成本更加高昂，且寿命较短，需要定期更换，这对企业造成了极大的成本压力。

另外，有些企业为了加强供应链上下游的管理，也会在企业外部的供应商、零售商等环节安装传感器设备。以电商平台为例，电商平台为了对在其上售卖的产品实现全流程追溯，会在产品流转过程的不同节点安装传感器，采集货品流转信息，如制造商、第三方物流等，而传感器的设备成本通常由第三方企业自行承担，这会造成企业设备采购、维护、人力成本的上升，从而在实际推行过程中并不成功。

最后，传感网络构建完成后，会源源不断产生海量数据，这些数据需要集中式的数据存储和管理系统。这对于企业而言，又将需要大量的初始投资以及后续的维护成本投入。因此，企业需要在提高质量和控制管理成本之间做一个权衡。

2. 质量管理的主体

一个高效的物联网系统需要各个行业的参与，因此开展质量管理活动不是一个企业可以单独完成的。通常一些大型互联网平台企业可以作为第三方参与运营，然而，由于不同的行业有不同的特点和需求，在开发物联网传感器网络的过程中，对行业特点的深入挖掘必不可少，而在这个过程中第三方平台是否能够理解行业的要求，进而形成行之有效的传感器网络管理模式，这是尚待探讨的问题。另外，将物联网传感器设备部署在企业外部第三方时，关于传感器设备的管理也是企业面临的挑战。基于不同的利益诉求，第三方企业对于传感器网络是否能够定期保养、维护，第三方企业在传感器数据采集过程中，是否存在数据篡改、造假问题，如何加强第三方对于传感器网络的管理意识和管理意愿，这些都是企业在物联网建设中面临的挑战。

以上问题和挑战都直接影响了整个物联网数据的准确性，进而损害产品或服务质量及消费者的质量感知。例如，在物流运输中，一些有不良驾驶习惯的货车驾驶人没有很大的意愿去进行传感器设备的维护，这样可以减少物流公司获取对其不利的数据；在老人护理中，老人作为技术接受度较低的群体，可能不善于维护传感器设备，且更容易由于疏忽而造成传感器设备的损坏，这些都会降低采集数据的准确性，最终降低产品质量和服务质量。

3. 物联网系统的兼容和连通

当前的许多企业通常在部署物联网系统前，已经拥有基于自身业务流程比较成熟的信息系统。那么在部署物联网系统的过程中，一个必须关注的问题是如何通过较低的开发成本，将物联网系统集成到企业现有生产服务信息系统中，使不同的系统平台实现兼容连通。同时，由于物联网会覆盖多个业务主体的多个工作流程，不同的业务环节通常会涉及多个技术供应商，甚至不同的技术标准，这会导致不同系统间的兼容性和互操作性变得非常困难，也因此增加了质量管理的难度，这是企业在进行基于物联网的质量管理时必须面对的问题。

9.4　社　会　挑　战

物联网除了在运营中所面临的管理挑战外，还面临诸多的社会问题，主要体现在以下三个方面。

1. 网络安全

物联网是一个基于互联网的信息承载体，通过网络将传感器、控制器、机器、人和物等相互连接，实现信息交换与通信。近年来，连接到互联网的设备数量呈指数式增长，其中包含了无数的网络连接节点，并生成了海量化的动态数据，为物联网系统安全带来极大的挑战。目前除了互联网，还有移动通信网络、Wi-Fi 等无线宽带网络也得到了广泛的使用，并因其高速、灵活、廉价等特点，成为物联网接入网络的主流方式之一。但无线宽带网络因为开放性而容易被入侵，目前物联网提供商使用默认或硬编码密码，但依然存在部分安全漏洞，所以制造商在基于物联网对产品进行质量管理时极易遭到恶意攻击者的网络攻击。恶意攻击者可以利用网络漏洞来远程访问设备并对设备或用户造成严重破坏，恶意攻击者还可以以网络节点为媒介，通过对数据的窃取、篡改、造假等恶意行为致使物联网瘫痪甚至崩溃，这会给企业与个人消费者造成重大的经济损失。例如，恶意攻击者可以对行驶中的汽车车联网系统展开攻击，造成方向控制失效或者发动机失效，从而给消费者的生命和健康造成影响。物联网潜在的网络安全威胁给产品的质量管理带来了严峻的挑战。

2. 数据隐私

物联网也给隐私保护带来了挑战。物联网技术给产品的开发者提供了一个挖掘数据的便捷途径，这在如手机和汽车等消费终端中变得越来越普遍。例如，手机中的某些应用程序，会在消费者不知情的情况下读取消费者在手机上的各种操作行为信息，如用户的网页浏览记录等，在了解到消费者的购物习惯或近期购物兴趣后，可以进行针对性的广告推送服务等。而就汽车而言，随着车联网、自动驾驶等各种技术的兴起，汽车制造商或者服务商通过各种智能终端获取驾驶人的驾驶行为数据，并将该数据有选择地传输到云端进行处理，加以分析利用发现新的商机，但在这一过程中驾驶人往往是不知情的。此外，如今越来越多的物联网设备进入了消费者的生活，如智能手表、智能音箱、智能屏等，这些设备同样时刻都在收集着消费者的各类数据。一些具有语音识别功能的智能家居设备，轻易就能知道用户的在家时间，并根据人机交互情况就能对用户的身体状况做出判断。这类设备得益于其与传统的手表、音箱、电视等外形相似，人们在日常生活中很容易忽视设备是否在收集、处理数据。更为严峻的是，与手机中的应用程序不同，物联网设备往往不会向用户展示隐私政策，而使得用户更难以意识到这类设备背后所隐藏的隐私问题。通过上述例子可以看到，物联网信息的收集过程十分隐蔽，人们几乎无法控制它会收集什么样的数据，并如何分析利用这些数据。这背后暴露出了物联网时代下，数据隐私保护所面临的巨大的道德和法律风险。

在面临巨大的隐私风险的同时，这类隐私问题的立法监管也十分困难。一方面，目前对隐私问题立法倾向于按照不同领域进行划分，如医疗隐私、金融隐私等。但由于物联网覆盖范围广，设立一项有效的法例进行监管的难度很大。另一方面，考虑到文化的差异，即使对于物联网的隐私问题进行了立法，不同国家建立的监管体系必然各不相同，而物联网全球性的特点导致这些具有差异性的各国法例在执行上会面临巨大的挑战。

相较于传统的数据收集手段，物联网技术可以收集到更多的数据，这些数据有助于提高产品质量，但是更多的数据也增加了用户隐私泄露的风险，所以需要在提高质量和保护用户隐私之间做出权衡。

3. 监管标准

数据是物联网时代质量管理的基础，但当前尚缺少针对物联网数据流通的监管标准。数据涉及各方利益和用户隐私，应从法律上明确界定数据的所有权、使用权、交易权等权属问题。例如，谁可以访问数据、哪些用户数据可以用于产品或服务开发、是否能将用户数据出售给广告商或第三方以改善服务。明确权属问题后，有法可依才能促进数据共享。模糊的权属关系，会导致企业因私有数据无法得到保护而不愿共享。而数据只有通过流通、加工和融合后才能发挥其价值，尤其在物联网的场景下，数据会在共享流通中产生巨大的价值。因此，完善的数据权属法律法规会给物联网应用提供强力支撑。监管机构应该为数据质量、数据权属制定相应的法律法规，促进物联网产业的健康有序发展。

9.5　新基建为开展基于物联网的全生命周期质量管理构建基础设施

新型基础设施建设（简称：新基建），主要包括 5G 基站建设、特高压、城际高速铁路和城市轨道交通、新能源汽车充电桩、大数据中心、人工智能、工业互联网七大领域，涉及诸多产业链，是以新发展理念为引领，以技术创新为驱动，以信息网络为基础，面向高质量发展需要，提供数字转型、智能升级、融合创新等服务的基础设施体系。

2018 年 12 月 19 日至 21 日，中央经济工作会议在北京举行，会议重新定义了基础设施建设，把 5G、人工智能、工业互联网、物联网定义为"新型基础设施建设"。随后"加强新一代信息基础设施建设"被列入 2019 年政府工作报告。

2019 年 7 月 30 日，中共中央政治局召开会议，提出"加快推进信息网络等新型基础设施建设"。

2020 年 1 月 3 日，国务院常务会议确定促进制造业稳增长的措施时，提出"大力发展先进制造业，出台信息网络等新型基础设施投资支持政策，推进智能、绿色制造"。

2020 年 2 月 14 日，中央全面深化改革委员会第十二次会议指出，"基础设施是经济社会发展的重要支撑，要以整体优化、协同融合为导向，统筹存量和增量、传统和新型基础设施发展，打造集约高效、经济适用、智能绿色、安全可靠的现代化基础设施体系"。

2020 年 3 月 4 日，中共中央政治局常务委员会召开会议，强调"要加大公共卫生服务、应急物资保障领域投入，加快 5G 网络、数据中心等新型基础设施建设进度"。

2020 年 3 月 6 日，工业和信息化部召开加快 5G 发展专题会，加快新型基础设施建设。

2020 年 4 月报道，新基建主要包括 5G 基站建设、特高压、城际高速铁路和城市轨道交通、新能源汽车充电桩、大数据中心、人工智能、工业互联网七大领域，涉及诸多产业链。

2020 年 4 月 20 日，国家发展和改革委员会创新和高技术发展司司长伍浩在国家发展和改革委员会新闻发布会上表示，新基建包括信息基础设施、融合基础设施和创新基础设施三方面。信息基础设施，主要指基于新一代信息技术演化生成的基础设施，例如，以 5G、物联网、工业互联网、卫星互联网为代表的通信网络基础设施，以人工智能、云计算、区块链等为代表的新技术基础设施，以数据中心、智能计算中心为代表的算力基础设施等。融合基础设施，主要指深度应用互联网、大数据、人工智能等技术，支撑传统基础设施转型升级，进而形成的融合基础设施，如智能交通基础设施、智慧能源基础设施等。创新基础设施，主要指支撑科学研究、技术开发、产品研制的具有公益属性的基础设施，如重大科技基础设施、科教基础设施、产业技术创新基础设施等。伴随技术革命和产业变革，新型基础设施的内涵、外延也不是一成不变的，将持续跟踪研究。

与传统基建相比，新型基础设施建设内涵更加丰富，涵盖范围更广，更能体现数字经济特征，能够更好地推动中国经济转型升级。与传统基础设施建设相比，新型基础设施建设更加侧重于突出产业转型升级的新方向，无论是人工智能还是物联网，都体现出加快推进产业高端化发展的大趋势。

传统旧基建旧动能，是以"人"为对象的建设。新基建新动能，则是以"物"为对象的建设。如果对"物"的建设能够让信息充分流动起来，就能大幅降低获取信息的难度和成本，使得人们可以采用更有针对性、更有效的行为；如果对"物"的建设能够拓展人们控制"物"做事的能力，就能做更有难度、更有效率的事情。这两点共同作用，全社会的总体生产率就能得到提升，这就是万物互联的价值。

世界经济论坛将一个国家、一个城市经济增长划分为五个阶段：要素驱动阶段、要素驱动向效率驱动转换阶段、效率驱动阶段、效率驱动向创新驱动转换阶段、创新驱动阶段。历经 40 多年的改革开放，我国的基础设施建设取得了举世瞩目的成就。从人均国内生产总值水平划分，我国当前处在效率驱动阶段。本次新基建，包含 5G 基建、特高压、城际高速铁路和城际轨道交通、新能源汽车充电桩、大数据中心、人工智能、工业互联网等七大领域，相信未来新型基础的落成，将加速我国从效率驱动阶段向创新驱动阶段迈进的步伐。同时，我们也应该充分吸取旧基建时代的历史经验教训，防止"一窝蜂上"，或"新瓶装旧酒"，造成大量盲目跟风、无效投资、重复建设、产能过剩等问题。要做好统筹规划，既要做好硬支持，又要做好软保障。而这个软保障，就是未来贯通新型基础设施最为重要的数据要素。

因此，2020 年 3 月出台的《中共中央 国务院关于构建更加完善的要素市场化配置体制机制的意见》，首次将数据要素提升到了同土地要素、资本要素、劳动力要素、技术要素同等重要的地位，为促进数据要素的市场化配置提供了机制体制的保障。意见指出，要加快培育数据要素市场。推进政府数据开放共享。优化经济治理基础数据库，加快推动各地区各部门间数据共享交换，制定出台新一批数据共享责任清单。研究建立促进企业登记、交通运输、气象等公共数据开放和数据资源有效流动的制度规范。提升社会数据资源价值。培育数字经济新产业、新业态和新模式，支持构建农业、工业、交通、教育、安防、城市管理、公共资源交易等领域规范化数据开发利用的场景。发挥行业协会商会作用，推动人工智能、可穿戴设备、车联网、物联网等领域数据采集标准化。加强数据资源整合和安全保护。探索建立统一规范的数据管理制度，提高数据质量和规范性，丰富数据产品。研究根据数据性质完善产权性质。制定数据隐私保护制度和安全审查制度。推动完善适用于大数据环境下的数据分类分级安全保护制度，加强对政务数据、企业商业秘密和个人数据的保护。

随着未来新型基础设施的不断落成，国家、地方、产业关于数据要素的制度体系建设也将不断完善优化，只有数据要素实现了充分的保护和流通，才能充分发挥新型基础设施的作用，实现新的动能。

9.6　全生命周期质量管理将助力新基建实现新动能

新基建的价值不仅在"建"，更在"用"。与传统基础设施投资相比，新基建不仅可以有效优化供给能力，也能够进一步引导和促进消费升级，产生新的动能。新冠肺炎疫情以来，全球经济增速放缓，在负面因素层层叠加、相互影响的作用下，以 5G、大数据、物联网、人工智能等新技术、新应用为代表的新型基础设施建设，不但在推进疫情防控和复工复产上均发挥了巨大作用，也深刻地改变了现有的商业业态，带动了远程办公、在线教育、生鲜电商、远程医疗等新模式不断涌现。不但激活了企业的数字化改革需求，也为各行业的数字化创新带来新机遇。

2020 年，一场突如其来的新冠肺炎疫情席卷全球，给全球经济的发展带来了巨大的冲击。但危与机总是同生共存的。我国在本次防疫过程中的数字化、智能化技术的应用，为化解疫情带来的冲击，助力企业复工复产发挥了无可比拟的重要作用，也为新基建的提出和加速布局孕育了良好土壤，奠定了坚实的基础。未来，"新基建"要以应用为导向，应当更多从需求的角度出发，主动投资在短板领域，丰富拓展应用场景，加强应用生态建设，提升各行业的数字化水平，实现经济效益和社会效益并举，使新基建在更多的领域释放新的动能。

而未来随着新型基础设施的软硬保障体系的落地和完善，质量管理模式也将发生更大的变革，因此迫切需要相关理论和方法的创新。物联网的发展为质量管理理论和方法的延伸提供了途径，物联网的智能感知和实时互联，使得质量管理由传统的事后、小样本检验向全过程、大数据管控发展，可以实现基于场景的实时质量管理。因此，在物联网环境下开展的质量管理理论和方法的研究，可以实现全过程、全生命周期的产品状态智能监控和质量控制，拓展质量管理的概念，创新质量管理的方法和工具，并最终构建在物联网环境下更加完善的质量管理理论和服务体系。诚然，物联网技术的出现给我们带来了广阔的应用前景和对未来的无限畅想，但是物联网在企业质量管理活动过程中真正的落地实践，需要更多考虑人的协同合作与管理因素。但在现实实践中，由于企业的规模不一，数字化水平参差不齐，因此在物联网实际推广过程中会面临如成本问题、管理主体、系统连通兼容等多方面的管理问题，以及网络安全、数据隐私、监管标准等多方面的社会挑战。因此，迫切需要产学研开展更加密切的协同创新，创造更加完善的多方协作、互利共赢的协同合作机制，真正推动物联网技术在不同应用领域的普及推广，从而促进整个物联网产业和经济的快速发展。

未来随着软硬件支持体系的不断完善，以及质量管理理论的不断创新发展，新型的质量管理理论和管理模式，将会成为嫁接新基建和新动能之间的桥梁，将会更好地将贯穿企业产品和服务的全生命周期过程中的数据进行融合创新，推动产品质量和服务的迭代升级，并促使企业在物联网时代下的商业模式不断创新发展，为消费者提供更加优质的产品和服务，实现消费升级，在新型基础设施构建和新兴经济动能活力释放的过程中发挥更大的作用。物联网全生命周期的质量管理协同理论的桥梁作用如图 9-2 所示。

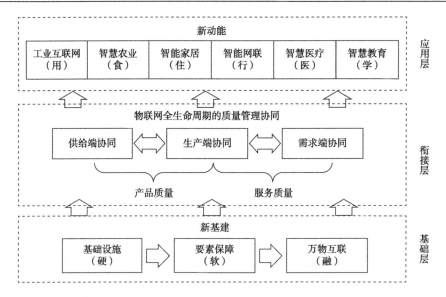

图 9-2　物联网全生命周期质量管理协同理论的桥梁作用

参 考 文 献

曹礼和. 2006. 基于顾客满意的服务质量管理[J]. 湖北经济学院学报，4（1）：96-100.

曹玉蔷. 2017. 宏观质量管理视角下的物联网电梯质量安全监管[D]. 长沙：国防科学技术大学.

陈欢. 2004. 基于粗糙集的数据约简及规则提取[D]. 福州：福州大学.

陈宇华. 2018. 基于 SERVQUAL 的乡村民宿服务质量评价：以青城山为例[D].成都：四川师范大学.

初光耀. 2019. 信息不对称视角下产品特征对奖励型众筹融资绩效研究——社会影响力的调节作用[J]. 金融发展研究，448（4）：41-47.

高帆，王玉军，杨露霞.2018. 基于物联网和运行大数据的设备状态监测诊断[J]. 自动化仪表，39（6）：5-8.

格林加德. 2016. 物联网[M]. 北京：中信出版社.

黄彤军，向文，周济，等. 2007. 并行工程的关键技术及工程应用[J].中国机械工程，3（2）：345-354.

克里斯，萨蒂什，马赫什，等. 2017. 智慧维护——预测性维护和数字化供应网络[J]. 上海质量，（9）：44-50.

劳泽尔，熊英姿.2018. 基于风险的思维与质量的数字化转型[J]. 上海质量，（7）：34-36.

雷玲. 2012. 我国物联网服务业现状及发展对策研究[J]. 电子商务，（6）：27-28，35.

李道亮. 2012. 农业物联网导论[M]. 北京：科学出版社.

李奇峰，李瑾，马晨，等. 2014. 我国农业物联网应用情况、存在问题及发展思路[J]. 农业经济，（4）：115-116.

李如年. 2009. 基于 RFID 技术的物联网研究[J]. 中国电子科学研究院学报，4（6）：594-597.

李士宁，罗国佳. 2014. 工业物联网技术及应用概述[J]. 电信网技术，（3）：26-31.

李晓静，艾兴政，唐小我. 2016. 竞争性供应链下再制造产品的回收渠道研究[J]. 管理工程学报，30（3）：90-98.

李雪. 2017. 基于服务接触理论的快递服务质量评价研究[D].杭州：浙江理工大学.

李彦辉，白连科. 2015. 基于物联网技术的主关键件质量追溯系统[J]. 科技创新与生产力，（6）：36-38.

刘国强. 2016. 关于大数据分析技术在提升服务质量方面的研究[J]. 电脑知识与技术，12（34）：7-8.

刘席文，李玉光. 2019. 基于物联网的现代服务业发展研究[J]. 管理观察，（10）：109-110.

罗兰贝格管理咨询公司. 2017. 预测性维护：工业数字化领域潜在爆发点[J]. 中国工业评论，
　（11）：72-78.

孟小峰，慈祥. 2013. 大数据管理：概念、技术与挑战[J].计算机研究与发展，50（1）：146-169.

潘开灵，白烈湘. 2006. 管理协同理论及其应用[M]. 北京：经济管理出版社.

祁友杰，王琦. 2017. 多源数据融合算法综述[J]. 航天电子对抗，33（6）：37-41.

钱志鸿，王义君. 2013. 面向物联网的无线传感器网络综述[J]. 电子与信息学报，（1）：215-227.

任杉，张映锋，黄彬彬. 2018. 生命周期大数据驱动的复杂产品智能制造服务新模式研究[J]. 机
　械工程学报，54（22）：194-203.

沈苏彬，范曲立，宗平，等. 2009. 物联网的体系结构与相关技术研究[J].南京邮电大学学报（自
　然科学版），29（6）：1-11.

狩野纪昭. 2002. 在全球化中创造魅力质量[J]. 中国质量，（9）：32-34.

粟志敏. 2016. 预测性维护技术与制造业[J]. 上海质量，（4）：44-46.

孙吉春. 2014. 基于物联网技术的企业全面质量管理研究[J]. 价值工程，（1）：165-166.

孙其博，刘杰，黎羴，等. 2010. 物联网：概念、架构与关键技术研究综述[J]. 北京邮电大学学
　报，33（3）：1-9.

孙新波，钱雨，张明超，等. 2019. 大数据驱动企业供应链敏捷性的实现机理研究[J]. 管理世界，
　35（9）：133-151.

谭光明，彭文斌，叶宁，等. 2013. 应用服务质量模型预防医疗纠纷的探讨[J]. 现代医院，13（8）：
　116-117.

唐万鹏，邓仲平. 2017. 工业4.0背景下的质量管理集成平台架构研究[J]. 装备制造技术，（1）：
　223-225，235.

王金德. 2018. 互联网+全面质量管理（二）[J]. 上海质量，（7）：53-56.

王妍君. 2014. 中国建设银行与农业银行服务质量对比研究[D]. 武汉：华中科技大学.

魏想明. 2005. 服务质量差距分析及改进对策研究[J]. 经济师，（4）：23-24.

温小琴，董艳茹. 2016. 基于企业社会责任的逆向物流回收模式选择[J]. 运筹与管理，25（1）：
　275-281.

吴兆龙，丁晓. 2005. 服务质量差距的影响因素分析及其评价[J]. 科技管理研究，25（4）：
　101-103,115.

奚立峰，周晓军. 2005. 有限区间内设备顺序预防性维护策略研究[J]. 计算机集成制造系统，
　11（10）：1465-1468.

肖丽娜. 2016. DEA公司售后服务质量管理研究[D]. 成都：西南交通大学.

肖瑞，刘国华，陈爱东，等. 2014. 不确定时间序列的统计降维方法[J]. 计算机科学，41（8）：
　125-129.

熊中楷，梁晓萍. 2014. 考虑消费者环保意识的闭环供应链回收模式研究[J]. 软科学，（11）：
　61-66.

徐军辉. 2015. 众筹和参与型投资者的有效对接：基于信号传递模型的研究[J]. 金融理论与实
　践，（11）：8-13.

薛巍立，王杰，申飞阳. 2017. 竞争环境下众筹产品的定价策略研究[J]. 管理工程学报，31（4）：
　209-219.

薛燕红. 2014. 物联网导论[M]. 北京：机械工业出版社.

杨桂霞，马忠臣. 2008. 现代设备维修策略与维修技术综述[J]. 机械工程师，（12）：10-12.

杨昭，南琳，高嵩. 2012. 面向物联网的海量数据处理研究[J]. 机械设计与制造，（3）：229-231.

易树立. 2017. 基于改进的SERVQUAL的成都市长租公寓服务质量综合评价[D]. 吉林：长春工程学院：1-70.

俞文俊，凌志浩. 2011. 一种物联网智能家居系统的研究[J]. 自动化仪表，32（8）：56-59.

袁群超，贾瑞通，刘兵兵，等. 2013. 汽车制造业模块化可配置BOM研究[J]. 制造业自动化，35（7）：6-9.

岳宇君，岳雪峰，仲云云. 2019. 农业物联网体系架构及关键技术研究进展[J]. 中国农业科技导报，21（4）：79-87.

曾立裴. 2007. 服务质量差距模型及差距弥合[J]. 沿海企业与科技，（6）：71-73.

翟俊海，万丽艳，王熙照. 2014. 最小相关性最大依赖度属性约简[J]. 计算机科学，（12）：154-156，160.

翟俊海. 2015. 数据约简：样例约简与属性约简[M]. 北京：科学出版社.

张复宏，罗建强，柳平增，等. 2017. 基于物联网情景的蔬菜质量安全社会化监管机制研究[J]. 中国软科学，（5）：47-55.

张公绪，孙静. 2003. 新编质量管理学[M]. 2版. 上海：高等教育出版社.

张浩，张静静. 2017. 无线传感器网络数据融合算法综述[J]. 软件，38（12）：296-304.

张洁. 2015. 制造业正迈入大数据时代[J]. 中国工业评论，（12）：44-49.

张文娟. 2017. 基于SERVQUAL理论的酒店服务质量评价体系构建及实证[D]. 桂林：广西师范大学.

赵永生. 2010. 商业银行服务质量的实证研究——基于SERVQUAL模型的评价体系[D]. 天津：南开大学.

赵志豪. 2019. 物联网技术在智慧城市建设中的应用[J]. 计算机产品与流通，（8）：92-93.

郑纪业. 2016. 农业物联网应用体系结构与关键技术研究[D]. 北京：中国农业科学院.

中兴通讯学院. 2012. 对话物联网[M]. 北京：人民邮电出版社.

周峰. 2016. 大数据背景下档案利用研究与实践[J]. 中国档案，（9）：70-71.

朱继华，武俊，陶洋. 2010. 基于覆盖率的传感器优化部署算法[J]. 计算机工程，36（3）：94-96.

Akerlof G A. 1970. The market for "lemons"：Quality uncertainty and the market mechanism[J]. The Quarterly Journal of Economics，84（3）：488.

Angiulli F，Pizzuti C. 2002. Fast outlier detection in high dimensional spaces[C]//European conference on principles of data mining and knowledge discovery. Springer，Berlin，Heidelberg，15-27.

Arning A，Agrawal R，Raghavan P. 1996. A linear method for deviation detection in large databas[C]//Proceedings of the Second International Conference on Knowledge Discovery and Data Mining. KDD96-027, Portland, Oregon August 2-4.

Atkinson A C，Hawkins D M. 1981. Identification of outliers[J]. Biometrics，37（4）：860.

Bakir S T. 2006. Distribution-free quality control charts based on signed-rank-like statistics[J]. Communications in Statistics，35（4）：743-757.

Beckmann M, Ebecken N F F, Lima B S L P D. 2015. A KNN undersampling approach for data balancing[J]. Journal of Intelligent Learning Systems and Applications, 7 (4): 104-116.

Bedford T, Cooke R M. 2002. A new graphical model for dependent random variables[J]. Annals of Statistics, 1031-1068.

Bhat C R, Paleti R, Singh P. 2014. A spatial multivariate count model for firm location decisions[J]. Journal of Regional Science, 54 (3): 462-502.

Box G E P, Luceno A, del Carmen Paniagua-Quinones M. 2011. Statistical control by monitoring and adjustment[M]. Second Edition. Hoboken: John Wiley & Sons.

Branstetter L G, Drev M, Kwon N. 2019. Get with the program: Software-driven innovation in traditional manufacturing[J]. Management Science, 65 (2): 541-558.

Büyüközkan G, Göçer F. 2018. Digital supply chain: Literature review and a proposed framework for future research[J]. Computers in Industry, 97: 157-177.

Chakraborty S, Chakraborty S, Nandi S, et al. 2014. ADCROSS: Adaptive data collection from road surveilling sensors[J]. IEEE Transactions on Intelligent Transportation Systems, 15 (5): 2049-2062.

Chakraborty S, Swinney R. 2020. Signaling to the crowd: Private quality information and rewards-based crowdfunding[J]. Manufacturing & Service Operations Management, 23 (1): 155-169.

Chawla N V, Bowyer K W, Hall L O. 2002. SMOTE: Synthetic minority over-sampling technique[J]. Journal of Artificial Intelligence Research, 16 (1): 321-357.

Chemla G, Tinn K. 2019. Learning through crowdfunding[J]. Management Science, 66 (5): 1783-1801.

Chiu J E, Kuo T I. 2007. Attribute control chart for multivariate Poisson distribution[J]. Communications in Statistics-Theory and Methods, 37 (1): 146-158.

Cohen G, Hilario M, Sax H, et al. 2006. Learning from imbalanced data in surveillance of nosocomial infection[J]. Artificial intelligence in medicine, 37 (1): 7-18.

Crosby P B. 1979. Quality is free: The art of making quality certain[M]. New York: McGraw Hill.

Crosier R B. 1988. Multivariate generalizations of cumulative sum quality-control schemes[J]. Technometrics, 30 (3): 291-303.

Dubois D, Prade H. 1990. Rough fuzzy sets and fuzzy rough sets[J]. International Journal of General Systems, 17 (2-3): 191-209.

Dweekat A J, Hwang G, Park J. 2017. A supply chain performance measurement approach using the internet of things[J]. Industrial Management & Data Systems, 117 (2): 267-286.

El-Shimi A, Kalach R, Kumar A, et al. 2012. Primary data deduplication—large scale study and system design[C]//Presented as Part of the Annual Technical Conference, (12): 285-296.

Erdős P, Rényi A. 1960. On the evolution of random graphs[J]. Publ. Math. Inst. Hung. Acad. Sci, 5 (1): 17-60.

Feigenbaum A V. 1956. Total quality-control[J]. Harvard Business Review, 34 (6): 93-101.

Ferguson M, Guide V D, Koca E, et al. 2009. The value of quality grading in remanufacturing[J]. Production & Operations Management, 18 (3): 300-314.

Främling K，Maharjan M. 2013. Standardized communication between intelligent products for the IoT[J]. IFAC Proceedings Volumes，46（7）：157-162.

Gilbert E N . 1959. Random graphs[J]. Annals of Mathematical Statistics，30（4）：1141-1144.

Ginsburg J. 2001. Once is not enough[J]. Bus Week：682-684.

Graham M A，Chakraborti S，Human S W. 2011. A nonparametric EWMA sign chart for location based on individual measurements[J]. Quality Engineering，23（3）：227-241.

Gutiérrez U M，Sáez L M I. 2018. The promise of reward crowdfunding[J]. Corporate Governance：An International Review，26（5）：355-373.

Güting R H，Schneider M. 2005. Moving objects databases[M]. Oxford：Elsevier：187-216.

Hamilton J D. 1989. A new approach to the economic analysis of nonstationary time series and the business cycle[J]. Econometrica，57(2):357-384.

He H，Bai Y，Garcia E A，et al. 2008. Adaptive synthetic sampling approach for imbalanced learning[J]. IEEE International Joint Conference on Neural Networks：1322-1328.

He Q P，Wang J. 2007. Fault detection using the k-nearest neighbor rule for semiconductor manufacturing processes[J]. IEEE Transactions on Semiconductor Manufacturing，20（4）：345-354.

Ho L L，Costa A F B. 2009. Control charts for individual observations of a bivariate Poisson process[J]. The International Journal of Advanced Manufacturing Technology，43（7-8）：744-755.

Ho T，Villareal G，Wang W，et al. 2016. Next generation FDC：Dynamic full trace fault detection[C]// 2016 International Symposium on Semiconductor Manufacturing（ISSM）：1-3.

Huang G B，Liang N Y，Rong H J，et al. 2005. On-line sequential extreme learning machine[J]. Computational Intelligence：232-237.

Jia M，Komeily A，Wang Y，et al. 2019. Adopting Internet of Things for the development of smart buildings：A review of enabling technologies and applications[J]. Automation in Construction，101：111-126.

Juran J M，Gryna F M，Bingham R S. 1974. Quality control handbook[M]. New York：McGraw Hill.

Kano N. 1984. Attractive quality and must-be quality[J]. Quality，The Journal of Japanese Society for Quality Control，14：39-48.

Kim S B，Jitpitaklert W，Hwang S J，et al. 2012. Data mining model-based control charts for multivariate and autocorrelated processes[J]. Expert Systems with Applications，39（2）：2073-2081.

Knorr E M，Ng R T. 1997. A unified approach for mining outliers[C]//Proceedings of the 1997 Conference of the Centre for Advanced Studies on Collaborative research，11.

Kosmidis I，Karlis D. 2016. Model-based clustering using copulas with applications[J]. Statistics and Computing，26（5）：1079-1099.

Kuncheva L I. 1992. Fuzzy rough sets：Application to feature selection[J]. Fuzzy Sets and Systems，51（2）：147-153.

Kurk F，Eagan P. 2008. The value of adding design-for-the-environment to pollution prevention assistance options[J]. Journal of Cleaner Production, 16（6）: 722-726.

Levin L, Segal M, Shpungin H. 2013. Cooperative data collection in ad hoc networks[J]. Wireless Networks, 19（2）: 145-159.

Li G, Reimann M, Zhang W. 2018. When remanufacturing meets product quality improvement: The impact of production cost[J]. European Journal of Operational Research, 271（3）: 913-925.

Li J, Tsung F, Zou C. 2014. A simple categorical chart for detecting location shifts with ordinal information[J]. International Journal of Production Research, 52（2）: 550-562.

Li S X, Huang Z, Zhu J, et al. 2002. Cooperative advertising, game theory and manufacturer-retailer supply chains[J]. Omega, 30（5）, 347-357.

Liu Z, Li K W, Li B Y, et al. 2019. Impact of product-design strategies on the operations of a closed-loop supply chain[J]. Transportation Research Part E: Logistics and Transportation Review, 124, 75-91.

Lovelock C. 2001. Principles of service marketing and management[J]. Englewood Cliffs, New Jersey: Prentice Hall.

Lowry C, Woodall W, Champ C, et al. 1992. A multivariate exponentially weighted moving average control chart[J]. Technometrics, 34（1）: 46-53.

Lu X S. 1998. Control chart for multivariate attribute processes[J]. International Journal of Production Research, 36（12）: 3477-3489.

Meyer D T, Bolosky W J. 2012. A study of practical deduplication[J]. ACM Transactions on Storage, 7（4）: 1-20.

Miao Z, Fu K, Xia Z, et al. 2017. Models for closed-loop supply chain with trade-ins[J]. Omega, 66, 308-326.

Montgomery D C. 2007. Introduction to statistical quality control[M]. Hoboken: John Wiley & Sons.

Moyne J, Iskandar J. 2017. Big Data analytics for smart manufacturing: Case studies in semiconductor manufacturing[J]. Processes, 5（4）: 39.

Nanda S, Majumdar S. 1992. Fuzzy rough sets[J]. Fuzzy Sets and Systems, 45（2）: 157-160.

Ning X, Tsung F. 2012. A density-based statistical process control scheme for high-dimensional and mixed-type observations[J]. IIE Transactions, 44（4）: 301-311.

Parasuraman A, Zeithaml V, Berry L. 2002. SERVQUAL: a multiple-item scale for measuring consumer perceptions of service quality[J]. Retailing: critical concepts, 64（1）: 140.

Pawlak Z. 1982. Rough sets[J]. International Journal of Computer & Information Sciences, 11（5）: 341-356.

Porter M E, Heppelmann J E. 2014.《哈佛商业评论》超长圣经: 物联网时代企业竞争战略 https://www.hbrchina.org/2014-11-06/2519.html.

Qiu P. 2008. Distribution-free multivariate process control based on log-linear modeling[J]. IIE Transactions, 40（7）: 664-677.

Ray S, Boyaci T, Aras N. 2005. Optimal prices and trade-in rebates for durable, remanufacturableproducts[J]. Manufacturing& Service Operations Management, 7（3）, 208-228.

Rubin D B. 1989. Multiple Imputation For Nonresponse In Surveys[J]. Journal of Marketing

Research, 137（4）: 180-180.

Savaskan R C, Bhattacharya S, Van Wassenhove L N. 2004. Closed-loop supply chain models with product remanufacturing[J]. Management Science, 50（2）, 239-252.

Sayedi A, Baghaie M. 2017. Crowdfunding as a marketing tool[J]. Available at SSRN 2938183.

Song P X K, Li M, Yuan Y. 2009. Joint regression analysis of correlated data using Gaussian copulas[J]. Biometrics, 65（1）: 60-68.

Spence M. 1973. Job market signaling[J]. The Quarterly Journal of Economics, 87（3）: 355－374.

Spring N T, Wetherall D. 2000. A protocol-independent technique for eliminating redundant network traffic[J]. Acm Sigcomm Computer Communication Review, 30（4）: 87-95.

Strausz R. 2017. A theory of crowdfunding: A mechanism design approach with demand uncertainty and moral hazard[J]. American Economic Review, 107（6）: 1430-1476.

Sukchotrat T, Kim S B, Tsung F. 2009. One-class classification-based control charts for multivariate process monitoring[J]. IIE Transactions , 42（2）: 107-120.

Sun R, Tsung F. 2003. A kernel-distance-based multivariate control chart using support vector methods[J]. International Journal of Production Research, 41（13）: 2975-2989.

Suppatvech C, Godsell J, Day S. 2019. The roles of internet of things technology in enabling servitized business models: A systematic literature review[J]. Industrial Marketing Management, 82: 70-86.

Tsang E C C, Chen D, Yeung D S, et al. 2008. Attributes reduction using fuzzy rough sets[J]. IEEE Transactions on Fuzzy Systems, 16（5）: 1130-1141.

Tuerhong G, Bum kim S, Kang P, et al. 2014. Multivariate control charts based on hybrid novelty scores[J]. Communications in Statistics-Simulation and Computation, 43（1）: 115-131.

Tuerhong G, Kim S B. 2014. Gower distance-based multivariate control charts for a mixture of continuous and categorical variables[J]. Expert Systems with Applications, 41（4）: 1701-1707.

Valencia A, Mugge R, Schoormans J, et al. 2015. The design of smart product-service systems （PSSs）: An exploration of design characteristics[J]. International Journal of Design, 9（1）.

Verdier G, Ferreira A. 2011. Adaptive mahalanobis distance and -nearest neighbor rule for fault detection in semiconductor manufacturing[J]. IEEE Transactions on Semiconductor Manufacturing, 24（1）: 59-68.

Verdier G. 2013. Application of copulas to multivariate control charts[J]. Journal of Statistical Planning & Inference, 143（12）: 2151-2159.

Walton M. 1988. The Deming Management Method : The Bestselling Classic for Quality Management! [M]. London: Penguin.

Wang L, Cai G, Tsay A A, et al. 2017. Design of the reverse channel for remanufacturing: Must profit－maximization harm the environment?[J]. Production and Operations Management, 26（8）: 1585-1603.

Wang S, Wan J, Zhang D, et al. 2016b. Towards smart factory for industry 4.0: A self-organized multi-agent system with big data based feedback and coordination[J]. Computer Networks, 101: 158-168.

Wang Z，Li Y，Zhou X. 2016a. A statistical control chart for monitoring high-dimensional poisson data streams[J]. Quality & Reliability Engineering International，33（2）.

Wei Q，Huang W，Jiang W，et al. 2016. Real-time process monitoring using kernel distances[J]. International Journal of Production Research，54（21）：6563-6578.

Wu C H. 2013. OEM product design in a price competition with remanufactured product[J]. Omega，41（2），287-298.

Yager R R，Grichnik A J，Yager R L. 2013. A soft computing approach to controlling emissions under imperfect sensors[J]. IEEE Transactions on Systems，Man，and Cybernetics，44（6）：687-691.

Yang K，Lee L F. 2017. Identification and QML estimation of multivariate and simultaneous equations spatial autoregressive models[J]. Journal of Econometrics，196（1）：196-214.

Yin L，Ge Y，Xiao K，et al. 2013. Feature selection for high-dimensional imbalanced data[J]. Neurocomputing，105（1）：3-11.

Yu J B，Xi L F. 2009. A neural network ensemble-based model for on-line monitoring and diagnosis of out-of-control signals in multivariate manufacturing processes[J]. Expert Systems with Applications，36（1）：909-921.

Zeballos L J，Gomes M I，Barbosa-Povoa A P，et al. 2012. Addressing the uncertain quality and quantity of returns in closed-loop supply chains[J]. Computers & Chemical Engineering，47：237-247.

Zheng P，Lin T J，Chen C H，et al. 2018. A systematic design approach for service innovation of smart product-service systems[J]. Journal of Cleaner Production，201：657-667.

Zheng X，Govindan K，Deng Q，et al. 2019. Effects of design for the environment on firms' production and remanufacturing strategies[J]. International Journal of Production Economics，213：217-228.

Zou C，Wang Z，Tsung F. 2012. A spatial rank-based multivariate EWMA control chart[J]. Naval Research Logistics（NRL），59（2）：91-110.

Zou C，Wang Z，Zi X，et al. 2015. An efficient online monitoring method for high-dimensional data streams[J]. Technometrics，57（3）：374-387.